EN 1997-1 设计指南
Eurocode 7：岩土工程设计
第1部分：一般规定

[法]R.弗兰克　[法]C.鲍德温　[英]R.德里斯科尔
[希]M.卡瓦达斯　[丹]N.克富布斯·奥维森
[爱]T.奥尔　[德]B.舒伯纳

欧洲结构设计标准译审委员会　**组织翻译**
张　寒　李翔宇　刘丰敏　毛安琪　孙　岳　**译**
张庆红　**一审**
田行健　王　春　**二审**

人民交通出版社股份有限公司
北　京

Translation from the English language original, by arrangement with Thomas Telford Ltd.

图书在版编目(CIP)数据

EN 1997-1 设计指南 Eurocode 7:岩土工程设计. 第1部分:一般规定/(法)R.弗兰克等著;张寒等译.—北京:人民交通出版社股份有限公司, 2020.4

ISBN 978-7-114-16215-2

Ⅰ. ①E… Ⅱ. ①R… ②张… Ⅲ. ①岩土工程—建筑设计—建筑规范—欧洲 Ⅳ. ①TU4

中国版本图书馆 CIP 数据核字(2019)第 295762 号

著作权登记号:图字 01-2019-7661

EN 1997-1 Sheji Zhinan Eurocode 7:Yantu Gongcheng Sheji Di 1 Bufen:Yiban Guiding

书　　名:EN 1997-1 设计指南　Eurocode 7:岩土工程设计　第1部分:一般规定
著 作 者:[法]R.弗兰克　[法]C.鲍德温　[英]R.德里斯科尔　[希]M.卡瓦达斯
[丹]N.克富布斯·奥维森　[爱]T.奥尔　[德]B.舒伯纳
译　　者:张　寒　李翔宇　刘丰敏　毛安琪　孙　岳
总 策 划:朱伽林　韩　敏　孙　玺
责任编辑:李　瑞
责任校对:刘　芹
责任印制:张　凯
出版发行:人民交通出版社股份有限公司
地　　址:(100011)北京市朝阳区安定门外外馆斜街3号
网　　址:http://www.ccpress.com.cn
销售电话:(010)59757973
总 经 销:人民交通出版社股份有限公司发行部
经　　销:各地新华书店
印　　刷:北京虎彩文化传播有限公司
开　　本:880×1230　1/16
印　　张:13.75
字　　数:358千
版　　次:2020年4月　第1版
印　　次:2020年6月　第2次印刷
书　　号:ISBN 978-7-114-16215-2
定　　价:1000.00元
(有印刷、装订质量问题的图书,由本公司负责调换)

出 版 说 明

包括本指南在内的欧洲结构设计标准(Eurocodes)及其英国附件、法国附件和配套设计指南的中文版，是2018年国家出版基金项目“土木工程欧洲规范翻译与比较研究出版工程(一期)”的成果。

在对欧洲结构设计标准及其相关文本组织翻译出版过程中，考虑到指南的特殊性、用户基础和应用程度，我们在力求翻译准确性的基础上，还遵循了一致性和有限性原则。在此，特就有关事项作如下说明：

1. 本指南中文版根据托马斯·特尔福德有限公司(Thoms Telford Ltd.)提供的英文版进行翻译，仅供参考之用，如有异议，请以原版为准。

2. 中文版的排版规则原则上遵照外文原版。

3. Eurocode(s)是个组合再造词。本标准及相关标准范围内，Eurocodes特指一系列共10部欧洲标准(EN 1990 ~ EN 1999)，旨在为房屋建筑和构筑物及建筑产品的设计提供通用方法；Eurocode与某一数字连用时，特指EN 1990 ~ EN 1999中的某一部，例如，Eurocode 8指EN 1998结构抗震设计。经专家组研究，确定Eurocode(s)宜翻译为“欧洲结构设计标准”，但为了表意明确并兼顾专业技术人员用语习惯，在正文翻译中保留Eurocode(s)不译。

4. 书中所有的插图、表格、公式的编排以及与正文的对应关系等与外文原版保持一致。

5. 书中所有的条款序号、括号、函数符号、单位等用法，如无明显错误，与外文原版保持一致。

6. 在不影响阅读的情况下书中涉及的插图均使用英文原版插图，仅对图中文字进行必要的翻译和处理；对部分影响使用的英文原版插图进行重绘。

7. 书中涉及的人名、地名、组织机构名称以及参考文献等均保留外文原文。

特别致谢

本设计指南的译审由以下单位和人员完成。中国建筑科学研究院有限公司的张寒、李翔宇、刘丰敏、毛安琪、孙岳承担了主译工作，中国路桥工程有限公司的张庆红、中铁建工集团有限公司的田行健、长安大学的王春承担了主审工作。他(她)们分别为本指南的翻译工作付出了大量精力。在此谨向上述单位和人员表示感谢！

欧洲结构设计标准译审委员会

欧洲结构设计标准译审委员会总体组

组　　　　长：余顺新（中交第二公路勘察设计研究院有限公司）
成　　　　员：（按姓氏笔画排序）
王敬烨（中国铁建国际集团有限公司）
车　轶（大连理工大学）
卢树盛［长江岩土工程总公司（武汉）］
吕大刚（哈尔滨工业大学）
任青阳（重庆交通大学）
刘　宁（中交第一公路勘察设计研究院有限公司）
宋　婕（中国建筑标准设计研究院）
李　顺（天津水泥工业设计研究院有限公司）
李亚东（西南交通大学）
李志明（中冶建筑研究总院有限公司）
李雪峰［上海市城市建设设计研究总院（集团）有限公司］
张　寒（中国建筑科学研究院有限公司）
张春华（中交第二公路勘察设计研究院有限公司）
狄　谨（重庆大学）
胡大琳（长安大学）
姚海冬（中国路桥工程有限责任公司）
徐晓明（航天建筑设计研究院有限公司）
郭　伟（中国建筑标准设计研究院）
郭余庆（中国天辰工程有限公司）
黄　侨（东南大学）
谢亚宁（中设设计集团股份有限公司）
秘　　　　书：李　喆（人民交通出版社股份有限公司）
卢俊丽（人民交通出版社股份有限公司）

Eurocode 设计指南系列

Eurocode 设计指南:结构设计基础 EN 1990 (第 2 版). H. 古尔班尼西亚,J. -A. 卡尔加罗, M. 霍利基. 彭君义,郭骞,译. ISBN 978-7-114-16202-2. 2020 年 4 月出版.

Eurocode 1 设计指南:桥梁上的作用 EN 1991-2,EN 1991-1-1、-1-3 至 -1-7 和 EN 1990 附录 A2. J. -A. 卡尔加罗, M. 楚米,H. 古尔班尼西亚. 任青阳,刘浪,译. ISBN 978-7-114-16210-7. 2020 年 4 月出版.

EN 1991-1-4 设计指南 Eurocode 1:结构上的作用 第 1-4 部分:一般作用——风荷载. N. 库克. 管青海,都浩,译. ISBN 978-7-114-16203-9. 2020 年 4 月出版.

EN 1992-1-1 和 EN 1992-1-2 设计指南 Eurocode 2:混凝土结构设计 一般规定、房屋建筑规定和结构防火设计. A. W. 毕比,R. S. 纳拉亚南. 李元松,孙莉,刘波,译. ISBN 978-7-114-16211-4. 2020 年 4 月出版.

EN 1992-2 设计指南 Eurocode 2:混凝土结构设计 第 2 部分:混凝土桥梁. C. R. 亨迪, D. A. 史密斯. 徐腾飞,胡志坚,冀伟,勾红叶,译. ISBN 978-7-114-16212-1. 2020 年 4 月出版.

Eurocode 3 设计指南:房屋建筑钢结构设计 EN 1993-1-1,-1-3 和 -1-8(第 2 版). L. 加德纳, D. A. 内瑟科特. 王敬烨,黄羿,译. ISBN 978-7-114-16213-8. 2020 年 4 月出版.

EN 1993-2 设计指南 Eurocode 3:钢结构设计 第 2 部分:钢结构桥梁. C. R. 亨迪, C. J. 墨菲. 常江,贺君,蒋垠垄,译. ISBN 978-7-114-16204-6. 2020 年 4 月出版.

Eurocode 4 设计指南:钢与混凝土组合结构设计 EN 1994-1-1(第 2 版). 罗杰 · P. 约翰逊. 赵灿晖,占玉林,译. ISBN 978-7-114-16205-3. 2020 年 4 月出版.

EN 1994-2 设计指南 Eurocode 4:钢与混凝土组合结构设计 第 2 部分:一般规定和桥梁规定. C. R. 亨迪,罗杰 · P. 约翰逊. 狄谨,秦凤江,徐骁青,译. ISBN 978-7-114-16206-0. 2020 年 4 月出版.

Eurocode 5 设计指南:房屋建筑木结构设计 EN 1995-1-1. 杰克 · 波蒂厄斯,彼得 · 罗斯. 杨会峰,凌志彬,译. ISBN 978-7-114-16214-5. 2020 年 4 月出版.

EN 1997-1 设计指南 Eurocode 7:岩土工程设计 第 1 部分:一般规定. R. 费兰克, C. 鲍德温,R. 德里斯科尔, M. 卡瓦达斯, N. 克富布斯 · 奥维森, T. 奥尔, B. 舒伯纳. 张寒,等,译. ISBN 978-7-114-16215-2. 2020 年 4 月出版.

Eurocode 8 设计指南:桥梁抗震设计 EN 1998-2. 巴兹尔 · 科里亚斯,麦克 · N. 法迪斯,阿兰 · 派克. 卫璞,王巍, 徐良晋,译. ISBN 978-7-114-16217-6. 2020 年 4 月出版.

EN 1998-1 和 EN 1998-5 设计指南 Eurocode 8:结构抗震设计:一般规定、地震作用、房屋建筑规定、基础和支挡结构. 麦克 · 法迪斯, E. 卡瓦略, A. 尔纳斯海, E. 费西奥利, P. 平托, A. 普鲁米尔. 沈文爱,译. ISBN 978-7-114-16216-9. 2020 年 4 月出版.

前言

《Eurocode 7:岩土工程设计　第 1 部分:一般规定》是 Eurocode 系列结构设计中有关岩土工程内容的文件。它是依照《Eurocode:结构设计基础》(EN 1990)的原则所制定的用于确定岩土工程作用和验算岩土允许承载力的规定。

本指南的宗旨和目标

本指南的主要目的是为 EN 1997-1 的使用和解释提供指导。

Eurocode 7 供充分了解并掌握土力学和岩土工程知识的用户使用,也可供岩土工程师或熟悉常规岩土工程设计的人员参考。

本指南重点强调的是日常实践,避免复杂的岩土工程设计工况,从而帮助读者理解在 EN 1997-1 中出现的有关岩土工程设计的新概念和规定。只对 EN 1997-1 中看起来与传统实践不同的资料进行了说明。

本指南旨在成为一个独立的文件,仅在必要的情况下才重复 EN 1997-1 的条款,因此读者宜结合标准阅读本指南。

本指南的编排

EN 1997-1 共有 1 个前言、12 个章节以及 9 个附录;本指南采用与其相同的章节结构,指南中的章(chapters)与标准中的章(sections) 相对应。EN 1997-1 的*附录A* 给出了在持久和短暂状况下用于检查承载能力极限状态的分项系数及其推荐值。EN 1997-1 的所有其他附录均与特定的章节有关,因此,在本指南的相应章节中对其均有论述。

本指南除非发现个别章节顺序不利于对 EN 1997-1 的使用和解释提供指导,有所变动(特别是第 6 章,以及某种程度上的第 8 章)外,基本上沿用了 EN 1997-1 章节的结构顺序。因此,本指南的章节编号不一定与 EN 1997-1 中的编号完全相符:在本指南各章节开始的目录表中指出了编号的差异。

本指南分别给出了确定特征值(第 2 章)、扩展基础(第 6 章)、桩基础(第 7 章)、锚杆(第 8 章)、挡土结构(第 9 章)和整体稳定性(第 11 章)的工程示例。这些示例旨在强调 EN 1997-1 的应用问题。

本指南对 EN 1997-1-1 中的章节、条款、子条款、段落、附录、图表以及表述的所有交叉引用均以*斜体形式*给出,直接重复 EN 1997-1-1 中的内容也使用*斜体*[对来自其他文件,包括其他 Eurocodes,及本指南各章节间的交叉引用则为罗马字体]。与 EN 1997-1-1 中重复的表达式将保留其编号,而其他表达式则使用前缀 D(表示“设计指南”)进行编号。例如,式(D2.1)表示本指南第 2 章的式(1)。**粗体**用于强调。

致谢

本书的出版主要在于顺利完成了 Eurocode 7 的第 1 部分。参与该过程的有:

● 负责将 ENV 1997-1 改编为 EN 1997-1 的项目组。

● 负责将 ENV 1997-1 改编为 EN 1997-1 的工作组。

● 负责 ENV 1997-1(1994)的项目组。

● 欧洲委员会*特别*小组的主席和成员,在 1978 年起草了 Eurocode 7 的第一版标准。

同时还要感谢以下人员在制定 Eurocode 7 的第 1 部分中所做的重要贡献:

● 感谢欧共体各成员国(为国际土力学和岩土工程学会会员,**ISSMGE**)的国家岩土工程学会所提供的支持,尤其是在 Eurocode 7 的早期制定阶段。

● 感谢 CEN/TC 250/SC7 的各国代表团及其国家技术联系处提出的宝贵建设性意见。

● 感谢《Eurocode:结构设计基础》(EN 1990)项目组的成员在 EN 1997-1 中有关土与结构相互作用条款中的贡献。

编者将本指南献给上述同仁。同时还希望感谢:

● 他们的妻子,Vassilia Frank,Bénédicte Bauduin,Liz Driscoll,Kitty Kavvadas,Hanne Krebs Ovesen,Diane Orr 和 Jutta Schuppener 所给予的支持和包容。

● 他们所在的公司,CERMES(ENPC-LCPC),巴黎;BESIX,布鲁塞尔;BRE,加斯顿;NTUA,雅典;GEO-Danish Geotechnical Institute,林比;Trinity College,都柏林;BAW,卡尔斯鲁厄。

R. 弗兰克

C. 鲍德温

R. 德里斯科尔

M. 卡瓦达斯

N. 克富布斯·奥维森

T. 奥尔

B. 舒伯纳

目录

引言

《Eurocode 7:岩土工程设计　第1部分:一般规定》(EN 1997-1)的前言,主要由所有 Eurocodes 的通用条款组成,即关于下述内容的条款:

- Eurocodes 计划的背景;
- Eurocodes 计划;
- Eurocodes 的地位和应用领域;
- 执行 Eurocodes 的国家标准;
- Eurocodes 和产品统一技术规范(ENs 和 ETAs)之间的联系。

还包含以下两条较短条款:

- Eurocode 7 的补充规定;
- EN 1997-1 的国家附件。

关于所有 Eurocodes 通用条款的详细说明,读者可参阅《Eurocode 设计指南:结构设计基础 EN 1990》(Gulvanessian 等,2002)中的说明。读者可从中找到有关欧洲结构设计标准在欧盟各成员国中实施和使用方面的信息。关于这方面的一份主要背景文件是由欧洲委员会(2003a)编制的 Guidance Paper L(Concerning the Construction Products Directive-89/106/EEC)。除此之外,《Eurocode 设计指南:结构设计基础　EN 1990》的附录 A 给出了有关欧盟建筑产品指令的详细信息,欧盟成员国的国家建筑法规必须遵守该指令。若适用,一个国家的国家建筑法规将参照 Eurocodes,声明其建筑物符合这些标准及相应的国家附件将被视为满足了有关力学抗力和稳定性以及火灾安全的建筑法规。

Eurocode 计划

整套欧洲结构设计标准将包含以下标准,各标准通常由数个部分组成,而各部分又处于不同的制定阶段:

EN 1990 Eurocode 0:结构设计基础

EN 1991 Eurocode 1:结构上的作用

EN 1992 Eurocode 2:混凝土结构设计

EN 1993 Eurocode 3:钢结构设计

EN 1994 Eurocode 4:钢与混凝土组合结构设计

EN 1995 Eurocode 5:木结构设计

EN 1996 Eurocode 6:砌体结构设计

EN 1997 Eurocode 7:岩土工程设计

EN 1998 Eurocode 8:结构抗震设计

EN 1999 Eurocode 9:铝结构设计

本前言的其他章节主要论述了 Eurocode 7 的编制情况和背景信息,以及在欧洲标准化委员会(CEN)成员国中的实施情况。本前言其他章节所涉及的主题包括:

- Eurocode 7 的发展;
- Eurocode 7 的内容;
- 三种设计方法;
- Eurocode 7 在各国的实施情况;
- 资料性附录的适用范围;
- 日程表;
- EN Eurocode 的各部分;
- 各国的实施任务。

Eurocode 7 的发展

第二次世界大战前,仅少数国家编制了结构工程和基础工程的应用标准。这些标准旨在描述优秀的工程实践,其设计方法并不是很系统。

第二次世界大战后建筑业的繁荣使大部分人对土木工程的整个设计过程又重新进行思考。例如,在 20 世纪 50 年代早期,英国结构工程师学会(1995)成立了委员会,负责报告结构设计中的安全性。在他们的报告中,委员会注意到"有关结构安全性证明的主体……通常以设计计算的形式出现",并且他们建议,设计计算宜由两种特定比率来控制:

- "(最终)极限荷载与相应工作荷载之间的比率,称为(最终)极限荷载系数";
- "(使用)极限荷载与相应工作荷载之间的比率,称为(使用)极限荷载系数"。

"(最终)极限荷载"被定义为导致结构坍塌的荷载,而"(使用)极限荷载"用于定义"过大弹性变形的限制可通过美学考虑或对结构正常使用、(关于过大变形的类似解释)永久变形和局部缺陷(例如裂纹)的产生造成干扰而设置"的开始。

1956 年,Brinch Hansen 首次在岩土工程领域使用了"极限设计"这一词汇。他对极限设计作出了以下描述:"任何结构在设计时,原则上宜进行两项独立的分析:一项用来确定破坏时的安全性,另一项用来确定在实际工作条件下可能出现的变形"。Brinch Hansen 将极限设计概念与分项系数概念紧密联系起来,并将这两个概念引入丹麦的基础工程实践中。

20 世纪 60 年代和 70 年代期间,许多欧洲技术协会和委员会开始为各种建筑材料制定标准。该项工作成果的一个早期示例就是 1972 年出版的英国标准《混凝土结构使用》(CP110)。其中最重要的创新就是,在选择强度"特征"值时,明确采用概率论——根据理论上的分布或实测的分布,至少在 95% 的标准化试验中需超过该值。

1976 年,欧洲委员会同意资助建立建筑结构应用的一套欧洲标准,其目的是推动成员国之间的自由贸易。

1980 年,欧洲共同体委员会(CEC)与国际土力学和岩土工程协会(ISSMGE)达成协议,根据此协议,协会应负责调查成员国现有的基础工程实践标准,并起草可作为 Eurocode 7 的标准。1981 年,国际土力学和岩土工程协会(ISSMGE)为该项任务成立了*特别*委员会。经过多次咨询以及国际会议后,该特别委员会于 1987 年拟定了 Eurocode 7 的模型草案。

1990 年以前,欧洲共同体委员会(CEC)为该草案的后续工作提供了 3 年的资助,随后所有 Eurocodes 的后续制定、发布和维护工作移交至欧洲标准化委员会(CEN),同时达成一致意见,欧洲自由贸易联盟(EFTA)秘书处也支持该项工作。这样便成立了 CEN 技术委员会(TC)250,委员会从 1990 年起一直负责监督 Eurocodes 的制定。

CEN/TC 250 的一个小组委员会(SC)负责一本 Eurocode,而负责 Eurocode 7 的则是 CEN/TC 250/SC 7。在该小组委员会的主持下,项目组拟定了 Eurocode 7 第 1 部分的草案,该草案于 1993 年被批准为 ENV 1997-1。3 年后,在 CEN 成员国间召开咨询会,为 ENV 1997-1 征求意见。CEN/TC 250/SC 7 考虑了这些意见,随后由项目组拟定了几项 EN 1997-1 草案。CEN 成员组织——国家标准机构于 2004 年对最终草案进行了正式表决。该次投票最终批准了《Eurocode 7:岩土工程设计　第 1 部分:一般规定》(EN 1997-1)。

Eurocode 7 的内容

Eurocode 7 由两部分组成:

- 第一部分:*一般规定*,主要是岩土工程设计(或各类岩土地层的地基工程设计)的一般规定。这部分为本指南的主题。
- 第 2 部分:*岩土工程勘察和试验*,涉及在岩土工程设计中采用的现场勘察和室内试验。这部分正在编制中。

EN 1997-1 描述了适用于岩土工程设计的总则和要求,主要是为了确保被支撑结构(即修建在岩土上的建筑物和土木工程设施)的安全性(强度和稳定性)、适用性以及耐久性。因此,EN 1997-1 应与《Eurocode:结构设计基础》(EN 1990)和《Eurocode 1:结构上的作用》(EN 1991)配合使用,以便直接应用一项或几项材料设计 Eurocodes(Eurocode 2 至 Eurocode 6 以及 Eurocode 9)。Eurocode 8 旨在对地震区域中的结构和岩土工程设计做出补充。尤其是,Eurocode 8 的第 5 部分主要针对基础、支挡结构以及其他岩土工程特性。

EN 1997-1 还可作为岩土工程设计其他方面的参考文件,例如大坝、隧道和边坡稳定设计,或特殊工程的基础设计,例如核电站和近海结构物,除了 Eurocodes 中提供的规定外,这些特殊工程还需要有其他规定。

三种设计方法

在 1981 年开始编制 Eurocode 7 时,参与起草材料性 Eurocodes,即 Eurocode 2 至 Eurocode 6 的专家们就已经对混凝土结构、钢结构、木结构和砌体结构的设计做出一项决定,即通过使用分项系数,基于极限状态设计模式来制定这些标准。对于负责起草 Eurocode 7 的专家们来说,这完全是一种全新的思维方式,因为大多数相关国家几乎都没有与这些概念相关的经验。在此之前,大多数国家的岩土工程设计完全是基于工作应力对应的整体安全系数(OFS)法。

小组的工作揭示了在岩土工程结构设计方法中的其他障碍,并对此进行协调。除了人性固有的反对改变的习性和习惯外,以下两个方面成为在岩土工程设计中采用极限状态设计方法和分项系数的主要障碍:

- 因欧洲不同地区的地质条件各不相同,所以岩土条件也各不相同。这就导致现场勘察和室内试验方法以及计算方法和设计程序存在着显著的差异。例如,在中欧地区,旁压试验以及基于该类试验结果的设计规定使用了最先进的方法,而在北欧地区,设计规定通常是基于室内试验参数,以及标准贯入试验和十字板剪切试验的结果。

- 负责起草材料性 Eurocodes 的专家们在 1981 年便已做出如下选择,即在持久和短暂状况下的承载能力极限状态设计中,将数值 1.35 用作不利永久作用(包括结构材料的自重)的分项系数。在岩土工程设计中,岩土的自重通常是主要作用,但是,通常很难准确地确定哪一部分岩土自重贡献了有利的作用,而哪一部分岩土自重贡献了不利的作用。本指南随后的一些章节和工程示例对"单一力源"概念的引述就是对这个难题的有力佐证。

在 Eurocode 7 的 ENV 版本中,上述难题通过一项提议得到了解决,即岩土结构的承载能力极限状态设计宜包括两项计算,每项计算有不同的分项系数:

- 计算 1,永久作用的分项系数大于 1.0,而岩土工程材料(地基)强度参数的分项系数则设为 1.0。
- 计算 2,岩土工程材料(地基)强度参数的分项系数大于 1.0,而永久作用的分项系数则设为 1.0。

因此,对于持久和短暂状况下的所有承载能力极限状态设计,原则上要求检查两项独立计算中应用的两个分项系数。在 Eurocode 7　第 1 部分的 ENV 版本中,分别将两个组合的计算称为工况 B 和工况 C。

可能要注意的是,工况 B 中,提出将"结构的"分项系数 1.35 应用于持久和短暂状况下承载能力极限状态设计的不利永久作用以及地基自重。校准表明,如果岩土工程设计的传统安全等级几乎保持不变,则对地基强度/承载力而言,分项系数实际上不大可能大于 1.0。因此决定引入工况 C,地基强度/承载力分项系数大于 1.0,而永久作用分项系数设为 1.0。

但是,有关 Eurocode 7　第 1 部分的 ENV 版本的各国评论表明,标准规定的设计检查持久和短暂状况下承载能力极限状态设计的方法并不合理。提出更改的建议,主要有两种,分别为:

- 尝试减少计算的预设数量(例如,从两个减少到一个);
- 同时引入承载力和作用效应分项系数,而不是仅采用材料(地基)参数和作用分项系数。

经过漫长的审议,结果为 Eurocode 7 第 1 部分的 EN 版本以及《Eurocode:结构设计基础》(EN 1990),包含下述三种适用于持久和短暂状况下承载能力极限状态设计的方法(可选):

- 设计方法 1:该方法与上述 Eurocode 7 的 ENV 版本中的设计规定几乎是一致的。原则上要求两项计算涉及两个分项系数;当一组分项系数明显决定设计时,将无须进行另一组分项系数的计算。通常可将设计方法 1 称为作用和材料系数方法,该方法将系数应用于力源(例如,作用),而不是应用于作用效应,应用于剪切强度参数,而不是应用于承载力。但有两种情况除外:桩基础设计和锚固设计,这两个设计中将分项系数应用于承载力。

- 设计方法 2:该方法要求进行一项独立计算,计算中将分项系数应用于作用或作用效应和承载力。设计方法 2 可称为作用(效应)和承载力系数方法。通过将分项系数应用于作用效应,设计方法 2 与常规 OFS 方法之间并没有显著差别。

- 设计方法 3:该方法要求进行一项独立的计算,计算中将分项系数应用于来自结构上的作用或作用效应,以及应用于地基强度参数。设计方法 3 可称为作用(效应)和材料系数方法。

通过 CEN/TC 250/SC 7 以及欧洲岩土工程师之间的讨论,非常清楚地表明,需要将三种设计方法全部包含在内:相当多的 CEN 成员机构会明显倾向于使用三种设计方法中的一种(有时是两种),当引入其他方法中的一种作为唯一选择时,不倾向引入 EN 1997-1。

正是这种情况导致了目前无法通过采用 EN 1997-1 来完全统一欧洲的岩土工程设计。但是,许多参与制定 Eurocode 7 的专家们希望,通过在不同国家中实际使用期间所获得的经验,可使这三种设计方法能够在将来融合为一种设计方法。

Eurocode 7 在各国的实施情况

建筑物、土木工程及其组成构件安全等级(包括耐久性和经济性)的确定工作仍属于 CEN 成员国的权限范围。

考虑到各国、地区或地方的地理、地质或气候条件或生活方式可能存在差异,以及保护等级的不同,EN Eurocodes 给出了可选项,在国家层面上确定认可的数值、级别(类别)或备选方法(即国家定义参数——NDPs)。通过这种方式,成员国可以在一定的限制范围内选择适用于其领土内工程的安全等级,包括耐久性和经济性。

国家定义参数和国家附件的概念,在《Eurocode:结构设计基础》(EN 1990)的前言中已有定义,并在 EN 1997-1 的前言中复述。国家附件可包含如下内容:

国家附件可能只包含 Eurocode 中留待各国自行选择的参数信息,即国家定义参数的信息,这些参数将用于相关国家的房屋建筑和构筑物设计,即:

—Eurocode 中给出的备选方法的参数值和/或级别(类别);

—Eurocode 中仅给出符号时,其对应的取值;

—国家特有数据(地理、气候等方面),如:雪荷载分布图;

—Eurocode 中给出的备选方法的使用方法。

国家附件中可能还包括以下内容:

—关于使用资料性附录的决定;

—非矛盾性补充信息,以协助用户使用 Eurocode。

各国标准机构[如英国的英国标准化协会(BSI)和丹麦的丹麦标准(DS)]负责将 EN 1997-1 作为国家标准予以实施。图 1 阐明了 Eurocode 作为国家标准实施时的编制方式。该类国家标准将包括 CEN 发布的 EN 1997-1 完整文本及其相关附录,且没有任何改变。此类文本可以将国家标题页和国家前言置于最前面,其后可配套不同于 EN 1997-1 附录的国家附件。

欧洲委员会当前的目标是,发布独立于 EN 1997-1 的国家附件。

通过前言中列出的数个条款,EN 1997-1 允许各国在设计中自行做出选择。所做的选择主要为:在三种备选设计方法中选择一种或两种以上方法,以及选择分项系数和其他系数的数值,即国家定义参数。

当 EN Eurocodes 用于建(构)筑物或其分部工程的设计时,则必须使用工程所在成员国的国家定义参数。

应注意的是,EN Eurocodes 已不再使用 Eurocodes ENV 期间所引入的“框入值(boxed value)”和“国家适用文件”等概念。

应注意的是,国家附件,除了标明各国可通过国家定义参数自行选择的地方外,不得以任何方式更改 EN 1997-1 文本的内容。

还应注意的是,如果某一成员国没有选择任何国家定义参数,则设计人员将负责相关值(例如,推荐值)或备选方法(即设计方法)的选择,考虑工程项目条件和包括各级政府部门或承担公共事业的私人机构所规定的国家法律、法规和行政管理规定的国家规定。

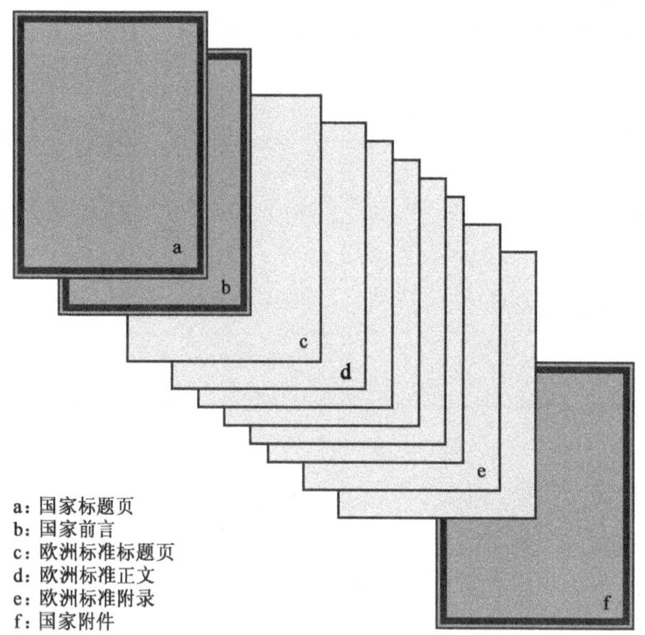

图1　实施 Eurocode 的国家标准

国家附件具有资料性作用。国家附件的内容能作为国家标准的基础,并且,通过国家标准机构,能在国家法规中进行引用。

国家附件中可能不会给出备选的应用规定。国家的主管部门可指定采用 Eurocode 中相关的备选应用性规定。

正如以上有关设计方法小节中所述,欧洲各地区的地质差异以及由此产生的岩土条件差异导致在岩土工程勘察和计算方法方面存在显著的差异。基于 CEN/TC 250/SC 7 的长篇论述,CEN/TC 250 于 1996 年 9 月 6 日采用了 N87 号决议,该决议声明:

CEN/TC 250 接受以下原则,即 EN 1997-1 仅作为岩土工程设计的基本规定,由国家标准进行补充。

该解决方案为各国提供了以下可能性:如果需要 EN 1997-1 中所包含的某一特定主题的相关指导,则能独立于国家附件另行出版一份文件,并在国家附件中作为非矛盾性补充信息引用。因此,在这种情况下,国家附件包含以下参考文献:

- 项目的主题包含在“X”中(出版物名称——通常为国家标准)。

宜注意的是,此类补充文件资料在各方面都必须符合 EN 1997-1 的原则。还宜注意的是,CEN/TC 250/SC 7 只是勉强接受了第 N87 号决议。CEN/TC 250/SC 7 认为,目前在欧洲,只能在一定程度上统一欧洲岩土工程设计。因此,为了推动进一步的统一工作,重要的是,由各个国家所编写的所有 EN 1997-1 补充文件必须为进一步的统一工作创造、构想和提供机会。本指南编者坚信,欧洲岩土工程专业人士通过参与 CEN/TC 250/SC 7 的日后工作,将在此方面发挥积极的作用。

国家规定(国家法律、法规等)宜避免用国家规则(规范、标准、管理条例等)取代 EN 1997-1 的任何规定(例如,应用性规定),因为这些变更有悖于本引言开头部分中指导文件的建议。但是,如果国家规定确实指明设计人员可以偏离或不使用 EN Eurocodes 或其中的某些规定(例如,应用性规定),则不能称该设计“根据 EN Eurocodes 设计”。

资料性附录的应用

国家附件可以针对某一特定国家决定是否在该国采用 EN 1997-1 的资料性附录。为此,国家附件

必须(根据情况)说明:

- 资料性附录"X"应作为国家层面的规范性附件。
- 在国家层面不应使用资料性附录"X"。

如果国家附件对资料性附录的使用未做任何说明,则其将作为标准的一个组成部分。如果需要与资料性附录中包含的主题有相同的指导,则可独立于国家附件,另行出版一份文件,并在国家附件中作为非矛盾性补充信息予以引用。因此,在这种情况下,国家附件将添加:

- 项目主题包含在"X"中[出版物名称和出处——通常为国家标准]。

时间表

以下段落总结了引入 EN 1997-1 的最重要步骤:

在正式投票和批准后,欧洲标准化委员会(CEN)将批准的欧洲标准的上市日期(DAV)定为正式投票后几个月的某一具体日期,届时,CEN 将标准文本的最终官方版本发布并发送给各国标准机构(NSBs)。

将 EN 1997-1 译成 CEN 官方语言的工作最迟可在国家标准机构收到 CEN 分发的标准时(DAV)开始。所允许的最长翻译时间为 DAV 之后的 12 个月。

DAV 之后为最长 2 年的国家校准期,在此期间允许就 NDPs 达成一致,并编制国家附件。在国家校准期结束后,各成员国必须出版其国家版的 EN 1997-1,并随附包含国家定义参数的国家附件。同时,成员国宜调整其国家规定(国家法律、法规等),以便在该国领域内使用其国家版的 EN 1997-1。必须将国家附件发送给 EC 服务中心,让其参考。

共存期(始于国家校准期结束时)能使用 EN 1997-1,同时也能使用此前的国家体系(标准或规定)。原则上,EN 1997-1 和此前国家体系的共存期可持续 3 年的时间(参见本引言的下一节)。共存期结束时,NSBs 必须作废所有与 EN 1997-1 相冲突的国家标准,并且,各成员国必须确保,通过在必要时调整其国家规定,Eurocode 能在该国领域内毫无歧义地使用。因此,最迟应在 EN 1997-1 的 DAV 之后 5 年内作废所有与 EN 1997-1 相冲突的国家标准。

EN Eurocode 组成部分系列

在设计某一特定结构时,通常需要使用 Eurocodes 的几个部分。因此,引入了 EN Eurocode 不同部分的概念。

通过将 EN Eurocodes 进行分组来划定组成部分的目的是,使某一特定设计所需的所有相关部分有共同的废止日期(DoW)。因此,只要一个系列中的所有 EN Eurocode 及其国家附件已经生效,相冲突的国家标准在共存期结束时必须作废,一个系列中单个部分的发布可能经历很长的时间,因此,对于许多部分,其共存期将远远比本引言此前几节中规定的时间要长。如果某一国家标准的适用范围比相冲突的 Eurocode 部分的适用范围要广,则仅作废在该系列所适用范围内的那部分国家标准。

针对每种主要材料(即混凝土、钢材、钢-混凝土组合材料、木材、砌体和铝材)的 EN Eurocode 组成部分列表,包含在针对不同结构的各分册中,以及其各自对应的预定日期通过 CEN/MC 网站(http://www.cenorm.be/sectors/construction/ eurocode.htm)进行更新和查阅。EN 1991、EN 1997 或 EN 1998 系列中任何部分其本身均不能构成一个系列,这些部分包含在各个系列中,因为它们独立于上部结构所使用的材料。

各国的实施任务

各国实施 EN 1997-1 的任务可总结如下。各国的标准机构必须通过发布等同文本(即,译成另一种语言的版本)或认可 CEN 在商定的发布时段内提供的三种语言版本(英语、法语和德语)中的一种版本的形式,赋予 EN 1997-1 国家标准的地位并实施。

通常,各国标准机构宜在代表国家主管部门并取得国家主管部门同意的情况下发布国家附件。

EN 1997-1 前言表明了留待各国自行确定的国家定义参数在标准文本中的位置。可对这些国家定义参数进行如下分组:

(1)与选择三种设计方法中的一种方法(或更多)相关的参数[*条款2.4.7.3.4.1(1)P*],正文中引入了分项系数值、模型系数值和相关系数值,以及 EN 1997-1 附录 A(规范性附录)给出了分项系数和相关系数的推荐值。到目前为止,这些参数构成了在标准中留待各国自行确定的大部分选择。

(2)与允许的基础变形相关的参数[*条款2.4.9(3)P*]。

(3)与岩土工程勘察最低要求、计算程序和控制检查相关的参数[*条款2.1(8)P*]。

(4)与通过惯例和一般性保守规定完成的设计相关的参数[*条款2.5(1)*]。

鼓励各成员国相互合作,尽量减少推荐数值或方法不被本国 NDPs 采用的情况。通过选择相同的值和方法,各成员国将提高统一所带来的效益。

如果由某一成员国制定国家定义参数,则该国宜让 EN Eurocodes 用户和涉及的其他相关方(包括制造商)清楚地知道。在其最近的一份公告中,欧洲委员会(2003b)已敦促各成员国采用 Eurocodes,并在可能的情况下,使用 Eurocodes 所推荐的国家定义参数值。

在对 EN 1997-1 设计的任何引用中,宜包含以下相关信息:采用了哪组国家定义参数,以及所采用的国家定义参数是否与 EN 1997-1 中的推荐值相一致。

针对 EN 1997-1 的共同废止日期,必须废止任何与新标准相冲突的国家标准中先前存在的所有标准,并且必须采用国家条款,允许合法使用 EN 1997-1。

第1章　总则

本章是 EN 1997-1 的总则部分。本章沿用了 EN 1997-1 *第1章*的结构：

1.1　适用范围

1.1.1　Eurocode 7 第 1 部分的适用范围

EN 1997-1 给出房屋建筑和构筑物工程设计中有关岩土工程的一般规定、要求以及一般应用性规定。EN 1997-1 应与《*Eurocode:结构设计基础*》(*EN 1990*)一起使用,EN 1990 为整套 Eurocodes 的纲领性文件,为整套欧洲结构设计标准订立了结构的安全性、适用性和耐久性原则和要求,EN 1990 还进一步说明了设计和验算的依据,并给出了结构可靠性方面的指导。　***条款1.1.1(2)*** ***条款1.1.2(1)*** ***条款1.1.1(1)***

EN 1990 特别给出了适用于计算房屋建筑和构筑物作用组合的规定。EN 1991 和特定国家的国家附件中给出结构作用的数值。　***条款1.1.1(4)***

欧洲"材料"标准(即,Eurocode 2 ~ Eurocode 6 和 Eurocode 9)主要介绍采用某种特定材料(例如,混凝土或钢材)的结构设计规定,尤其是强度和抗力的规定,而 Eurocode 7(岩土工程设计)和 Eurocode 8(结构抗震设计)则是与各种结构类型有关,而与建筑材料无关。

EN 1997-1 说明了岩土工程设计的要求,以确保所支承的房屋建筑物和构筑物工程结构的安全性(强度和稳定性)、适用性以及耐久性。该标准特别介绍了岩土作用及岩土作用效应和岩土承载力的计算。　***条款1.1.1(3)*** ***条款1.1.1(4)***

针对地震条件下的岩土工程设计,EN 1997-1 的设计规定宜通过《Eurocode 8:结构抗震设计　第 5 部分:基础、支挡结构和岩土工程》(EN 1998-5)进行补充。　***条款1.1.1(7)***

1.1.2　Eurocode 7 第 1 部分未完全涵盖的设计

如本指南引言中所述,Eurocode 7 能用作大坝和隧道、边坡稳定性,以及特殊建设工程(例如,核电站等)基础岩土工程方面的参考文件;可能需要 EN 1997-1

条款2.1(21) 所规定条款之外的附加条款[参见 EN 1990 中的条款 1.1(2)和 EN 1997-1 中的*条款2.1(21)*]。

1.1.3 Eurocode 7 第1部分的内容和结构

条款1.1.2(2) EN 1997-1 各章的主题分别为:

- *第1章*:总则
- *第2章*:岩土工程设计基础
- *第3章*:岩土工程数据
- *第4章*:施工监督、监测与维护
- *第5章*:填土、降水、地基处理与加固
- *第6章*:扩展基础
- *第7章*:桩基础
- *第8章*:锚杆
- *第9章*:支挡结构
- *第10章*:水力破坏
- *第11章*:整体稳定性
- *第12章*:堤坝

EN 1997-1 各章内容介绍如下:

- *第1章*提出一般性假定、术语和符号等。
- *第2*、*3*、*4*、*10* 和 *11* 章适用于所有类型的岩土工程结构。
- *第6*、*7* 和 *9* 章是针对特殊类别的岩土工程(分别为浅基础或扩展基础、深基础或桩基础以及支挡结构)。
- *第8章*适用于设计临时性锚杆和永久性锚杆,用于支承支挡结构,保证边坡、挖方或隧道的稳定,以及抵抗结构所承受的上浮力。
- *第5* 和 *12* 章涵盖更常规的岩土工程。

条款1.1.2(3) 本指南各章及其内容与 Eurocode 7 各章的内容相对应。EN 1997-1 包含以下附录:

- *附录A*(规范性):承载能力和正常使用极限状态的分项系数和相关系数及推荐值
- *附录B*(资料性):设计方法 1、2 和 3 分项系数的背景信息
- *附录C*(资料性):确定土压力的程序示例
- *附录D*(资料性):承载力计算的解析法示例
- *附录E*(资料性):承载力估算的半经验方法示例
- *附录F*(资料性):沉降估算方法示例
- *附录G*(资料性):岩石地基扩展基础的假定承载力推导方法示例
- *附录H*(资料性):结构变形与基础沉降的限值
- *附录J*(资料性):施工监督与性能监测一览表

附录A 与第*6 ~ 12* 章一起使用,因为该附录给出了承载能力极限状态(ULS)的相关分项系数和相关系数。*附录A* 为规范性附录,是该标准一个必不可少的组成部分,且必须予以实施。但是,在资料性附录中给出的分项系数值和相关系数值均为推荐值,各国可在其国家附件中进行修正。

附录B 给出了采用 EN 1990 和 EN 1997-1[持久和短暂状况下承载能力极限状态(ULS)]允许的三种可能设计方法的有关分项系数的背景信息。

附录C 至*附录J* 为资料性附录,特定国家可在其国家附件中选择是否采用该附录。

附录C 至*附录G* 是国际认可的计算方法的示例,与基础或支挡结构设计有关。

附录H 说明了基础的极限沉降变形,而*附录J* 为施工监督和性能监测的建议一览表。

各附录的内容在本指南相应各章中进行讨论,并与 EN 1997-1 的章节相对应。

1.1.4 Eurocode 7 第 2 部分

《Eurocode 7:岩土工程设计　第 2 部分:岩土工程勘察和试验》(EN 1997-2)是 EN 1997-1 的补充文件。第 2 部分给出了在岩土工程设计中使用的室内试验和现场试验的性能和评估的一般要求和规定。需要注意的是,第 2 部分是由过去的两个标准 ENV 1997-2 和 ENV 1997-3 合并而成。 *条款1.1.3(1)*

1.2 规范性引用文件

条款1.2(1) 列出了与 EN 1997-1 有关的岩土工程设计的其他 Eurocodes 和其他标准。在本指南的引言中给出了 10 个系列 Eurocodes 的列表。图 1.1 说明了这些 Eurocodes 的适用范围及其相互之间的联系。 *条款1.2(1)*

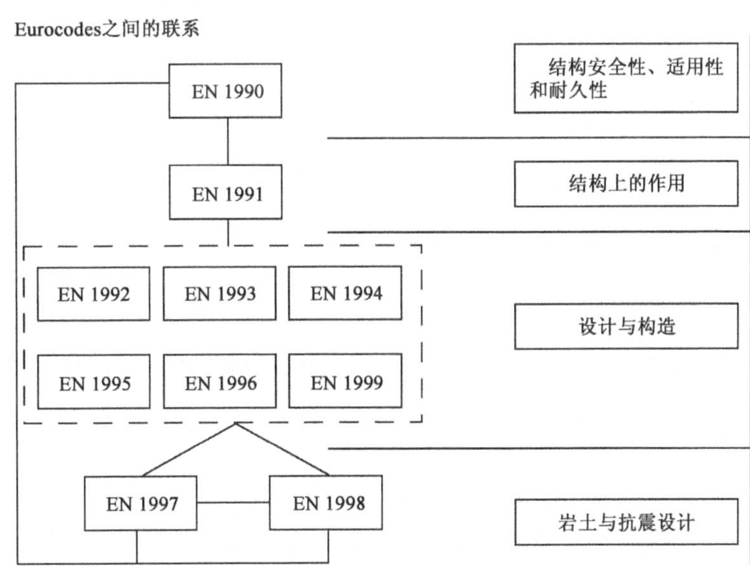

图 1.1　十册 Eurocodes 的适用范围及其相互之间的联系

Eurocode 7 仅包含符合设计规定中假定条件的岩土工程的施工(或建造)。 *条款1.1.1(6)*
目前(截至 2004 年 7 月),一系列与特殊岩土工程施工相关的欧洲标准正由 CEN *条款1.1.1(5)*

条款1.2(1)

技术委员会288(CEN/TC 288)主持编制。这些标准的清单列在 Eurocode 7 中,并如表 1.1 所示。CEN/TC 288 标准的引用文件,参见 EN 1997-1 的相关章节。

关于特殊岩土工程施工的 CEN/TC 288 工作计划 表 1.1

文件	题目	截至2014年7月的状态	未来进展
EN 1536:1999	灌注桩	EN 已出版:见书名年份	无
EN 1537:1999	地锚	EN 已出版:见书名年份	无
EN 1538:2000	地连墙	EN 已出版:见书名年份	无
EN 12063:1999	排桩	EN 已出版:见书名年份	无
EN 12699:2000	挤土桩	EN 已出版:见书名年份	无
EN 12715:2000	注浆	EN 已出版:见书名年份	无
EN 12716:2001	喷射注浆	EN 已出版:见书名年份	无
prEN 14199	微型桩	prEN 1998 年 4 月通过	转为 EN 过程中
prEN 14475	填土加固	prEN 2002 年 3 月通过	CEN 意见征求阶段
prEN 14490	土钉墙	prEN 2002 年 3 月通过	CEN 意见征求阶段
prEN 288011	深层搅拌		CEN 意见征求阶段
	深层振动	草稿	小组讨论中
	深层排水	草稿	小组讨论中

负责岩土工程勘察和试验的 CEN/TC 341 正在主持起草很多岩土工程试验实施的欧洲标准。表 1.2 所列是拟发布的试验标准和技术规范。

关于岩土工程勘察和试验的 CEN/TC 341 工作计划 表 1.2

题目	截至2004年7月的状态
TC 341 试验标准	
钻孔和取样方法及地下水观测: 第 1 部分:取样——原则 第 2 部分:取样——质量标准 第 3 部分:取样——合格评定	第 1 部分公众意见征求 2004 年基本完成;第 2 部分与第 3 部分 2004 年春天继续开展
静力触探试验: 第 1 部分:电力锥头和孔压贯入锥 第 2 部分:机械锥头	第 1 部分 2004 年年中进行意见征求;第 2 部分年末进行
动力触探和标准贯入试验	公共意见征求完成,2004 年发布两本标准
十字板剪切试验	正在起草中;拟定意见征求日期为 2005 年
钻孔旁压试验: 梅纳旁压仪 柔性侧胀仪 自钻孔压力计 静压压力计 全位移压力计 钻孔剪切试验	梅纳旁压仪、柔性侧胀仪、静压压力计试验规范正在推进
平板荷载试验	尚未开始起草
抽水试验	尚未开始起草
岩土结构试验: 单桩载荷试验——轴向抗压静载试验 单桩载荷试验——轴向抗拉静载试验 单桩载荷试验——水平抗拉静载试验 单桩载荷试验——轴向抗压动载试验 锚杆试验 土钉试验 加筋填料试验	桩基载荷试验与锚杆试验正在起草中

续上表

题　目	截至2004年7月的状态
TC 341 技术规程 含水率 细粒土密度 固体颗粒密度 粒径分布 固结试验 落锥试验 压缩试验 不固结三轴试验 固结三轴试验 直剪试验 渗透试验 岩石室内试验	编委评审中

1.3 假定

EN 1997-1 的规定所依据的、用户必须遵循的假定条件如下： *条款1.3(2)*

(1)设计所需的数据应由具备相应资格的人员收集、记录和解析。

(2)结构应由具有相应资格和经验的人员设计。

(3)数据收集、设计和施工人员应具有延续性，且相互间有充分的沟通。

(4)工厂、车间和施工现场应采取适当的监督和质量控制措施。

(5)具有相应技能和经验的人员应根据相关规范和标准执行。

(6)按本标准或相关资料、产品技术规范的规定使用建筑材料和产品。

(7)结构需有效维护，以确保其在设计使用年限内的安全性和适用性。

(8)结构应按设计用途使用。

设计人员和客户均需要考虑这些假定条件。为了避免不确定性，宜在岩土工程设计报告等文件中记录对这些假定条件的遵循情况。 *条款1.3(3)*

假定条件的第7条和第8条与客户(业主/用户)的责任相关，用户需要清楚他/她在结构维护制度方面的责任，并且需要保证不会出现过载也不会发生局部或周边岩土条件的变化。结构设计人员宜推荐一种维护制度，并且宜向用户清楚地说明与设计中假定荷载以及地基条件(即，水位和其他相关条件)相关的使用限制。

1.4 原则性规定与应用性规定的区别

同其他 Eurocodes 一样，Eurocode 7 中原则性规定与应用性规定的区别取决于各条款的特性。Eurocode 7 规定： *条款1.4(1)*

- 原则性规定包括： *条款1.4(2)*

—没有备选项的一般表述和定义；

—除非另有说明，否则不允许有备选的要求和分析模型。

- 原则性规定的前缀字母为P，字母P的前面为段落编号。 *条款1.4(3)*

- 应用性规定仅用段落编号标识。

条款1.4(4)

- 应用性规定是一些普通认可的规定示例,其遵循原则性规定并满足其要求。

条款1.4(5)

- 允许采用本标准所给的备选应用性规定,前提是需证明该备选规定符合相关原则性规定。

原则性规定条文中一律使用"应(shall)"。应用性规定条文中通常使用"宜(should)",在备选应用性规定或类似条文中,也使用"可(may)"。"是(is)"和"能(can)"用于定义性陈述或用于表达一种"假定"。

条款1.4(5)

对于应用性规定的备选项,*条款1.4(5)*及该条的注释(均摘自 EN 1990)补充规定:备选应用性规定宜至少在结构安全性、适用性和耐久性等方面与 Eurocodes 的预期性能是等效的。此外,如果某项备选规定替代了应用性规定,那么,即使设计符合 EN 1997-1 的原则性规定,但设计结果可能与 EN 1997-1 无法达成一致。

本指南的引言中提到:在通过国家附件实施 Eurocode 7 时,成员国拥有参照"补充规定/标准"的特许权,可提供符合标准原则的应用性规定,但标准中不提供。如之前所述,这些"补充规定/标准"并不是标准所**规定**的任何应用性规定的"备选规定"。

1.5 术语

1.5.1 所有 Eurocodes 的通用术语

条款1.5.1(1)

极限状态设计的术语大部分已在 EN 1990(也可参见本指南系列丛书《Eurocode设计指南:结构设计基础 EN 1990》中进行了定义,不再在 Eurocode 7 中重复。事实上,尽量避免重复定义任何术语。因此,建议 Eurocode 7 的用户参照 EN 1990。

需注意的是,所有 Eurocodes 将"作用"定义为荷载或外加变形,例如,温度效应或沉降(EN 1990 的条款 1.5.3.1)。*条款2.4.2* 中给出了岩土工程设计中的作用示例,本指南第*2*章给出了岩土工程作用的说明。

1.5.2 Eurocode 7 的专用术语

Eurocode 7 中专用术语,或引自(改编自)EN 1990 的术语,定义如下:

条款1.5.2.1

- *岩土工程作用*:通过地基、填料、静水或地下水传至结构的作用(定义见 EN 1990的条款 1.5.3.7)。岩土工程作用的示例有挡墙所承受的土压力以及桩所承受的下拉荷载。

条款1.5.2.2

- *可比经验*:与设计所考虑岩土相关的文件信息或其他明确信息,包括相同类型或有相似的岩土特性以及相似的结构。所获得的当地信息尤为重要。

条款1.5.2.3

- *地基*:在建筑物施工之前现场的土、岩石和填料。

条款1.5.2.4

- *结构*:相连部件的有机组合,包括建筑物施工之前的填筑物,设计用来承载并提供足够刚度(定义见 EN 1990)。

- *导出值*:根据理论、相关性或由试验结果所得经验获得的岩土工程参数值。 *条款1.5.2.5*
- *刚度*:材料抵抗变形的能力。 *条款1.5.2.6*
- *抗力*:在没有出现力学破坏的情况下,部件或结构部件横截面在不发生力学破坏时承受作用的能力,例如,地基承载力、抗弯强度、屈曲强度和抗拉强度(定义见 EN 1990)。 *条款1.5.2.7*

在 Eurocode 7 中,频繁使用"考虑(consider)"、"评估(assess)"、"说明(account)"和"评定(evaluate)"等动词(如在*条款3.3* 中),但并未对其进行定义。现根据 Orr 和 Farrell(1999)以及 Simpson 和 Driscoll(1998),将这些词定义如下:

- *考虑(consider)*:是指根据掌握的信息,对影响设计的所有因素进行周密、理性的思考,并对各因素会有哪些效应作出判断。如果判断某个(或多个)因素影响到设计,则该因素必须在设计中加以考虑;如果判断该因素对设计并无显著影响,则可忽略。"考虑"作动词时通常并不意味着在设计中需要包含被考虑的因素,尽管有时这样做也是合适的。在岩土工程设计中,建议制作一个一览表,列出需要考虑的事项,然后由设计人员逐条考虑,并做好标注。
- *评估(assess)*:是指使用一种涉及计算、测量和可比经验的综合方法,通过考虑所有相关因素,来获取某个参数的数值或检验是否满足某些指标。
- *说明(take into account)*:是指计入设计过程的某一方面的影响。在 Eurocode 7中,该词通常具有比"考虑"更强的词义,并且意味着该方面的影响是计入设计计算的。
- *评定(evaluate)*:是指确定参数的数值,考虑影响其值的所有相关因素。

1.6 符号

许多用于极限状态设计的符号在 EN 1990 中进行了定义,Eurocode 7 不再重复。

Eurocode 7 所特有的所有符号在*条款1.6(1)*中列出。这些符号符合 ISO 3898 的规定以及国际土力学与岩土工程协会(ISSMGE,1981)的推荐。 *条款1.6(1)*

参数的特征值用下标"k"标注,而设计值用下标"d"标注。下标"dst"表示失稳作用,而下标"stb"则表示稳定作用。

本指南所使用的符号和下标与 EN 1997-1 相同。

符合 Eurocode 7 的岩土工程设计宜使用"国际单位制"(SI)单位。参见 ISO 1000 的相关定义。

岩土工程计算中最常用的单位,在 Eurocode 7 的*条款1.6(2)*中体现。 *条款1.6(2)*

第2章 岩土工程设计基础

本章说明 EN 1997-1 的基本原理和概念。本章主要涉及 EN 1997-1 *第2章*的内容,以及*附录A*"分项系数"、*附录B*"设计方法 1、2 和 3 的背景信息"。

本章沿用 EN 1997-1 *第2章*的结构:

附录给出了有关在特征值的量化评估中使用统计方法的说明。

2.1 设计要求

条款2.1(1)P

EN 1990 将极限状态定义为"超过该状态时结构不再符合相关的设计标准"。极限状态设计的目的是当作用、材料或产品的抗力特性及几何特性的相关设计值用于相应计算模型时,检查结构不超过极限状态。为简化设计过程,一般情况下有两种基本的极限状态,每一种都有其相关的设计标准[极限状态的进一步论述见《Eurocode 设计指南:结构设计基础 EN 1990》的第 36 ~ 40 页(Gulvanessian 等,2002)]:

- EN 1990 将承载能力极限状态(ULS)定义为"结构破坏伴随着倒塌或其他相似形式的状态"(例如,由于承载力不足导致的基础破坏);
- EN 1990 将正常使用极限状态(SLS)定义为"超过该状态对应的条件时结构或结构构件的特定需求无法满足"(例如,与结构预期使用功能相关的过度沉降)。

条款2.1(3)
条款2.4.7.1(1)P

与岩土工程结构整体倒塌对应的承载能力极限状态(ULS)极少发生,通常发生的是过大位移导致不能满足被支承结构安全性要求的破坏状态。因此,EN 1990 要求进行检验,以确保不会发生地基破坏,也不会发生被支承结构自身破坏;也宜检验由于地基的过大(过度)变形导致的被支承结构的极限状态。

条款2.1(4)

避免极限状态宜采用下列一种或几种方法的组合进行检验:

- 采用计算(如条款2.4)。
- 采用构造措施(见条款2.5),该方法是指在良好的地基和荷载条件下不计算而采用已经确定的经过证明的设计。
- 模型试验或足尺试验(见条款2.6),在桩和锚杆设计中尤为有用。
- 观察法(见条款2.7)。

为确立岩土工程设计需求,EN 1997-1 推荐根据结构复杂性、地基条件和荷载,以及结构用途可接受的风险水平将结构分为岩土工程类型 1、2 或 3;但这种分类不是强制的。EN 1997-1 中使用的岩土工程类型用于确定现场勘察要求的范围和设计校核中所需的工作量。图 2.1 中的流程图说明了依据 EN 1997-1 的原则与规定的岩土工程设计阶段。重点注意的是,在设计和施工过程的每一个阶段都宜检查岩土工程类型。 *条款2.1(8)至2.1(28)*

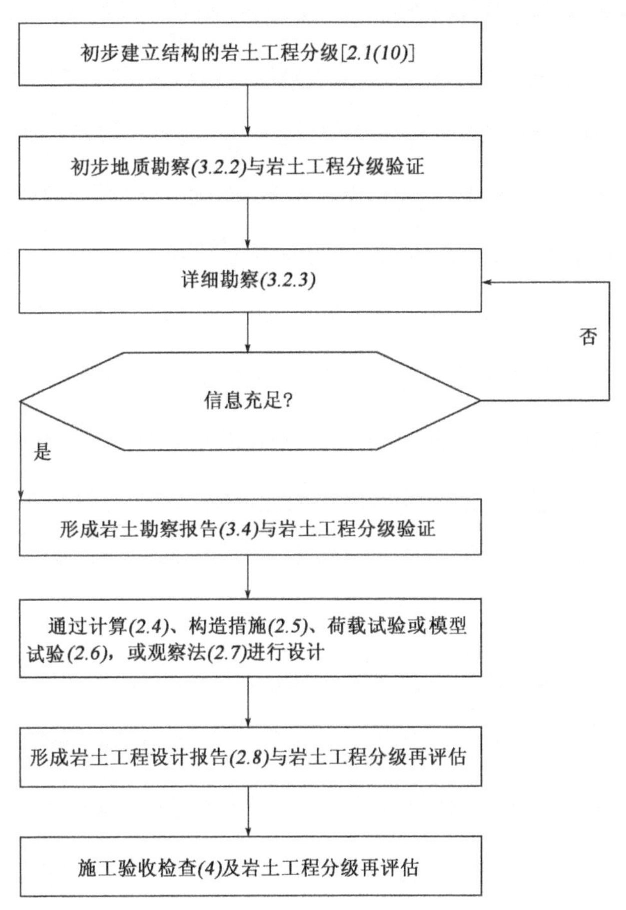

图 2.1　EN 1997-1 的设计过程(括号中的数字为 EN 1997-1 的相关章节和条款)
(根据 Simpson 和 Driscoll,1998)

风险可忽略及当地经验基本就能满足需求的简单结构属于类型 1。大部分结构属于类型 2,而复杂的结构属于类型 3。 *条款2.1(14)至2.1(21)*

EN 1997-1 专注于属于岩土工程类型 2 的结构,并列举了典型设计问题的示例。 *条款2.1(19)*

图 2.2 的流程图可帮助确定岩土工程类型。

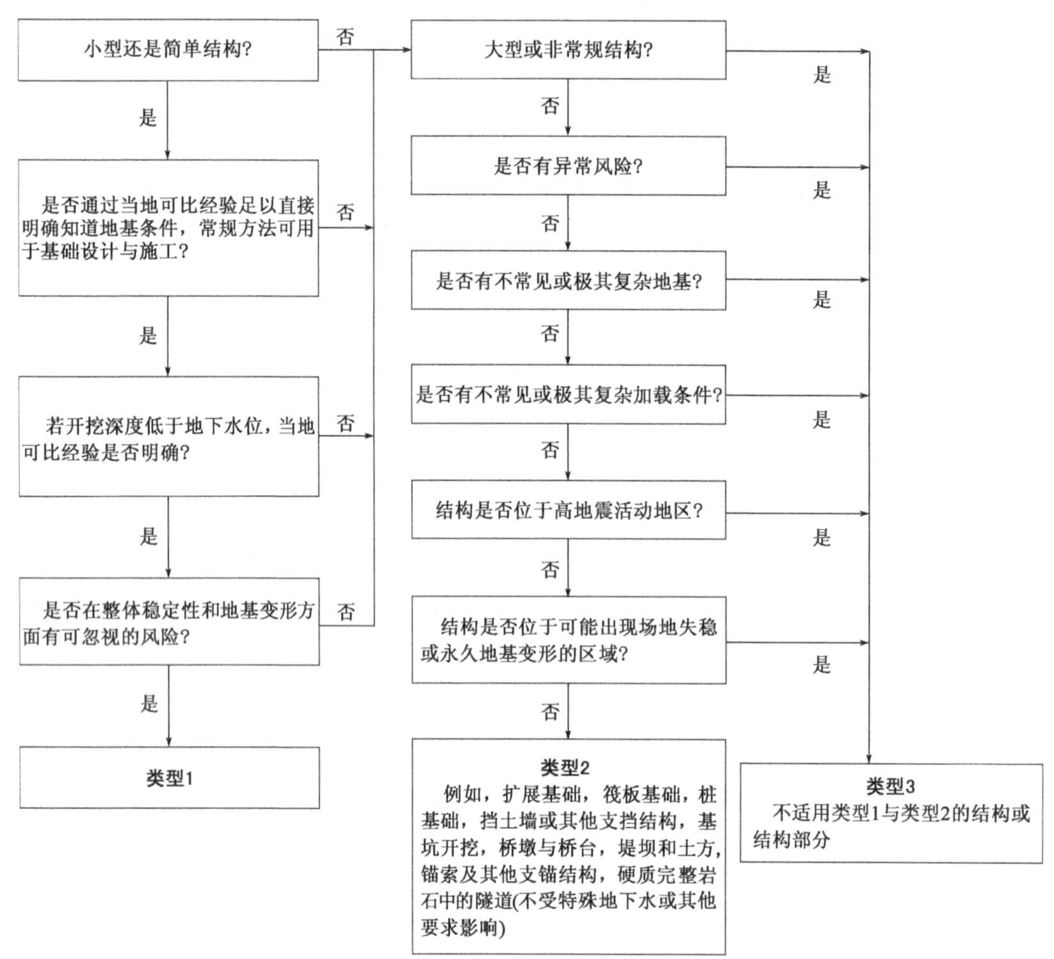

图 2.2 岩土工程分类流程图(根据 Simpson 和 Driscoll,1998)

2.2 设计状况

岩土工程设计必须通过相关的“设计工况”校核。宜选择结构使用和建设过程中合理预见并极可能发生的全部工况。EN 1990 定义了承载能力极限状态(ULS)和正常使用极限状态(SLS)下的设计状况,并在其*设计指南*中进行了论述(35 ~36 页)。EN 1997-1 论述了永久状况、短暂工况以及偶然工况下的承载能力极限状态,并论述了正常使用极限状态(SLS)。

条款2.2(1)

当饱和地基的渗透性相对较低时(即超静孔压或建设活动形成的负孔压消散需要的时间与建设周期相比要长),承载能力极限状态(ULS)校核时宜考虑排水和不排水状况;也就是具有超静孔压的不排水状况和孔压消散的排水状况。当荷载施加于细粒土,孔压随时间消散导致土体强度增高时,不排水状况可能是关键。通常,这些状况存在于软黏土上加荷(例如大坝下的软黏土)的情况下。在细粒土中负孔隙水压力随时间的消散导致土体强度降低时,排水状况可能是关键。通常,这些状况存在于硬黏土卸载的情况下,如开挖之后。

条款2.2(2)

条款2.2(2)的列表给出了规定设计状况时需要考虑的重要项目。

各种设计状况发生的可能性以及其后果可能不同,因此安全性需求也不同。例如,对偶然状况可能只需要结构不倒塌,而对正常使用状况这是无关紧要的需求(进一步说明见30页)。

EN 1997-1 没有涉及抗震设计状况;读者可参阅《Eurocode 8:结构抗震设计 第5部分:基础、支挡结构和岩土工程》(EN 1998-5)。

2.3 耐久性

耐久性是在适当的维护下结构在其设计使用年限内保持正常使用的能力。对岩土工程结构,维护通常是困难或难以实现的。在这种情况下,设计中宜考虑材料由于受到环境(地基土、地下水化学物质)的侵蚀而随时间的老化,并为它们提供足以防腐的材料或保护。 *条款2.3(1)P*

2.4 岩土工程设计计算

2.4.1 一般规定

EN 1990 定义了计算中必须考虑的作用。结构作用的值必须从 EN 1991 中获取,而 EN 1997-1 主要考虑: *条款2.4.1(1)P*

- 岩土工程作用;
- 岩土工程抗力。

设计计算是校核避免极限状态最常用的方法。因此它是 EN 1997-1 的主要主题。

极限状态设计步骤包括:

- 确定作用,可以是外加荷载或外加位移。
- 确定地基特性和结构材料特性。
- 定义变形、裂缝宽度、振动等的极限值。
- 建立相关的承载能力极限状态(ULS)和正常使用极限状态(SLS)的计算模型,其可以预测作用效应,地基变形和/或承载力,并在其中考虑各种设计状况。
- 说明使用适当的计算模型在设计状况下不会超出极限状态。

作用、材料抗力以及荷载(作用)组合的设计值对持久和短暂状况下的承载能力极限状态(ULS)、偶然状况极限状态和正常使用极限状态(SLS)是不相同的。

尽管通过计算进行设计是最常用的岩土工程设计方法,但设计者宜时刻注意: *条款2.4.1(2)*

地基情况的认知程度取决于岩土工程勘察的范围和质量。相比计算模型和分项系数的精确度而言,此认知和控制工艺对满足基本要求的影响更为重要。

计算模型由解析模型、半经验模型或数值模型组成。EN 1997-1 没有规定极限状态的计算模型,但资料性附录中给出了一些模型示例。本指南中列出了几个解析模型和半经验模型计算法的示例。请注意,EN 1997-1 不仅认可解析模型和半经验模型,也 *条款2.4.1(3)P 至2.4.1(5)*

认可数值模型(有限元法、有限差分法等),尽管标准中没有对其进一步论述。

条款2.4.1(4) 当对于特定极限状态无可靠的计算模型可用时,EN 1997-1 允许另一种极限状态分析,使用系数来确保特定的极限状态完全不可能出现。该方法通常用于以简化的方法校核正常使用极限状态(SLS)的岩土工程设计中,当不需要知道变形值时,使用承载能力极限状态(ULS)模型(如承载力模型),并对荷载使用较大的安全系数(见本指南2.4.6)。该方法应用于第6章的示例,通过"间接法"校核扩展基础设计。

条款2.4.1(6)至2.4.1(9) 计算模型通常包括简化,其结果宜力求安全。有可能发生计算模型中包含一个系统错误,或者代表一定的不确定性的情况。如有必要,基于这类模型的计算结果可通过模型系数修正,以确保计算结果精确或偏于安全。可在作用效应或抗力上应用模型系数。本指南的一些章节说明了模型系数的实际应用方法。

2.4.2 作用

条款2.4.2(1)P 作用的特征值必须通过 EN 1990 的原则推导出。来自结构的作用值必须从 EN 1991 中获取。EN 1997-1 则致力于结构上的岩土工程作用和岩土工程抗力。

作用可以是作用于结构或土体的荷载(力),以及土体施加于结构或结构施加于土体的位移或加速度。荷载可以是永久的(例如,外加结构或土体自重)、可变的(例如,外加楼面荷载)或者偶然的(例如,冲击荷载)。

有必要区分结构施加于地基的作用和地基施加于岩土工程的作用,因为在一些设计方法中,它们使用的分项系数是不同的(见本指南21页设计方法一节)。

条款2.4.2(9)P 处理作用时的一个重要原则是"单源原则"[见 EN 1990 附录 A1 表 A.1.2(B)注3]。这一原理表明,如果由相同物理源引起的永久作用同时起到有利和不利作用,则这些作用和/或其效应可使用单一系数。一个典型的例子为当水来自同一水文地质构造时,作用于挡墙两侧的水压力。因此,支挡结构主动侧和被动侧的水压力效应通过两侧采用相同的分项系数计算(见示例9.2)。

2.4.3 地基特性

条款2.4.3(1)P EN 1997-1 强调地基特性必须从试验结果或其他有关数据中获得。例如,这些数据可能是由沉降测量或地基或边坡破坏的反推计算得出。

条款2.4.3(3)P
条款2.4.3(4) 当根据试验结果评估岩土参数时,必须考虑试验所得到的特性与控制岩土体和/或岩土工程结构性能的特性之间可能存在的差异进行。本指南列出了可能导致这些差异的因素清单。需要检查的最重要特征之一是岩土是否表现出明显的应变软化特征或脆性。当局部作用超过峰值强度时,抗力会急剧损失,应力的重新分布可能会导致作用进一步超过地基抗力极限,最终导致渐进破坏。

本指南2.4.4提供了进一步的解释。

2.4.4 岩土参数特征值

条款2.4.5.2(1)P

一般规定

从室内试验和/或现场测量中选取与设计相关的岩土参数的特征值的过程通

常能分为两个主要步骤(图2.3):

- 步骤1:确定适当的岩土特性值。
- 步骤2:从中选择特征值作为对影响极限状态发生的值的保守估计,包括所有相关、补充信息。 *条款2.4.5.2(2)P*

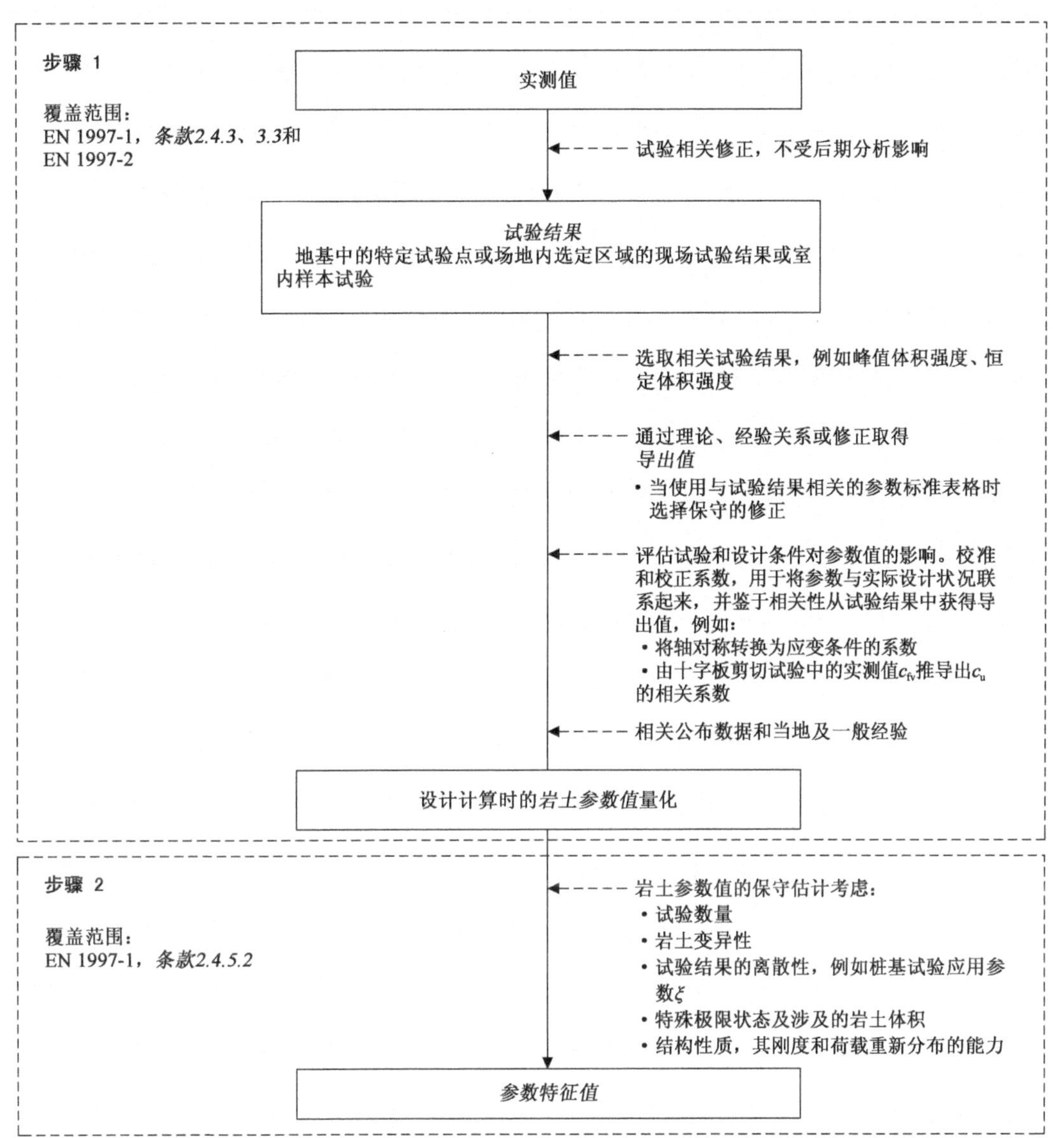

图2.3　由实测值确定特征值的一般流程

本指南的3.3.3论述了与步骤1有关的所有方面。本章讨论步骤2。

EN 1997-1将特征值定义为“*选择岩土参数特征值作为一个会影响极限状态发生的保守估计值*”。这个定义中的每个单词和短语都很重要: *条款2.4.5.2(2)P*

- *选择*——强调工程判断的重要性。
- *保守估计*——需要保守一些。
- *极限状态*——选择的值必须与极限状态相关(这将在第3章中进一步讨论)。

在选择特征值时考虑两个主要方面: *条款2.4.5.2(4)P*

(1)对参数值了解的多少和置信度。

(2)考虑极限状态下所涉及的土体体积和结构将荷载从地基弱区传递到强区的能力。

信息的数量和置信度

除其他因素外,选择特征值的谨慎程度取决于岩土工程师对岩土认知的信心。

它取决于下列因素:

(1)信息量(当地试验结果及其他相关信息)。

(2)结果的离散性(变异性)。

显然,在现场进行的试验次数越多及其他相关信息的数量越多,就越能更好地确定控制地基极限状态发生的特征值。任何其他有关的背景资料可包括相邻地区的试验和区域或地质数据库资料。这对于简单的项目尤其重要,因为通常只有少量的试验结果可用。选择的特征值与试验结果平均值之间存在保守的裕度,如果只有少量的试验结果可用,那么裕度将会偏大。

显然,结果的离散度越大,控制地基极限状态的值的不确定性就越大。如试验结果的离散度较大,所选特征值与试验结果平均值之间的保守裕度会偏大。

宜指出的是,对土层平均特性参数值的保守估计有时可能会产生误导,因为它不能揭示,可能控制极限状态发生的薄弱地带。应在岩土勘察中查明这种薄弱区域,如:

- 先期形成的破裂面。
- 运动学上允许通过一系列薄弱点形成的滑动面。

所涉及的土体体积和结构传递荷载的能力

条款2.4.5.2(7) 岩土参数试验结果的值在平均值或平均趋势附近随机波动。*原位*或室内涉及小体积的土样。在极限状态下地基土的体积比试样的体积大得多。因此,试验结果必须在所考虑极限状态下涉及的土体体积上取平均值。所以,一个非常接近土体参数平均值的值控制极限状态,当:

- 包含在均质层内的“大”体积的土体,允许较强的区域补偿较弱的区域;

条款2.4.5.2(9)

- 或,该结构具有足够的刚度和强度,可以将力从“较弱”的基础点传递到“较强”的基础点。

宜注意,桩基础是一个可利用结构重新分配桩间荷载(见第 7 章,ξ 值)的例子。在这种情况下,结构的刚度必须足以使荷载从“软”桩传递到“硬”桩。

条款2.4.5.2(8) 另一方面,接近(随机发生的)土体参数最低值的值可以控制极限状态,当:

- 涉及“小”体积的地基,破坏面可能主要在弱土体体积内形成;
- 或,这种结构在力从“弱”区转移到“强”区之前就会失效,因为它的强度和刚度不足。

在这种情况下,所选特征值宜接近最小试验结果,或接近相关(小)土体中试验结果的平均值。

图2.4说明了上述各项，并给出了不排水抗剪强度 c_u 随深度变化的试验结果。桩侧摩阻力，即桩身长度范围内强度的平均值，宜由特征值计算得到，该特征值是深度 $z_1 \sim z_2$ 之间沿桩身不排水抗剪强度试验结果平均值的保守估计。端阻力，由桩端周围小块地基确定，宜通过特征值计算得到；如果没有与桩端特性相关的小块地基试验结果，该特征值接近深度在 z_1 和 z_4 之间的试验结果最小值。如果出现如图2.4所示的试验结果，宜采用深度 z_3 和 z_4 之间试验结果平均值的保守估计。图2.4所示的特征值是对平均值的一种非常保守的估计，由于深度 z_3 和 z_4 之间的试验结果非常少，所以更重视最小值。

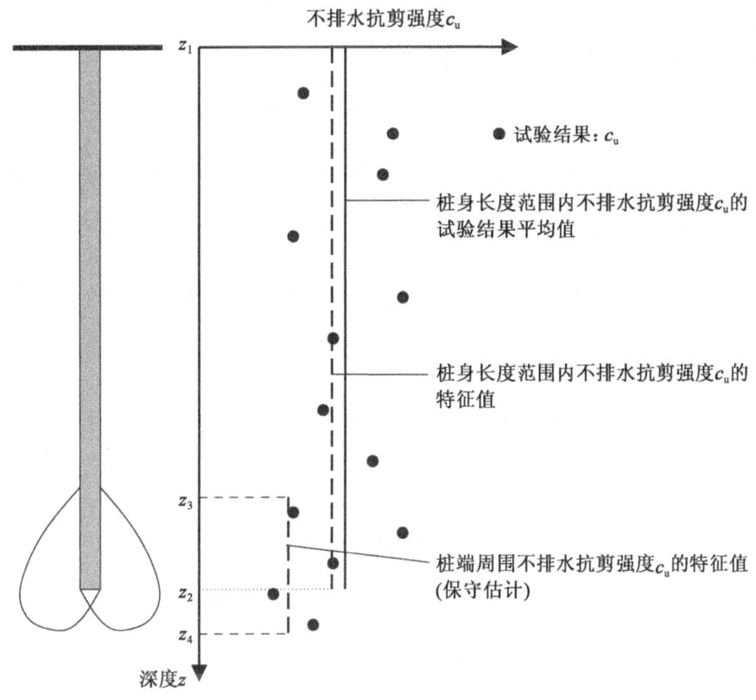

图2.4　用于确定桩侧和桩端阻力的不排水抗剪强度 c_u 的特征值

特征值通常小于最可能值（当岩土参数值越低时，结果越保守，如承载力问题）。在某些情况下，岩土参数值越大，结果越保守，例如下拉荷载特征值宜大于最可能的值。 *条款2.4.5.2(5)*

某些极限状态可能更多地受最高值和最低值之间的差值所控制，而不是受平均值本身的控制。这对于正常使用极限状态尤其重要，在这种状态下，差异沉降可能比整体沉降更有害。不同的沉降由土压缩性参数的"低"和"高"平均值之间的差值控制。在这种情况下，特征值的确定宜关注较弱和较强区域之间的差异，以及这些区域的范围，与所支承结构的刚度有关。在参数独立的情况下，宜采用高低值的最不利组合。 *条款2.4.5.2(6)P*

采用统计方法

当选择岩土参数特征值时，可以采用统计方法，但不是强制性的。统计技术的目的是从样本参数（平均值、标准差）和先验知识中计算出参数特征值。特征值的选择，使得控制地基极限状态的值比特征值小的可能性很小。 *条款2.4.5.2(10)*

条款2.4.5.2(11)

统计方法的使用意味着有足够多的试验结果(这些试验结果可能包括来自先前经验的数据)。

在使用统计方法时,EN 1997-1 建议控制所考虑极限状态出现的最不利值的计算概率不宜大于5%。*条款2.4.5.2(11)*的注提出了有关"*岩土参数值有限集合的平均值*"的保守估计值的情况与"*考虑局部破坏*"情况之间的差别。

当一个土体参数的平均值控制极限状态时(例如,当极限状态由一个大体积土体控制及当发生重分布时),宜选择特征值 $X_{c,mean}$ 为(未知)平均值的保守估计。统计方法需要给出控制地基极限状态参数的未知均值 $X_{c,mean}$ 的估计值。在给定的置信水平(如95%)下,该估计值要比特征值 $X_{c,mean}$ 更有利(见图2.5)。

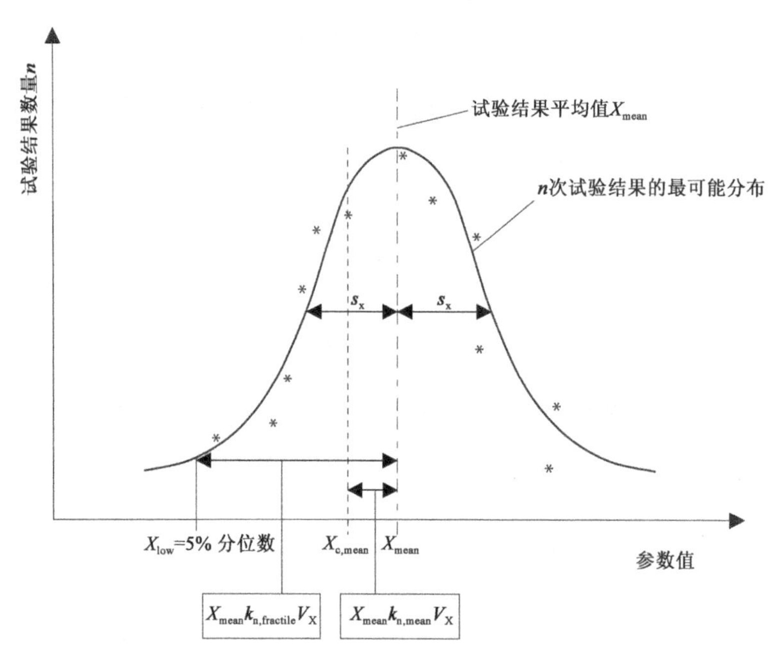

图2.5 平均值 $X_{c,mean}$ 的保守估计值和局部低值 X_{low} 的保守估计值(在 V_X 未知条件下由样本参数 X_{mean} 和 s_X 的5%分位数得出)

当寻求局部低值的保守估计值时(例如,极限状态涉及的土体较小,且没有该较小体积土体的试验结果),特征值 X_{low} 宜选择地基中某个部位的值,其比特征值不利的概率只有5%。在这种情况下,宜选择5%分位数为特征值 X_{low}(见图2.5)。

在许多情况下,5%分位数会给出一个非常低的特征值 X_{low},这可能导致设计非常保守。在这种情况下,建议加强岩土勘察并确定与设计有关的位置的局部参数平均值(见图2.4)。

条款2.4.5.2(10)

确定95%可靠平均值或5%分位数的统计公式取决于总体的类型、样本的类型以及先验知识的数量和可靠性。宜区分**无趋势**总体和**有显著趋势**总体。在无趋势的均匀总体中,参数值的波动完全是围绕平均值随机的。参数值和位置无关。在有趋势的总体中,参数值随机分布在一个明显可区分的变量周围,是另一个参数的函数。样本数据和其他相关信息(例如,地质信息)能用来判断总体是否具有显著的趋势或同质性。有趋势的例子有不排水抗剪强度随深度增加,排水抗剪强度随法向应力增加。有趋势总体和无趋势总体的统计公式不同。

参数值被收集在“样本”的统计总体中。不同类型的统计总体是根据总体构建的方式来区分的。在**局部总体**中，样本测试结果或导出值是在岩土结构设计地点或非常接近岩土结构设计地点通过测试所得。在**区域总体**的情况下，样本测试结果来自对大面积相同地层的测试，例如在数据库中收集。如果有足够大的局部总体，则主要用于选择所考虑参数的特征值；但是，如果没有或只有很少的局部信息可用，特征值的选择可能主要基于区域抽样结果或其他相关经验。对于岩土工程类型 2 和 3 的结构，区域取样宜仅用于初步设计。假定的特征值宜在后期通过局部抽样来确定。当局部测试结果数量有限，但存在一个重要的区域总体时，在选择特征值时可以将两种信息源结合起来。

在选择特征值时，宜引入补充信息和先验知识。这可以通过贝叶斯原理来实现。但是对贝叶斯原理的讨论超出了本指南的范围，它们不适用于常规问题。

另一种引入先验知识的方法是假定特性的变异系数 V_X已知。“V_X已知”的概念是在 EN 1990 中引入的[参见 EN 1990，条款 D7.1(5)]。在土层内，变异系数变化不大。因此在选择特征值时，通常能假定变异系数。使用的统计公式将给出更接近样本平均值的特征值，相比从先验知识不能获得特性的变异系数（“V_X未知”的情况下），且必须单独从样本数据建立的情况。

选取特征值 X_k的一个简单方法是采用本章附录中给出的公式(D2.1)：

$$X_k = X_{mean}(1 - k_n V_X)$$

式中：X_{mean}——参数值的算术平均值；

V_X——变异系数；

k_n——统计系数，它取决于测试结果的数量 n，与特征值的“类型”（“均值”或“分位值”）和变异系数的先验知识（“V_X未知”或“V_X 已知”）有关。更多使用信息请参见本章附录和示例 2.1。

图 2.5 列举了均匀土层中 n 个参数值 X_i组成的无趋势样本的简单情况中特征值的确定。假定该参数具有正态分布，且没有可用的补充信息（“V_X未知”的情况 ）。样本参数为其均值 X_{mean}和标准差 s_X。利用式(D2.1)确定特征值 $X_{c,mean}$，使得地基中控制极限状态发生的均值大于特征值的概率为 95%。在本章附录表 2.5中，对于“V_X 未知”，系数 k_n作为 $k_{n,mean}$的值。

这个简单的例子说明：

- 随着试验结果数量 n 的增加，特征值 $X_{c,mean}$逐渐接近样本均值 X_{mean}。
- 随着标准差 s_x的增大，样本均值 $X_{c,mean}$与特征值 $X_{c,mean}$之间的“距离”也增大。

图 2.5 还给出了低值 X_{low}的 5% 分位数，以供比较。X_{low}用式(D2.1)计算，其中 k_n 的值为 $k_{n,fractile}$，见本章附录表 2.7。宜注意的是，表 2.7 区分了“V_X未知”和

“V_X已知”的情况,其中 $k_{n,\mathrm{fractile}}$的值是不同的。对于 95% 的可靠平均值,$k_{n,\mathrm{fractile}}$ 比 $k_{n,\mathrm{mean}}$大得多。因此,分位数的值 X_{low}大大低于平均值的 95% 可靠估计值 $X_{\mathrm{c,mean}}$。

示例 2.1 对试验结果的统计评估说明了局部低值与均值的差异,说明了变异系数了解程度的影响,如“V_X已知”。

关于统计方法和用于确定特征值的公式的进一步讨论和细节见本章附录和《Eurocode 设计指南:结构设计基础 EN 1990》的附录 C。

2.4.5 承载能力极限状态(ULS)

一般规定

虽然 EN 1997-1 涉及不同类型的地基、支挡结构和其他岩土工程结构的设计,但该标准并没有具体规定用哪些土力学理论或土体性能模型来确定,如作用于支挡结构的土压力或边坡的稳定性。但是 EN 1997-1 确实规定了在计算中使用哪些设计标准,并且规定了使用分项系数进行检验的强制性**格式**。*附录A* 中的分项系数**值**是建议值,并能改用国家附件内的分项系数值[分项系数检验方法的一般概念、不同分项系数的定义及其所涵盖的不确定性见 EN 1990(见本指南第6 章和附录 C9)]。

条款2.4.7.1(1)P

EN 1997-1 区分了五种不同类型的极限状态,并使用了 EN 1990 中定义的极限状态的缩写:

- *结构或地基的失稳,其中视结构和地基为刚性体,即结构材料和地基的强度与产生的抗力无关(EQU)*,例如岩石地基上支护结构发生倾斜。
- *结构或结构构件发生内部破坏或过大变形,包括如基础、桩或地下室外墙(STR)*。
- *地基发生破坏或过大变形,其中岩体或土体强度与产生的抗力显著相关(GEO)*,例如整体稳定性、扩展基础或桩基的承载力。
- *由于水压力的上浮作用(浮托力)或其他竖向作用引起的结构或地基的失稳(UPL)*。
- *由水力梯度造成的隆起、内部侵蚀以及管涌(HYD)*。

检查这些极限状态的公式见*条款2.4.7.2* 至*2.4.7.5*。

条款2.4.7.1(2)P

EN 1997-1 中涉及的避免承载能力极限状态主要适用于永久和短暂状况,*附录A* 中推荐的分项系数只适用于这些情况。

条款2.4.7.1(3)

在偶然状况下,通常所有分项系数的值宜为 1.0。EN 1998-5 对抗震设计提出了要求和建议。

条款2.4.7.1(4)

在有异常风险或地基条件特别复杂的情况下,宜使用比*附录A* 所列分项系数更为严格的值。

条款2.4.7.1(5)

不太严格的值可用于临时结构或短暂设计状况,可能的条件证明了这一点。

在设计状况下,如果地基强度以不利的方式起作用(例如下拉荷载或桩的隆起),则不利作用的设计值可通过以下任何一种方法获得:

(1)将材料分项系数 *M*2 集合的倒数作为作用分项系数应用于典型不利作用(见示例7.4)。

(2)将材料分项系数 *M*2 集合的倒数应用于材料强度特征值以得到强度设计值,从而得到不利作用设计值。采用这种方法时,重要的是如果采用土体强度参数计算不利作用的另一分力(例如,桩的水平土压力),要确保土体强度特征值应用该分项系数的倒数以确定该部分作用分量,因为补偿效应,不会导致(不保守)不利作用减小,从而降低安全性。一个可能出现补偿效应的类似情形是地基强度以有利的方式起作用[如隆起情况;见条款10.2.2,式(D10.4)]。

*条款2.4.7.1(6)*提到将模型系数应用于作用效应,取代根据作用源对作用特征值应用系数的情况。 **条款2.4.7.1(6)**

静力平衡验算

静力平衡(EQU)验算中假定地基和结构的强度在提供稳定性方面不重要。静力平衡主要与结构设计有关。在岩土工程设计中,验算避免 EQU 极限状态只适用于极少数情况,如支撑在岩石上的基础可能会向边缘倾斜。静力平衡不等式[*不等式(2.4)*]要求失稳作用(例如土体或水压力的倾覆力矩)的设计值不大于稳定作用(例如由结构重产生的稳定力矩)的设计值和任何一侧较小抗剪承载力设计值(如在结构的一侧)的总和。EN 1997-1 和*附录A 中表A.1 和表A.2* 给出了在持久和短暂设计状况下用于 EQU 验算的分项系数。 **条款2.4.7.2(1)P**

表A.2 适用于任何一侧的较小**抗剪承载力**。(这种**承载力**不应被视为一种稳定**作用**,因此不宜使用表 A.1 中给出的分项系数进行处理。)

地基(GEO)破坏和结构(STR)破坏验算

在对地基和结构的破坏极限状态或过大变形进行验算时,必须满足以下不等式: **条款2.4.7.3.1(1)P**

$$E_d \leq R_d \tag{2.5}$$

式中:E_d——所有作用效应的设计值;

R_d——相应地基和/或结构承载力的设计值。

与结构设计的验算不同,岩土工程作用和地基承载力是不能分开的:有时岩土工程作用取决于地基承载力,例如主动土压力和地基承载力,有时取决于作用,例如浅基础的地基反力取决于基础上的作用。有不同的等效方法可以解释岩土工程作用与承载力之间的关系。因此,EN 1997-1 提出了三种设计方法来验算,避免地基(GEO)和结构(STR)的破坏。

设计作用效应

作用效应是作用本身、地基特性和几何数据的函数。*式(2.6a)和式(2.6b)*根据分项系数的应用方式,以不同的数学形式表示作用效应设计值的计算。 **条款2.4.7.3.2(1)P**

作用分项系数能用于:

- 作用的代表值 F_{rep}

$$E_d = E\{\gamma_F F_{rep}, X_k/\gamma_M, a_d\} \quad (2.6a)$$

- 作用的效应(E)

$$E_d = \gamma_E E\{F_{rep}, X_k/\gamma_M, a_d\} \quad (2.6b)$$

式中:γ_F——作用的分项系数;

γ_M——材料特性的分项系数;

γ_E——作用效应分项系数;

a_d——几何数据设计值。

EN 1990(条款 6.3.1)和 EN 1997-1 *附录 B* 解释了何时使用式(2.6*a*)或式(2.6*b*)。将 X_k/γ_M项引入岩土作用效应(如土压力)的计算中。

下列方法能用于计算岩土工程作用效应的设计值(见 EN 1997-1 *附录 B.2*):

- 通过使用强度参数设计值和通过给作用来源施加大于1.0 的分项系数 γ_M。
- 采用等于强度参数特征值的设计值,即通过应用等于 1.0 的分项系数 γ_M。

然后,式(2.6*a*)和式(2.6*b*)变成:

$$E_d = E\{\gamma_F F_{rep}, X_k, a_d\} \quad [式(B.3.2),附录B.2]$$

$$E_d = \gamma_E E\{F_{rep}, X_k, a_d\} \quad [式(B.3.1),附录B.2]$$

条款 2.4.7.3.2(3)P

表A.3 和表A.4 给出了在永久和短暂状况下使用的分项系数的建议值。国家附件可提供其他可替代值。EN 1990 中给出了作用组合规则和组合系数 ψ。

设计承载力

条款2.4.7.3.3

地基承载力是地基强度 X_k的函数,有时是作用 F_{rep}(当承载力值受作用影响时,如承受倾斜荷载的扩展基础)的函数,以及几何数据的函数。为了得到承载力设计值 R_d,分项系数可应用于地基特性(X)或承载力(R),或同时应用于两者,如下所示:

$$R_d = R\{\gamma_F F_{rep}, X_k/\gamma_M, a_d\} \quad (2.7a)$$

$$R_d = R\{\gamma_F F_{rep}, X_k, a_d\}/\gamma_R \quad (2.7b)$$

$$R_d = R\{\gamma_F F_{rep}, X_k/\gamma_M, a_d\}/\gamma_R \quad (2.7c)$$

式中:γ_R——地基承载力的分项系数。

式(2.7*a*)的承载力设计值通过给地基强度参数特征值 c'_k和 $\tan\varphi'_k$或 $c_{u,k}$等施加 $\gamma_M > 1.0$ 的分项系数获得。如果作用在承载力中发挥作用,则在 R_d的计算中引入作用设计值($\gamma_F \times F_{rep}$)(见设计方法 1 和 3 以及图 2.6 和图 2.8)。

式(2.7*b*)中承载力设计值是通过对地基强度参数特征值等于设计值得到的承载力应用 $\gamma_R > 1.0$ 的分项系数获得。如果作用在承载力中发挥作用,则在计算 R_d 时需引入作用设计值($\gamma_F F_{rep}$)(见设计方法 2 和图 2.7)。如果考虑作用效应的影响[见 EN 1997-1 *附录B.3(6)*],$\gamma_F = 1.0$,式(2.7*b*)变为:

$$R_d = R\{F_{rep}, X_k, a_d\}/\gamma_R \quad [式(B.6.2.2),附录B.3]$$

式(2.7*c*)类似于式(2.7*a*),但是应用了承载力补偿系数 $\gamma_R > 1.0$ 计算承载力设计值。这个系数仅仅作为一个模型系数。

宜从*附录A* 中选择上述各表达式使用的分项系数值;在国家附件中可能设置

了备选值。

设计方法

式(2.6)和式(2.7)在作用、地基特性和承载力之间分配分项系数的方式不同。由于式(2.6)和式(2.7)的不同组合,及因此在基本不等式(2.5)的 E 和 R 中引入分项系数的方法不同,导致了 EN 1997-1 中允许有 3 种设计方法。设计方法的选择由各国自行决定,宜在国家附件中说明。不同的设计问题可以用不同的设计方法来处理。如国家附件中所示,适用于所选定设计方法的分项系数值也由各国自行决定。 ***条款2.4.7.3.4.1(1)P***

以符号方式表示分项系数集合组合的方式,得到不等式(2.5)中作用效应和承载力的设计值,如

$$A1“+”M1“+”R1$$

上述表达式的含义如下:

(1)作用分项系数(γ_F)或作用效应分项系数(γ_E)由符号 A 表示,其从 EN 1997-1*附录A* 的表*A.3*中的集合 $A1$ 中取值,符号“+”表示它们以组合方式使用;

(2)地基强度(材料)的分项系数(γ_M)(符号 M),从表*A.4* 的集合 $M1$ 中取值;

(3)承载力分项系数(γ_R)(符号 R),从表 *A.5* 至表 *A.6* 的集合 $R1$ 中取值。

上述以符号方式描述的分项系数组合过程意味着岩土工程作用,或包括岩土工程作用在内的作用效应将涉及两种分项系数集合的组合:An“+”Mn。同样地,岩土工程承载力总是包含两种分项系数集合的组合:Mn“+”Rn。然而在许多情况下,这些集合中的系数值将等于1.0,这适用于,如,集合 $M1$、$R1$ 和 $R3$。

采用集合 $M1$ 的分项系数值意味着土体参数的设计值等于其特征值。因此,通过分项系数 $M1$ 集合的组合计算的岩土工程作用设计值、作用效应设计值和承载力设计值,有时为简便起见,可表述为“由特征值”计算,而其真正含义是“由分项系数等于1.0的土体参数设计值”计算得到。这种简化的例子可以在本指南中找到,尤其是在示例中。

设计方法1

设计中宜采用两种分项系数集合的组合,分别对土体和结构中的破坏情况进行验算。 ***条款2.4.7.3.4.2(1)P***

应用于作用源的分项系数,即使用式(2.7*a*)应用于作用的代表值和地基强度参数的特征值(如 c'和 $\tan\varphi'$或 c_u)。但是,对于桩和锚杆抗力的设计却是例外,其是采用式(2.7*b*)将承载力分项系数应用于实测或计算的承载力的情况。

分项系数通常直接应用于作用的代表值[式(2.6*a*)],除非这样做会出现物理上不可能实现的情况[例如,考虑已知自由水面深度的情况。在这种情况下,将分项系数应用于作用效应,使用了式(2.6*b*)(*条款2.4.7.3.2(2)*)]。 ***条款2.4.7.3.2(2)***

组合1。使用的分项系数组合是 $A1$“+”$M1$“+”$R1$。对于大多数熟悉 ENV 1997-1的读者来说,组合1是在“试用”版本的标准中使用的旧的“情况 B”。它的目的是提供安全的设计,防止作用或其效应与其特征值出现不利偏差,而地

基特性的设计值等于其特征值。因此,对于*不利*作用(或其效应),使用*附录A* 中*表A.3* 的集合 *A*1 进行组合 1 计算(图 2.6a:建议值 $\gamma_G = 1.35$,$\gamma_Q = 1.5$);对于*有利*作用,建议值为 $\gamma_G = 1.0$ 和 $\gamma_Q = 0.0$。对地基承载力,使用*表A.4* 的 *M*1 集合和*表A.5* ~*表A.8* 和*表A.12* ~*表A.14* 的 *R*1 集合进行计算(图 2.6a:$\gamma_{\varphi'} = \gamma_{c'} = \gamma_{cu} = 1.0$ 及 $\gamma_{R,v} = 1.0$)。

组合 2。使用的分项系数组合是 *A*2" + "*M*2" + "*R*1。组合 2 在 ENV 1997-1 中称为"情况 C"。它的目的是提供安全的设计,防止地基强度特性与其特征值出现不利偏差,并防止计算模型的不确定性,同时假定永久作用非常接近其预期的代表值,及结构的可变作用可能有轻微的不利偏差。因此,对于作用(或其效应),使用*附录A* 中*表A.3* 的集合 *A*2 进行组合 2 的计算[图 2.6b:对于有利和不利的作用,推荐值 $\gamma_G = 1.0$,$\gamma_Q = 1.3$(不利)和 $\gamma_Q = 0.0$(有利)]。对地基承载力,使用*表A.4* 中的集合 *M*2 和*表A.5* ~*表A.8* 和*表A.12* ~*表A.14* 中的集合 *R*1 进行计算(图 2.6b:推荐值 $\gamma_{\varphi'} = \gamma_{c'} = 1.25$,$\gamma_{cu} = 1.4$;$\gamma_{R,v} = 1.0$)。

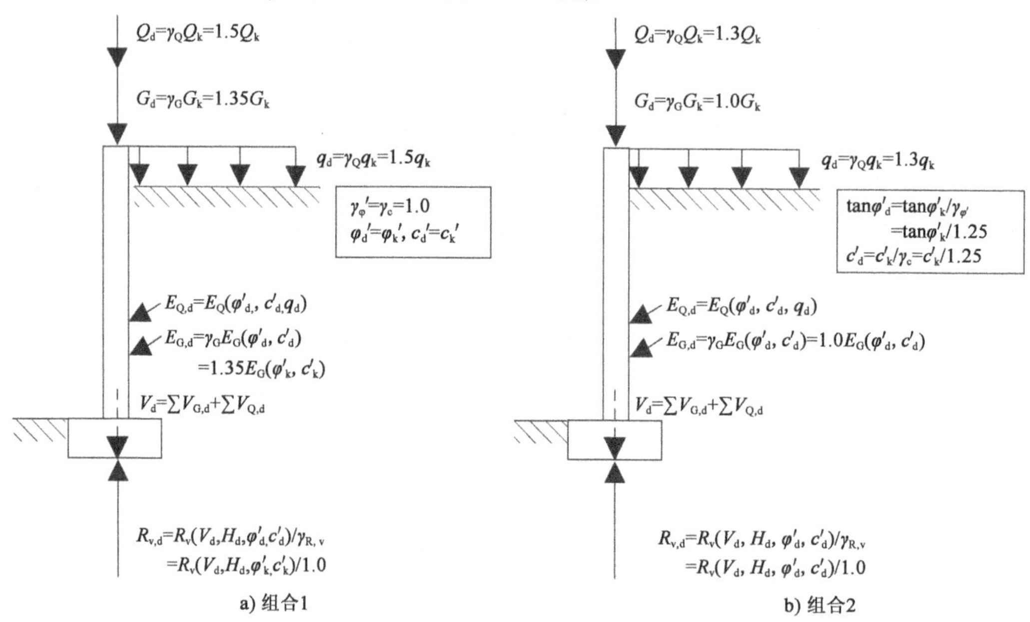

图 2.6 设计方法 1:进行地基承载力验算时引入的分项系数(推荐值)

(为简单起见,只考虑竖向平衡,且只显示不利作用)

条款
2.4.7.3.4.2(2)P

对于桩和锚杆设计,抗力设计值使用*表A.4* 的集合 *M*1($\gamma_\varphi = \gamma_c = \gamma_{cu} = 1.0$)进行计算,分项系数使用*表A.6* ~*表A.8* 或*表A.12* 中集合 *R*4($\gamma_R > 1.0$)进行计算。桩或锚杆的不利作用设计值采用集合 *A*2 和 *M*2 的分项系数进行计算(另见本指南第 7 章和第 8 章)。

当分项系数集合的一个组合明显地控制设计时,就没有必要对另一个组合进行完整的计算。通常,岩土"尺寸"由组合 2 控制,结构设计由组合 1 控制。所以很明显,第一步使用组合 2 来确定岩土构件大小,然后第二步使用组合 1 简单地验算这个构件的大小是可以接受的;同样显而易见,使用组合 2 确定所得到的构件的结构强度,当相关时,可用组合 1 进行验证。

有关设计方法 1 的更多细节，请参见 Simpson（2000）。

设计方法 2

在设计方法 2 中，将分项系数集合的单个组合用于计算，以验算地基和结构中各相关承载能力极限状态。采用分项系数 *A*1“＋”*M*1“＋”*R*2 的组合。该分项系数的值同样适用于岩土工程作用和结构上/来自结构的作用。分项系数应用于地基承载力和作用（称为“DA-2”）或作用效应（称为“DA-2*”）（图 2.7）。 *条款2.4.7.3.4.3*

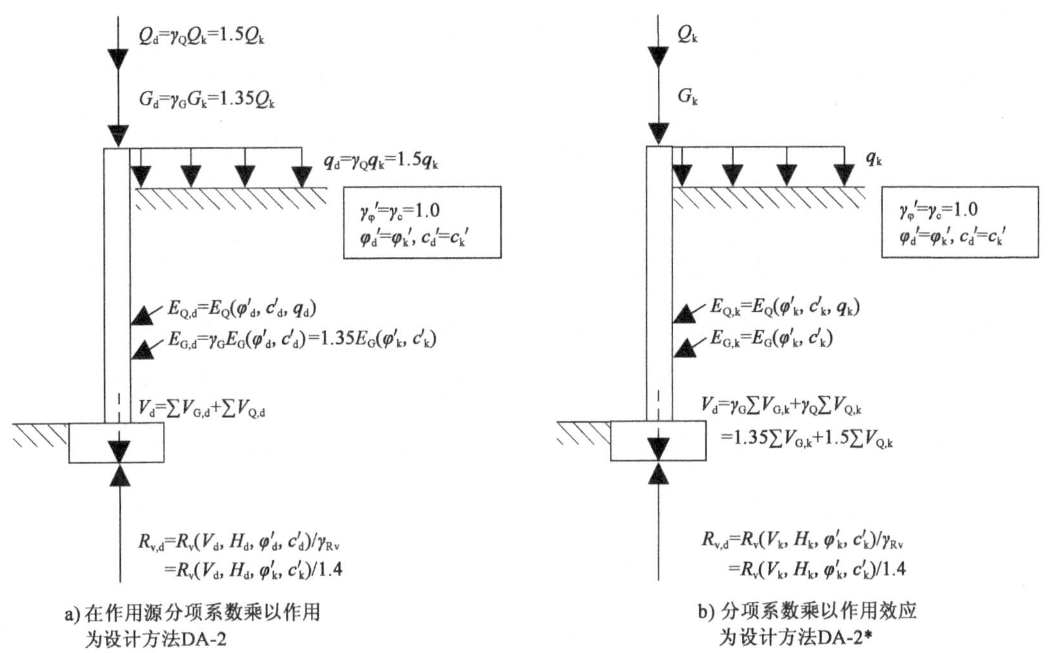

图 2.7　设计方法 2：验算地基承载力时引入分项系数（推荐值）

（为简单起见，只考虑竖向平衡，且只显示不利作用）

对于两种应用分项系数的方法，实际应用和结果是不同的。

对于根据作用源施加分项系数的方法（DA-2），使用了表 *A.3* 中的集合 *A*1、表 *A.4* 中的集合 *M*1 和表 *A5*～表 *A8* 及表 *A.12*～表 *A.14* 中的集合 *R*2 的系数（图 2.7a）：应用于承载力的推荐值 $\gamma_G=1.35$ 和 $\gamma_Q=1.5$；集合 *M*1，$\gamma_{\varphi'}=\gamma_{c'}=\gamma_{cu}=1.0$；集合 *R*2，$\gamma_{R,v}=1.4$）。

对于将分项系数应用于作用效应的方法（DA-2*），使用相同的系数，但对 *E* 和 *R*，使用与其特征值相等的作用设计值和地基强度参数设计值进行计算。最后将分项系数（集合 *A*1 和 *R*2），应用于永久和可变作用产生的效应（图 2.7b）：$V_d=1.35\times\sum V_{G,k}+1.5\times\sum V_{Q,k}$）和使用地基特性的特征值计算的承载力［图 2.7b）：$R_{v,d}=R_v(\varphi_k',c_k')/1.4$］。在这个方法中，使用了 EN 1997-1 *附录B* 的式（*B.3.1*）和式（*B.6.2.2*），以至于可与传统的整体安全系数 $\eta=R_k/E_k$ 建立直接关系，因此：

$$E_d\leqslant R_d$$

写为：

$$\gamma_E E\{F_{rep},\ X_k,\ a_d\}\leqslant R\{F_{rep},\ X_k,\ a_d\}/\gamma_R$$

故

$$\eta = \gamma_E \gamma_R$$

宜注意 γ_E 为复合系数，其值取决于永久和可变作用的比例。$\gamma_E\gamma_R$ 的乘积依赖于这一比例，而整体安全系数 η 通常独立于该比例。

有关设计方法 2 的更多细节，请参见 Schuppener 等（1998）。

设计方法 3

条款2.4.7.3.4.4　在设计方法 3 中，将分项系数集合的单个组合应用于计算，以验算地基和结构中各相关承载能力极限状态。采用分项系数组合（*A*1 或 *A*2）“＋”*M*2“＋”*R*3。将来自结构的作用特征值（结构作用）乘以表*A. 3* 中集合 *A*1 的系数（图 2.8：推荐值 $\gamma_G = 1.35$ 和 $\gamma_Q = 1.5$）得到其设计值。因地基产生或通过地基传递（岩土作用）的作用设计值使用地基强度分项系数集合 *M*2 和作用分项系数集合 *A*2 来评估（图 2.8：推荐值 $\gamma_G = 1.0$ 和 $\gamma_Q = 1.3$）。土体强度参数设计值通过使用表*A. 4* 中集合 *M*2 的分项系数得到（图 2.8：推荐值 $\gamma_{\varphi'} = \gamma_{c'} = 1.25$；$\gamma_{cu} = 1.4$）。土体抗力设计值通过将表*A. 4* 中集合 *M*2 的分项系数应用于地基强度参数和*附录A* 中表*A. 5*～表*A. 8*及表*A. 12*～表*A. 14* 中集合 *R*3 的抗力分项系数得到（图 2.8：集合 *M*2，推荐值 $\gamma_{\varphi'} = \gamma_{c'} = 1.25$，$\gamma_{cu} = 1.4$ 和 $\gamma_{R,v} = 1.0$）。

在所有设计方法中，结构材料强度性能的设计值均取自相关材料标准。

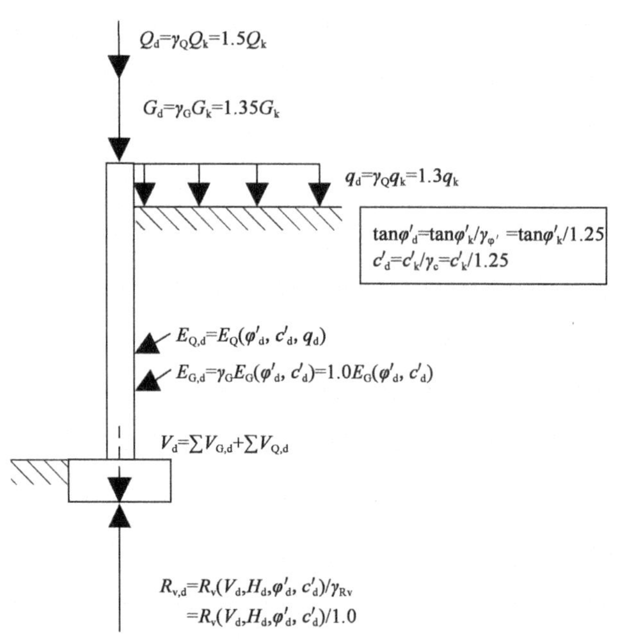

图 2.8　设计方法 3：验算地基承载力时引入的分项系数（推荐值）
（为简单起见，只考虑竖向平衡，且只显示不利作用）

避免上浮的验算方法和分项系数

条款2.4.7.4(1)P　验算上浮（UPL）破坏抗力的不等式要求失稳永久和可变竖向作用 $V_{dst,d}$ 设计值小于或等于稳定竖向永久作用设计值 $G_{stb,d}$ 和附加上浮抗力设计值 R_d 之和［见不等式（*2.8*）］。*附录A* 的表*A. 15* 和表*A. 16* 给出了在持久和短暂设计状况下为避免 UPL 采用的分项系数的推荐值。

表A.15 适用于稳定和失稳作用。稳定永久作用，如结构和/或地基的重量。结构下的水压力和其他向上或拔出力都是失稳作用。

表A.16 适用于抵抗上浮的任何附加抗力 R_d，该抗力由抗剪强度提供（其中抗力采用剪切强度参数计算），如桩抗拔力或锚杆抗力。

或者，也可以将这种抗力视为一种稳定竖向永久作用 $G_{stb,d}$，并应用*表A.15*（注意，在这种情况下，通常还会引入模型系数）。

本指南第 10 章（关于水力破坏）描述了避免 UPL 的一些细节和抵抗上浮力破坏的措施，示例 7.5 包含了受水浮力作用结构的桩基础的 UPL 验算。 *条款2.4.7.4(2)*

验算地基中地下水渗流引起隆起破坏的抗力

以应力或力为变量对地基中地下水渗流引起隆起破坏（HYD）的抗力进行验算。假想地基中有一个土柱，地下水通过其垂直向上渗透，不等式（*2.9a*）和不等式（*2.9b*）要求土柱底部总的失稳孔隙水压力设计值或土柱内渗透力设计值不宜大于土柱底部总的稳定竖向应力或土柱的浮重度。 ***条款2.4.7.5(1)P***

附录A 中*表A.17* 给出了在持久和短暂设计状况下在 HYD 验算时采用的分项系数推荐值。

本指南第 10 章及示例 9.2 详列了 HYD 验算及防止水渗流导致隆起破坏的措施。

2.4.6　正常使用极限状态设计

极限状态设计要求为不能出现正常使用极限状态。正常使用极限状态可以通过以下两种方式进行验算：

- 通过计算作用效应设计值 E_d（变形、差异沉降、振动等），并使用不等式（*2.10*）与极限值 C_d 进行比较。 ***条款2.4.8(1)P***
- 基于可比经验采用简化方法。 ***条款2.4.8(4)***

对于避免发生正常使用极限状态进行的验算，作用和材料特性的设计值通常等于其特征值。在计算差异沉降时，宜考虑变形模量的高低特征值的组合，鉴于地基特性的任何局部变化。 ***条款2.4.8(2)***

理想情况下，变形的极限值宜规定为各被支承结构的设计需求，且 EN 1997-1 列出了在确定极限位移值时需要考虑的一系列事项。与结构设计者密切合作，尽可能切合实际地确定极限值是很重要的。不必要的过于严格的取值通常会导致设计不经济。*附录H* 列有一些差异沉降的极限值，在没有规定结构变形极限值的情况下，这些极限值可以作为指导。 ***条款2.4.9(1)P*** ***条款2.4.9(3)P***

作为通过计算进行正常使用极限状态验算的一种备选方法，可用一种简化方法说明，即使用足够小的地基强度将变形保持在所需的正常使用极限内［另见*条款2.4.1(4)*］。这种简化方法要求在相似的地基和结构条件下存在可比经验。这些要求明确地限制了简化方法可应用于常见地基条件下的常规结构和基础时的情况。 ***条款2.4.8(4)***

条款6.4(5)
条款7.6.4.2(1)
条款9.8.2(2)P
至 9.8.2(4)P

在 EN 1997-1 中简化方法可通过间接法应用于扩展基础、桩基础和支挡结构。EN 1997-1 没有给出什么是“足够小的地基强度”。在应用足够大的抗力特征值的整体安全系数隐式地避免正常使用极限状态方面,已有相当多经验。类似的分项系数经验在未来可能会越来越多。

EN 1990(条款 6.5.3)定义了验算正常使用极限状态的三种作用组合,并给出了关于其使用说明的注(表 2.1)。

验算正常使用极限状态时的作用组合　　表 2.1

组　　合	根据(EN 1990)采用
特征	不可逆极限状态
频遇	可逆极限状态
准永久	长期效应和外观

不同组合其系数 ψ 的值不同[见 EN 1990,附录 A(规范性)中的表 A1.1:“对于建筑系数 ψ 的推荐值”]。

EN 1990 中更多有关应用性规定的信息见 EN 1991 ~ EN 1997 的相关部分[见条款 6.5.3(4 注)]。不幸的是,EN 1997-1 没有提供这方面的信息。EN 1990 和 EN 1997-1 打算将这些组合应用于验算正常使用极限状态,如下:

- 当使用*条款2.4.8(1)*中的*不等式(2.10)*验算正常使用极限状态时,频遇或准永久组合是合适的。
- 当使用*条款2.4.8(4)*中给出的备选方法验算正常使用极限状态时,特征值组合是合适的,因为使用*条款2.4.8(4)*所需要的可比经验已通过接近特征值组合的作用组合建立了。

2.5　按构造措施进行设计

条款2.5
条款1.5.2.2

宜在 EN 1997-1 规定的范围内应用构造措施,*附录G* 中给出一个示例。在使用构造措施时不使用*附录A* 的分项系数。宜注意根据可比经验建立的图表隐含着其自身的安全系数。EN 1997-1 给出了可比经验的定义。在这类图表中经常使用“土体容许应力”的概念。在这里可比经验与正常使用极限状态有关,而承载能力极限状态被认为隐含在正常使用极限状态中。

在计算模型不可用或不适合的情况下能采用构造措施。这类构造措施往往与耐久性(例如较大保护层厚度以防止腐蚀损失)或实践经验有关(例如基础埋深低于冻深)。

2.6　观察法

条款2.7
条款2.7(2)P 至
2.7(4)P

EN 1997-1 介绍了采用“*观察法*”进行设计,其在施工过程中有计划地检查设计,并通过对结构性能的监测对设计进行审查。该方法的实质是一项精确的监测计划,以及对观测结果所要采取的行动的计划。指出了施工前和施工中所满足的最低要求。这种方法的优点是在难以精确预测岩土工程性能的情况下便于设计，例如地基条件复杂或者掌握信息不及时。这种观察方法允许通过监测实际性能检验“乐观”或“悲观”的假定。

EN 1997-1 对在支承计算中引入安全度的方式持开放态度。这可以通过减小分项系数值来实现，也可以通过不过分保守地选择土体特性的特征值来实现。当使用观察法时，在设计中引入安全度的方式为针对每个项目进行的最佳评估，取决于使用安全系数时注意到的原因（不确定性或位移控制）以及“失效”的后果。

当可能发生毫无征兆的突然破坏的情况时，不能使用观察法，如地基、基础与结构之间的相互作用延性不够时（脆性）。

2.7　岩土工程设计报告

所有岩土工程设计，包括简单地基条件下小型和相对简单的结构，都宜在岩土工程设计报告（GDR）中记录设计假定、数据、计算方法和安全性及适用性验算结果。细分的级别可能变化很大。对于简单设计，一页纸可能就足够了（图 2.9）。EN 1997-1 给出了通常宜包括在岩土工程设计报告中的一览表。岩土工程设计报告最重要的两个部分是：

条款2.8(1)P
条款2.8(2)
条款2.8(3)
条款2.8(4)P

工程名称： 新建房屋开发 结构建议： 条形基础	工程编号： 编写： 审核： 批准：	表格编号： 日期： 日期： 日期：
采用的报告： 岩土勘察报告(日期) 现场资料： 钻孔报告 ABC/123 1995.2.21 整理分析： 同上	结构剖面图示意荷载作用：	
参考标准(可接受风险级别)： Eurocode7 当地建筑法规	设计时的假定地层特性： 上层土及强风化冰积土厚度1m，下面为坚固到坚硬的冰积土(小型贯入仪试验：不排水抗剪强度c_u为60kPa)	
场地周边描述： 之前为农业用地 缓坡(坡度4°)		
计算(或计算索引)： 荷载标准值为60kN/m， 当地建筑条例及经验表明100kPa承载压力可使用，因此采用0.6m宽、最小深度为0.5m(建筑法规)的基础，埋深要达到不排水抗剪强度c_u为60kPa(根据现场试验)的地层	施工过程中需验证的信息。 维护和监测注意事项： 混凝土应浇筑在未软化冰积土(小型贯入仪试验：不排水抗剪强度c_u为60kPa)上	

图 2.9　单张岩土工程设计报告表（根据 Simpson 和 Driscoll，1998）

- 岩土勘察报告(见本指南第 3 章)。
- 相应的监督和监测计划(见本指南第 4 章)。

图 2-9 已列出监督和监测计划中所涵盖的项目一览表。

示例 2.1 采用统计方法选择特征值

问题描述

本示例说明了如何从三轴试验得到的(试验)值的集合中选择排水抗剪强度参数 φ_k'和 c_k'的特征值。

考虑了嵌入式挡墙的极限状态。这种极限状态涉及大量土体。因此,抗剪强度参数的特征值是其平均值的保守估计值。在本示例中,假定抗剪强度的变化是随机的,没有明显的局部弱区,随深度变化也没有明显的趋势。

采用本章附录给出的统计公式进行计算;对不同情况采用相应的统计方法进行处理,并比较其结果:

(1)除了从现场钻孔取得的 4 个局部土样(局部取样)的三轴试验结果以外,没有其他资料。作为结果补充,假定通过 c'和 $\tan\varphi'$的变异系数对其变异性有可靠的认知。

(2)不是分别分析 c'和 $\tan\varphi'$,而是使用 t 作为 s'的线性函数对抗剪承载力进行分析,针对 t、s'之间的线性趋势,确定 95% 置信水平特征平均值,从中获得 c'_k 值和 $\tan\varphi_k'$。

注:

$s' = (\sigma_v' + \sigma_h')/2 \quad t = (\sigma_v' - \sigma_h')/2 \quad \sin\varphi_k' = \Delta t/\Delta s' \quad c' = t(0)/\cos\varphi'$

对仅使用局部样本试验获得的 φ'和 c'结果进行评估("V_X未知"情况)

由于第一次计算只使用了三轴试验结果的信息,本章附录中概述的方法适用于无明显趋势的均质土和"V_X 未知"的情况。表 2.2 给出了平均值和根据 4 个三轴试验结果估计的 c'和 $\tan\varphi'$值的标准差。

c'和 $\tan\varphi'$的平均值

(其标准差和变异系数为根据 4 个三轴试验获得的结果) 表 2.2

	c'(kPa)	φ'(°)	$\tan\varphi'$(-)
钻孔/试验			
BH 1/1	3	31	0.601
BH 1/2	4	30	0.577
BH 2/1	1	35	0.700
BH 2/2	7	28	0.532
统计结果			
平均值	$c_{mean} = 3.75$		$(\tan\varphi')_{mean} = 0.603$
标准差	$\sigma_c = 2.50$		$\sigma_\varphi = 0.071$
变异系数	$V_c = 0.667$		$V_{\tan\varphi} = 0.118$

使用方程式(D2.1)计算 $\tan\varphi'$的特征值,见表 2.2。对于可靠度为 95% 的特征值,本章附录中表 2.5(基于 4 次试验,$n = 4$ 和"V_X' 未知")给出 $k_{n,mean} = 1.18$:

$\tan\varphi'_k = (\tan\varphi')_{mean}(1 - k_{n,mean}V_{\tan\varphi}) = 0.603 \times (1 - 1.18 \times 0.118) = 0.519$

$\varphi'_k = 27.5°$

计算 c'_k 的特征值：

$c'_k = c_{mean}(1 - k_{n,mean}V_c) = 3.75 \times (1 - 1.18 \times 0.667) = 0.8(\text{kPa})$

图 2.10 给出了相应的莫尔包络线和三轴试验的结果（破坏时的 t、s' 值）。

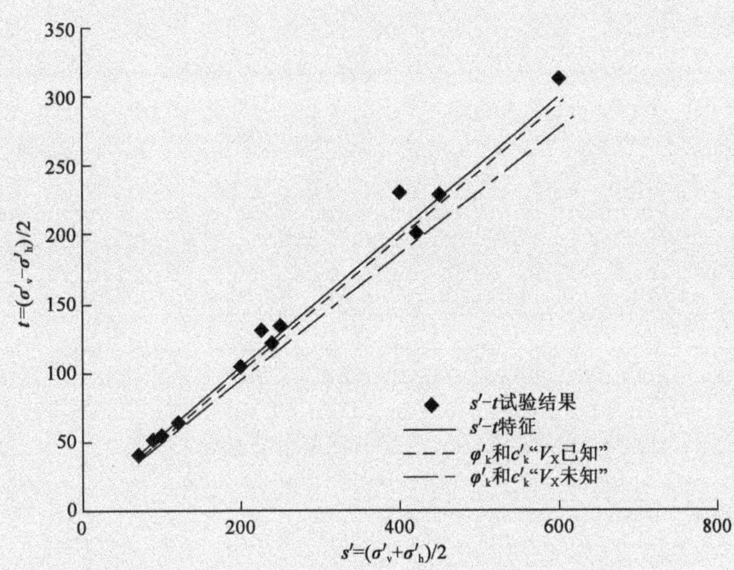

图 2.10　三轴试验结果和关于莫尔包络线的特征剪切参数统计评估

假定"V_X 已知"使用 φ' 和 c' 结果进行评估

宜注意的是"V_X 已知"的使用是全新的，尚未在岩土工程专业中得到普遍接受。在这里介绍这种方法，是因为它可能对工程师有所帮助，但宜谨慎使用。

Schneider(1999)采用 Rethati(1998)和 Lumb(1974)的结果，给出了土体特性变异系数 V_X 的典型值，这些值通常是有效的，并且其大小已得到世界各地许多研究人员的证实。内摩擦角正切值和黏聚力值的典型 V_X 值的取值范围分别为 0.05～0.15、0.3～0.5。Schneider(1999)建议，对于内摩擦角，V_X 平均值为 0.1，对于黏聚力，V_X 平均值为 0.4。这些值用于从 4 个试验结果中选择 95% 可靠度的 $\tan\varphi'$ 和 c' 的特征平均值，采用"V_X 已知"的情况。

当有 4 个试验结果时（$n = 4$），本章附录中表 2.6 给出：当"V_X已知"时，$k_{n,mean} = 0.82$。使用式(D2.1)得到 $\tan\varphi'_k$ 的特征值为：

$\tan\varphi'_k = (\tan\varphi')_{mean}(1 - k_{n,mean}V_{\tan\varphi}) = 0.603 \times (1 - 0.82 \times 0.10) = 0.554$

$\varphi'_k = 29°$

类似地，能使用式(D2.1)计算特征值 c'_k：

$c'_k = c_{mean}(1 - k_{n,mean}V_c) = 3.75 \times (1 - 0.82 \times 0.4) = 2.5(\text{kPa})$

图 2.10 给出了相应的莫尔包络线和三轴试验的结果(破坏时的 t、s'值)。

使用破坏时s'和t的值进行评估

在上面的分析中,分别对 c'和 $\tan\varphi'$进行了分析。可观察到它们是负相关的,即较大的 c'值对应较小 φ'值,反之亦然。分别分析 c'和 $\tan\varphi'$是保守的。从假定有效正应力 s'和剪切强度 t 呈线性关系开始,能将从三轴试验获得的全部 s'-t 点绘出(见图 2.10),并采用局部抽样方法及抗剪强度 t 随 s'的线性趋势确定内摩擦角φ'_k的特征值。

式(D2.3)允许 t_k 的特征值作为 s'函数确定,并应用于表 2.3,表中参数 z 代表 s',参数 X_k 代表 t_k。系数 $t_{n-2}^{0.95}$由附录中表 2.6 确定,其中试验结果 $n=12$,$r=n-2=10$,得到 $t_{n-2}^{0.95}=1.812$。表 2.3 给出了通过实测 s'和 t 值(对于 s',t^* 的零截距和线性回归的斜率)得出的线性回归参数值、s_1 的值[应用式(D2.2)]和作为 s'函数的特征值 t'_k。宜注意的是由于非线性项 s_1、s'和 t_k 之间的关系略微呈双曲型,线性回归与特征值之间的距离在应力区间中部最小,在应力区间的开始和结束处略有增大。

根据本章附录中式(D2.2)和式(D2.3),作为 s'函数的 t 值统计分析 表 2.3

试验结果		统计分析			
s'(kPa)	t(kPa)	线性回归 $t^*(s')$(kPa)	s_1(kPa)	$t_{n-2}^{0.95}s_1$ (kPa)	$t_k=t^*-t_{n-2}^{0.95}s_1$ (kPa)
70.0	40.0	40.8	4.5	8.2	32.6
90.0	52.0	51.0	4.2	7.7	43.3
100.0	55.0	56.1	4.1	7.5	48.6
120.0	64.0	66.3	3.9	7.0	59.3
200.0	105.0	107.0	3.1	5.6	101.4
225.0	130.0	119.8	3.0	5.4	114.4
240.0	121.0	127.4	2.9	5.3	122.1
250.0	134.0	132.5	2.9	5.3	127.2
400.0	231.0	208.9	3.8	6.9	202.0
420.0	201.0	219.1	4.0	7.3	211.8
450.0	229.0	234.3	4.4	8.0	226.3
600.0	312.0	310.7	6.7	12.1	298.6

线性回归系数:
截距:$c'=5.2$kPa
斜率:$\sin\varphi'=0.51$,$\varphi'=30.5°$

c'_k和 $\tan\varphi'_k$的特征值可通过与问题相关应力区间的 s'-t_k关系线性拟合推导出。如 $\sin\varphi'=\Delta t/\Delta s'$和 $c'=t(s'=0)\cos\varphi'$,应力区间 s'在 200 ~ 500kPa 之间(见图 2.10):

$\tan\varphi'_k=0.5$

$\varphi'_k=30°$

$c'_k=1$kPa

在当前的例子中，特征值接近通过所有 $s'-t$ 值的线性回归直线。这是由于结果变异性很小的缘故。

讨论

图 2.10 和表 2.4 总结了抗剪强度参数特征值 φ'_k 和 c'_k 的统计估计值。本例中基于局部试验结果的 φ' 和 c'，没有任何进一步的资料（"V_X 未知"情况），其特征值接近于试验结果的最小值（见表 2.2）。这是由于样本的数量小，而试验结果变异性很大的缘故，尤其是对 c'。

三轴试验结果的统计估计综述　　表 2.4

统计估计的基础与方法	抗剪参数的特征值	
	φ'_k(°)	c'_k(kPa)
"V_X 未知"的情况下，4 组试验的 φ' 和 c'	27.5	0.8
"V_X 已知"的情况下，4 组试验的 φ' 和 c'	29.0	2.5
Schneider(1999)	29.5	2.5
12 组试验的估计	30.0	1.0

变异系数 V_X（"V_X 已知"情况）资料的引入对计算特征值有显著影响。当可用的试验结果很少或变异性较大时，补充信息的引入尤其重要。

Schneider(1999) 基于假定：对土体参数变异系数有一定了解的情况下，提出了以下简化方程：

$$X_k = X_{mean} - 0.5s$$

其中，X_{mean} 和标准差 s 由局部样本值推导得到。将表 2.2 的值应用于 Schneider 方程，得到的结果与"V_X 已知"情况下得到的值几乎一致。

将 c' 和 $\tan\varphi'$ 作为独立变量进行分析来估计土体的抗剪强度特性通常过于保守。当 c' 和 $\tan\varphi'$ 不相关时，能从分析中获得优势，其中所有结果在 $s'-t$ 线性关系中一起处理。

附录：使用统计方法估计特征值的一个示例

一般规定

《Eurocode：结构设计的基础》(EN 1990) 附录 D（资料性）介绍了材料特性的统计确定方法。《Eurocode 设计指南：结构设计基础　EN 1990》附录 C 中解释了统计术语和技术，这里不再重复。附录 C 还给出了如何根据 EN 1990 的建议按分位数估计特征值的详细信息。

结构和地基材料特性的特征值之间的主要区别是，前者以 5% 分位数为特征值，而后者的特征值通常是一个以 95% 的概率估计的平均值，该平均值控制地基中极限状态的发生比特征值更为有利。本附录可视为 EN 1990 附录 D（资料性）的延伸，用于在岩土工程设计中选择地基特性特征值；该附录亦是本指南第 10 章及《Eurocode 设计指南：结构设计基础　EN 1990》附录 C 的补充。

评估地基参数特征值的统计方法宜考虑：

- 样本总体的类型（局部和区域）和范围（结果的数量）以及相关的统计

不确定性。

- 样本试验结果的变异性、与岩土取样体积相关的波动率以及结构重新分布荷载的能力。
- 样本试验结果的显著趋势。
- 若有,统计量化的参数先验知识。
- 特征值所需的置信水平。

图 2.11 所示流程图汇集了影响地基参数特征值选择的所有主要项目,从均质土中局部取样方案(即试验结果来自所评估的场地)开始,如果有补充信息,则补充方案。这条路线得出了用于评估与当前日常实践相关的特征值的统计公式。下面几节将给出一些简单情况的统计公式,这些公式对应于流程图底部的一些方块。不会进一步讨论贝叶斯分析。

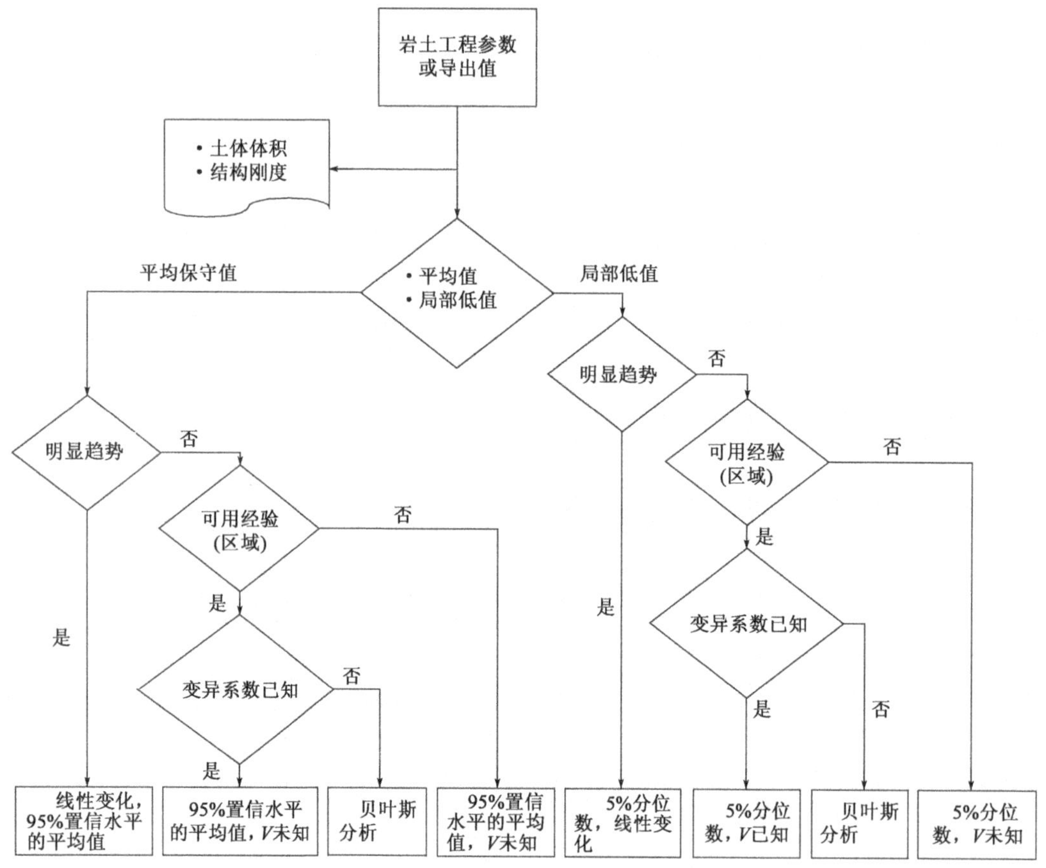

图 2.11　从局部抽样程序开始,用于评估地基特性特征值公式的流程图

这些统计公式适用于"均质"土。该公式假定岩土工程参数值为正态分布。将参数值 X 转换为其对数形式 $Y = \ln X$,该公式也可以应用于对数正态分布参数。对于由土体特性的极值控制的过程,仅分析由极值组成的样本比基于所有试验结果值的分析更合适。

局部取样且地基参数无明显趋势的均质土体

假定岩土参数值呈正态分布,虽然这种假定并不总是有效的,在某些情况下,最好采用对数正态分布,特别是变异系数较大的情况下。

对于岩土参数在水平方向或深度上都没有显示明显的系统性趋势的土层,该参数的特征值 X_k 能从单独参数值的集合中估计,根据:

$$X_k = X_{mean}(1 - k_n V_X) \tag{D2.1}$$

式中:X_{mean}——单个样本参数值的算术平均值,$X_{mean} = \sum X_i / n$;

V_X——参数 X 的变异系数;

k_n——考虑到以下因素的统计系数:

—样本的测试结果数量(n);

—问题中所述极限状态所涉及地基的体积,与材料特性的波动长度(通常表示为"自相关长度")有关;

—样本总体的类型:仅局部样本或局部样本和所考虑土层的相关经验;

—评估特征值所需的统计置信水平。

可以考虑变异系数 V_X 的两种极端情况:

(1)V_X 不是事先已知的,只能从局部样本的 n 个试验结果中估计。这种情况表示为"V_X 未知"。式(D2.1)中引入估计的 V_X 值为:

$$V_X = s_X / X_{mean}$$

式中:s_X——n 个样本试验结果的标准差,即:

$$s_X^2 = \frac{1}{n-1}\sum (X_i - X_{mean})^2$$

(2)变异系数 V_X 是*既有的*。这种情况表示为"V_X已知"。从先前试验的评估、数据库或已发表的类似情况下地基特性的变异系数表中能找到*既有*信息;"类似情况"由工程判断决定(另见*条款1.5.2.2*)。此时,式(D2.1)中 V_X 的值为*既有*已知值,与样本无关。X_{mean}是样本平均值。

在实践中,经常会有一些关于变异系数的既有知识。建议将"V_X 已知"与 V_X 的保守上限估计值一起使用(同时见 EN 1990),而不是采用"V_X 未知"的规定。由于岩土工程设计中试验结果的数量通常很少,因此应尽可能利用信息。

当所考虑极限状态所涉及的土体体积相比于土体特性的波动(变化)长度(自相关长度)非常大,且可以假定性能由地基参数的平均值控制时,特征值宜是平均值的保守估计值。在这种情况下,特征值 $X_{c,mean}$代表了一个对应于95%置信水平的估计值,即控制地基极限状态发生的总体(未知)平均值比来自样本和既有信息计算的特征值 X_k更有利。

"V_X未知"和"V_X已知"的基本方程分别为 EN 1990 设计指南附录 C 中的式(D21)和式(D20)。式(D2.1)中 k_n的值在表2.5中给出,对应"V_X未知"(第二列)的情况和"V_X已知"(第三列)的情况。表2.5的最后一行给出了 k_n的完整方程。

系数 $t_{n-1}^{0.95}$为 $n-1$ 个自由度和置信水平为95%的学生氏分布的 t 系数,列于表2.6。t_{n-1}和 t_{n-2}的值能从表2.6中读取,分别设置 $r = n - 1$ 和 $r = n - 2$。给出了

$p=95\%$(95% 可靠度的平均值和 5% 分位数)和 $p=90\%$(90% 可靠度的平均值和 10% 分位数)的值。

评估某一特征值为 95% 可靠度的平均值时系数 $k_{n,\mathrm{mean}}$ 的值　　表 2.5

n	V_X 未知	V_X 已知
3	1.69	0.95
4	1.18	0.82
5	0.95	0.74
6	0.82	0.67
8	0.67	0.58
10	0.58	0.52
20	0.39	0.37
30	0.31	0.30
∞	0	0
k_n	$k_{n,\mathrm{mean}}=t_{n-1}^{0.95}\sqrt{\frac{1}{n}}$	$k_{n,\mathrm{mean}}=1.64\sqrt{\frac{1}{n}}$

学生氏分布的 t 系数的值　　表 2.6

r	t_{n-1} 和 t_{n-2}	
	$p=95\%$	$p=90\%$
2	2.920	1.886
3	2.353	1.638
4	2.132	1.533
5	2.015	1.476
6	1.943	1.440
7	1.895	1.415
8	1.860	1.397
9	1.833	1.383
10	1.812	1.372
12	1.782	1.356
15	1.753	1.341
20	1.725	1.325
25	1.708	1.316
30	1.686	1.310
∞	1.645	1.282

当所考虑极限状态所涉及的土体体积相比于土体特性的波动(变化)长度非常小时,或者当可以假定该性能受局部低值控制时,特征值 X_{low} 宜选择 5% 分位值。在这种情况下,所考虑的土层中某处土体的特性值低于特征值的概率只有 5%。表 2.7 给出了式(D2.1)中使用的 $k_{n,\mathrm{low}}$ 值,变异系数未知的情况(第二列)和变异系数已知的情况(第三列)。[EN 1990 中附录 D(资料性)的表 D1;也可见 EN 1990 设计指南,附录 C,式(D37)和式(D38)、表 2 和表 3]

表 2.8 为不同情况的总结,及所用系数 k_n 的取值。

用于评估分位数为 5% 的特征值时的系数 $k_{n,\text{low}}$ 值　　表 2.7

n	V_X 未知	V_X 已知
3	3.37	1.89
4	2.63	1.83
5	2.33	1.80
6	2.18	1.77
8	2.00	1.74
10	1.92	1.72
20	1.76	1.68
30	1.73	1.67
∞	1.64	1.64
k_n	$k_{n,\text{low}} = t_{n-1}^{0.95}\sqrt{\frac{1}{n}+1}$	$k_{n,\text{low}} = 1.64\sqrt{\frac{1}{n}+1}$

情况概述和应用的系数 k_n 的值　　表 2.8

特　征　值	统 计 公 式	变 异 系 数	
		仅从样本结果评估：V_X 未知	从出版资料可知：V_X 已知
平均值的保守估计值	95% 可靠度估计的平均值	$k_{n,\text{mean}}$	$k_{n,\text{mean}}$
地基中局部低值的保守估计值	5% 分位数	$k_{n,\text{low}}$	$k_{n,\text{low}}$

土体体积的“大”和“小”与参数的自相关长度有关；自相关长度是参数值变化不大的长度（波动率）。当自相关长度小于土体尺寸时，用高、低局部值进行补偿。当自相关长度大于极限状态所涉及的土体体积时，土体的大部分可能位于较弱区域，因此“均值”可能过于乐观。可以选择一个介于 5% 分位值和 95% 可靠度的平均值间的特征值。

当地基出现明显的应变软化行为或脆性破坏时，在选择强度特征值时宜谨慎使用统计学：当超过局部强度时，所有抗力会产生局部损失。由于延性较差，弱点和强点的“平均”受到限制，甚至没有产生，特征值通常被确定为接近试验结果的最低值。

关于通过采用“V_X 已知”公式引入“既有信息”的诠释

针对“V_X 已知”情况的公式，假定没有平均值的既有信息，而对变异系数有充分的了解。这些假定通常适用于岩土参数，因为：

- 土体特性的平均值可能在不同地点之间有显著波动。
- 世界范围内的许多研究人员发现土体特性的变异系数的取值范围很窄（例如，参见 Schneider，1999）——这意味着变异系数能根据已发表的表格、数据库等进行估算，并能应用于现场获得的参数值。

因此，假定即使均值和标准差未知，变异系数也可能已知。这意味着：

- 给定场地的特征平均值（或分位值）仅由通过样本均值在该场地的平均估

计值控制,而不受数据库等总体“已知均值”控制。

- 给定场地样本的标准差 s_X(的估计)并未引入到特征值的计算中,但假定与该场地的平均估计值相关,该值通过“整体”变异系数从既有的信息中获得。

在分析局部岩土数据时,如果有非常明确的证据表明场地内参数 X 的标准差 s_X 与由既有已知的“总体”变异系数 $V_{X,known}$ 和平均值 X_{mean} 获得的标准差($V_{X,known}X_{mean}$)存在显著差异时,则宜小心。

当较大值不利时对地基参数特征值的诠释

在某些设计状况下,地基参数值较大时可能是不利的。在这种情况下,用式(D2.1)对特征值进行评估,其中($1-k_nV_X$)项替换为($1+k_nV_X$)项:

$$X_k = X_{mean}(1+k_nV_X)$$

对数正态分布的诠释

常见的正态分布可以用来近似许多对称钟形分布。采用对数正态分布(如果参数 X 为对数正态分布,则 $Y=\ln X$ 就变为正态分布)的优点是不会出现负值,这在物理上是正确的。如果采用对数正态分布,可以采用上述公式,引入 $Y=\ln X$ 来代替 X。更多的细节可见 EN 1990 的附录 D[条款 D7.2(3),注 2],以及 EN 1990 设计指南的第 4 章(附录 2)和附录 C。k_n 的值为表 2.5 或表 2.7 中的值。

均质土,局部取样且地基参数呈线性趋势

线性趋势的置信水平为 95% 的平均特征值 X_k 能从深度 z 处的地基参数的最佳估计(x)中导出,该参数符合学生氏分布,自由度为($n-2$),该平均值等于该深度地基参数的真正平均值,标准差按下式推导:

$$s_1 = \sqrt{\frac{1}{n-2}\left[\frac{1}{n}+\frac{(z-\bar{z})^2}{\sum_{i=1}^{n}(z_i-\bar{z})^2}\right]\sum_{i=1}^{n}[(x_i-\bar{x})-b(z_i-\bar{z})]^2} \tag{D2.2}$$

因此,深度 z 处 X 的平均特征值为:

$$\begin{aligned} X_k &= [\bar{x}+b(z-\bar{z})] - t_{n-2}^{0.95}s_1 \\ x^* &= \bar{x}+b(z-\bar{z})\text{:线性回归} \end{aligned} \tag{D2.3}$$

其中:

$$\bar{x} = \frac{1}{n}(x_1+x_2+\cdots+x_n)$$

$$\bar{z} = \frac{1}{n}(z_1+z_2+\cdots+z_n)$$

$$b = \frac{\sum_{i=1}^{n}(x_i-\bar{x})(z_i-\bar{z})}{\sum_{i=1}^{n}(z_i-\bar{z})^2}$$

由于 $t_{n-2}^{0.95}s_1$ 项,计算的特征值不再是深度的线性函数,而是双曲函数。t_{n-2} 的值见表 2.6。

线性回归与特征值之间的距离在测量 $\bar{x}$ 的重心处最小,在测量区间的开始和结束处增大。这表明在相关问题的间隔内以及稍微超出间隔开展试验的优点。

由于许多计算方法和计算机程序使用线性关系，因此必须在相关问题的应力区间内对 X_k 的双曲关系进行线性化。线性化所涉及的误差通常很小。

对于局部低值，能从地基参数的局部值与其在深度 z 上的最佳估计值之差推导出 5% 分位值，符合（$n-2$）自由度的学生氏 t 分布，均值为 0，标准差为：

$$s_2 = \sqrt{\frac{1}{n-2}\left[1+\frac{1}{n}+\frac{(z-\bar{z})^2}{\sum_{i=1}^{n}(z_i-\bar{z})^2}\right]\sum_{i=1}^{n}[(x_i-\bar{x})-b(z_i-\bar{z})]^2} \qquad \text{(D2.4)}$$

因此，在深度 z 处 X 的局部特征值为：

$$X_k = \bar{x} + b(z-\bar{z}) - t_{n-2}^{0.95} s_2$$

在某些情况下，将统计公式直接应用于回归线（零截距或零斜率，或两者）的参数。因此，线性回归线能在统计学上作为一个整体，而代替上面的式（D2.2）或式（D2.4）和式（D2.3）。这些方法允许对线性回归线施加一些条件，例如，这些条件可以根据先前的经验产生（例如，斜率条件，或零截距条件）。公式可以在 Van Aalboom 和 Menge（1999）中找到。

本指南第 28 页的示例说明了式（D2.3）和式（D2.2）在三轴试验结果中的应用。

区域抽样

特征值也能从区域样本中推导出。这超出了本指南的范围，但可以在 Bauduin（2002a）中找到介绍。

第 3 章　岩土工程数据

本章论述了岩土工程数据的采集、评价、评估和报告,本章沿用了 EN 1997-1 *第3 章*的结构:

3.1　一般规定　*条款3.1*

3.2　岩土工程勘察　*条款3.2*

3.3　岩土参数的评估　*条款3.3*

3.4　岩土勘察报告　*条款3.4*

3.1　一般规定

所有岩土工程设计的可靠度均取决于岩土工程勘察的质量以及能否对所采集的岩土数据进行正确解析。因此,EN 1997-1 *第3 章*规定了岩土工程勘察规划和岩土参数值评定的一般要求,并强调必须认真收集、记录和解析岩土工程资料。EN 1997-2 给出了现场和室内试验的具体要求及确定从这些试验中导出岩土参数值的具体要求。此外,本章也对 Eurocode 7 第 2 部分中所论及的岩土参数导出值概念进行了阐释。

条款3.1(1)P

条款3.1(4)

作为岩土工程设计标准,EN 1997-1 未规定现场和室内试验标准。最常见的岩土工程现场和室内试验标准,土鉴别及分类标准以及岩石鉴定和描述标准,由 CEN/TC 341 和 ISO/TC 182 编制,本指南 1.2 中已说明。以 EN 1997-1 为标准进行设计宜建立在从试验中获取的岩土数据的基础上,且试验的开展和报告一般应根据国际认可的标准和建议进行。

条款3.1(3)P

3.2　岩土工程勘察

EN 1997-2 确定了以下勘察层次:

- 岩土工程勘察:岩土勘察以及其他场地信息收集。
- 岩土勘察:现场勘察、室内试验以及岩土和地质资料的内业研究。
- 现场勘察:直接勘察(钻孔、取样和探坑)和间接勘察[*原位*试验,如静力触探试验(CPT)]。

条款3.2.1(1)P

条款3.2.1(1)P 规定,岩土工程勘察必须提供有关场地和场地周围岩土和地下水状况的足够的数据,以便合理地描述地基的基本性质,并准确地评估设计计算中要用到的岩土参数的特征值。因此,Eurocode 7 第 2 部分规定,岩土勘察旨在

全面描述所有与拟建工程相关的地基条件，并确定相关岩土工程参数。岩土工程勘察的特点和范围取决于地基条件的复杂性。如果使用岩土工程分类法，宜尽早确定场地条件，因其关联甚至会影响到岩土工程类型的选择。EN 1997-1 中将岩土工程勘察分为以下三个阶段： *条款3.2.1(4)*

- 初步勘察。
- 设计勘察。
- 控制性勘察。

初步勘察

初步勘察是指在项目规划或可行性研究阶段进行的勘察，目的是评估场地的总体适用性，对比备选场地（需要时），制订设计和控制性勘察方案，并确定取土区（需要时）。初步勘察通常包括： *条款3.2.2(1)P*

- 关于地基条件的岩土工程和地质资料的内业研究，包括先前周边地区的勘察报告。
- 现场勘察（踏勘）。
- 考虑周边地区施工经验。 *条款3.2.3(1)P*

设计勘察

设计勘察是主要的岩土工程勘察，目的在于获取临时性和永久性工程充分设计所必需的岩土数据。也要通过设计勘察提供施工所需信息，并确定施工期间可能遇到的各种困难。设计勘察通常包括*原位*试验和针对室内试验的岩土体取样。设计勘察宜至少在与具体设计相关的所有地层中进行。EN 1997-2 中给出了对勘测间距和勘测深度的一些指导要求。 *条款3.2.3(6)P*

控制性勘察

控制性勘察是指在工程施工阶段进行的检查，以检查实际遇到的地基条件，对比分析设计中假定的地基条件与实际地基状况。第3章中的相关条款只涉及初步勘测和设计勘察，不包括控制性勘察的内容。第4章规定了施工期间检查的一般要求，包括不断检查地基状况并记录检查结果。在控制性勘察阶段，可能需要进行附加试验，以检验实际遇到的地基条件、交付施工材料的质量以及对应设计中那些假定的施工作业。此外，必须根据检验和试验结果对设计进行评定。 *条款4.2.2(1)P* *条款4.2.3(1)P*

3.3　岩土参数的评估

3.3.1　一般规定

根据*条款2.4.3(1)P* 的规定，通过岩土参数来量化设计计算中使用到的岩土体的特性，而岩土参数则需从试验结果中直接或通过相关性、理论或经验得到，也可从其他相关资料中取得。*条款3.3* 规定了从常用室内试验和现场试验中估算岩土参数的一般要求。有关具体试验中估算岩土参数的更多要求，参见 EN 1997-2。EN 1997 中未论及各种不同试验的具体实施标准。大多数常见的土工试验标准由 *条款2.4.3(1)P* *条款3.3.1(1)*

CEN 编制。可进行其他试验,但前提是已通过可比经验证实试验的适用性。

3.3.2 岩土类型描述

条款3.3.2(1)P
条款3.3.2(2)P
条款3.3.2(3)P

在制定试验程序,得出特定设计所需的岩土参数之前,宜先确定场地的地层。在解析其他试验结果之前,必须确定与设计有关的土或岩石的特性和基本成分。必须按照认可的术语检查、鉴别并描述岩土特性。宜根据公认的岩土工程类别和描述体系划分土的类型。Eurocode 7 中未提及具体的岩土工程分类和描述体系,但最新国际标准《土的鉴定和分类》(ISO 144688)包括了这部分内容。

EN 1997-2 中规定了土类、含水率、密度、稠度界限、粒径分布、不排水抗剪强度和灵敏度等常规分类试验的要求。本指南中也规定了各种类型土样及各种扰动程度土样的常规分类试验的适用性。

3.3.3 估算岩土参数的步骤

从现场和室内试验结果中估算岩土参数设计值的步骤包括三步,通常包括从现场和室内试验中得到的实测值通过试验结果、岩土参数值和特征值转换为计算中所使用的设计值的过程。前两步,包括需要考虑的不同方面和在这些步骤中需要应用的不同系数(如,校准、修正系数),为了根据实测值得到相应特征值,请参见本指南第 2 章中的图 2.3。下文将对此加以论述。

第一步是从实测值到岩土参数值,涉及估算和评价现场试验中某具体位置岩土体的特性或室内试验样本的特性,不考虑土体特性的变异性或设计状况。

条款2.4.3
条款3.3
条款2.4.3,
条款2.4.5.2,
条款2.4.6.2

EN 1997-1*条款2.4.3* 和*条款3.3* 以及 EN 1997-2 中的相关条款对第一步进行了规定,本章也主要围绕第一步进行论述。第二和第三步,从岩土参数值到特征值以及从特征值到设计值,涉及具体设计状况。有关这两步的具体规定,参见 EN 1997-1 *条款2.4.3*、*条款2.4.5.2* 和*条款2.4.6.2*,本指南第 2 章也对其进行了论述。

实测值和试验结果

根据 EN 1997-2 的规定,实测值是指在试验中测得的值。通常,实测值需要校正,为了得到用于确定所需岩土参数值的试验结果。这些校正与试验相关,但与采用试验结果的设计无关。EN 1997-2 给出了与试验相关的校正示例。其中一个示例是为了考虑橡皮膜的影响,对三轴试验实测应力值进行校正。另一个示例是考虑施加给锤杆的能量以及上覆压力的影响,从而使用校正系数对砂砾标准贯入试验中实测锤击数 N 进行校正。

试验结果的示例包括:

- 标准贯入试验中记录的锤击数 N。
- 梅纳旁压试验中实测极限压力 p_{LT}。
- 静力触探试验(CPT)中实测锥头贯入阻力 q_c。
- σ'_1 和 σ'_3,s' 和 t,或 p' 和 q 等应力,以及三轴压缩试验中的实测变形。
- 三轴压缩试验中的实测变形。
- 桩基载荷试验中的实测单桩承载力 R。

- 从指数试验中得出的稠度界限。

根据试验结果估算岩土参数值之前，且为了在所考虑实际极限状态下合理解析试验结果，有必要选择与设计相关的试验结果。根据极限状态，这些参数可为峰值强度参数或等体积强度参数。 *条款2.4.3(2)P*

直接得到的值和导出值

本指南上文 3.3.1 中提到，*条款2.4.3(1)P* 规定：岩土参数值从试验结果中直接得出或通过相关性、理论或经验得出，以及从其他相关资料中得出。单桩承载力即为直接从试验结果中得出岩土参数值，而不采用相关性、理论或经验的示例。在这种情况下，岩土参数值就是实测单桩承载力。重度是另外一个不采用相关性、理论或经验而直接从试验结果中得出的用于设计计算的岩土参数的示例。 *条款2.4.3(1)P*

但是，大多数设计状况都是采用相关性、理论或经验从试验结果中得出岩土参数。EN 1997-1 中将通过此种方式得出的值定义为*导出值*，这些值也为岩土参数特征值的选择提供了依据。EN 1997-1 中几乎没有使用“导出值”一词，但发现它在 EN 1997-2 中很有用，可以用来描述采用不同相关性、理论或经验，从最常见室内试验和现场试验结果中得出的岩土参数值。 *条款1.5.2.5* *条款2.4.5.2(1)P*

同一位置某一岩土参数，使用不同类别的试验，将有不同的导出值。EN 1997-2 给出一个示例，即按照以下三种不同的试验方法得出不同的 c_u 值：

- 采用与 q_c 的相关性从 CPT 试验结果中得出。
- 采用与 p_{LM} 的相关性从梅纳旁压试验结果中得出。
- 采用摩尔库仑理论从室内三轴压缩试验结果中估算。

宜注意的是，导出值是指从土或岩石（位于或取自地层中某一特定点）的原位试验或室内试验中，或从项目现场某特定位置的原位试验的结果中得出的土体强度、抗力或刚度等岩土参数值。导出值未考虑地基变异性、试验结果的离散性、试验结果的数量或包括所涉地基体积等设计状况。以下为导出参数示例：

- 采用摩尔库仑理论从三轴试验结果中得出的 c' 和 φ' 值。
- 从实测三轴应力-应变曲线中得出的 E_m 值。
- 采用经验校正系数从十字板试验值（c_{fv}）中导出的 c_u 值。
- 采用经验关系从指标特性中导出的 c_u 值。
- 采用相关性从标准贯入试验锤击数中得出的 φ' 和 E_m 值。
- 采用相关性从静力触探试验 q_c 值中得出的 φ' 值。
- 从实测 p_{LM} 值以及采用经验关系得出的 R（承载力）值。

在报告岩土工程导出值时，阐明如何获得导出值，并说明所采用的假定条件是很重要的。在采用相关性从试验结果中确定岩土参数导出值时，必须确定相关性是基于平均值还是基于对试验值的保守估计值。宜首选试验结果平均值相关性。采用保守相关性会产生未知安全裕度。当使用岩土参数与试验结果相关的标准表时，宜选用较为保守的相关性。

岩土参数值的评估

条款2.4.3(3)P 根据*条款2.4.3(3)P* 的规定,宜考虑地基特性与试验结果中得出的岩土参数和控制岩土工程结构性能的岩土特性和参数之间可能存在的差异。这些差异由诸多因素引起,如应力水平、时间效应和施工活动,详见*条款2.4.3(4)*。*条款3.3* 的子条款中列出了各种不同的因素和特征,当评估现场和室内试验得出的岩土参数值时,宜予考虑。此外,还给出了评估其他岩土工程信息时要考虑的因素,如岩土的分类和描述,岩石和岩体的质量等。

条款2.4.3(4)
条款3.3
条款3.3.6(1)

评估土体抗剪强度时需考虑的因素示例:

- 施加在土体上的应力水平。
- 强度各向异性。
- 应变速率效应。
- 土样扰动。
- 用于得到导出值所采用理论的置信水平。

条款3.3 EN 1997-1 的*条款3.3* 中简单列出了评估岩土参数导出值时一般需考虑的特征因素,但未明确给出要如何考虑这些特征因素的指导。

校准和校正系数

条款2.4.3(6)P 根据*条款2.4.3(6)P* 的规定,为反映实际极限状态,如果有必要将试验得出的参数值转化为代表地基中岩土性能的值,且考虑从试验结果中得出岩土参数导出值时使用的相关性,则必须采用校正系数。

条款3.3.10.3(3)P 校准系数的一个例子就是校正系数:为推导相应的不排水抗剪强度值 c_u,使其对应于从可比经验以及边坡破坏反演分析中得到的值,必须对现场十字板试验中的实测 c_{fv}值应用校正系数。校正系数取决于液限、塑性指数和竖向有效应力。EN 1997-2 中给出了针对正常固结和超固结黏土的校正系数示例。

另外一个校正系数应用示例是将 1.1 的系数用于从三轴试验中得出的 φ'值,从而将轴对称条件的值转化为平面应变条件的值。

其他相关数据

条款2.4.3(1) *条款2.4.3(1)*中规定,岩土参数值要么直接从试验结果中得出,要么采用相关性、理论和经验以及通过其他相关数据得出。“其他相关数据”这个短语对于确定岩土参数值是非常重要,与*条款2.4.3(5)*中所列的项目有关,是宜考虑的其他信息和因素,包括:

条款2.4.3(5)

- 为解析试验结果,在相应地基条件下试验的已发表资料。
- 对比相关已发表数据、当地经验和大型现场试验结果(若有)的各岩土参数值。
- 两种以上类型的现场试验结果之间、大型现场试验(若有)和邻近结构实测结果之间的相关性。

3.3.4 特征值

按第一步,通过应用适当的校准系数和校正系数并考虑其他相关数据,从试验结果中获得一组岩土参数值,然后在第二步中评估特定设计状况下的特征值。

条款2.4.5.2(2)P 中将岩土参数特征值定义为影响极限状态出现的保守估计值。 **条款2.4.5.2(2)P**

如图2.3所示,评估岩土参数特征值需要考虑以下因素: **条款2.4.5.2(4)P**

- 地基变异性。
- 试验结果的数量。
- 试验结果的离散性。
- 极限状态类型。
- 所涉及的地基体积。
- 结构的性质。

本指南第2章中详细论述了特征值的评估。

3.4 岩土勘察报告

所有岩土工程设计宜基于岩土工程勘察结果,包括简单地基条件下相对简易的小型结构的设计。*条款3.4.1(1)P* 规定,必须将岩土工程勘察信息编入岩土勘察 **条款3.4.1(1)P** 报告中,从而形成岩土工程设计报告的一部分。岩土勘察报告和岩土工程设计报告的编制人员通常不是同一人。假定资料收集人员、设计人员和施工人员之间有不断 **条款1.3(2)** 的、充分的沟通。因此,岩土工程设计人员,在不同时负责岩土勘察任务的情况下,与岩土勘察并获取设计所用岩土数据的人员之间进行良好的沟通具有重要意义。

岩土勘察报告通常包括以下两部分: **条款3.4.1(3)**

(1)对所有可用的岩土工程资料和其他信息的描述。

(2)对岩土工程资料的评估,包括解释试验结果和参数导出值时所作的假定。

岩土勘察报告的第一部分是对从岩土勘察中得出的岩土资料进行描述,相当 **条款3.4.2(1)P** 于通常所指的"事实报告",这部分必须包括以下内容:

- 所有现场和室内勘察的事实说明。
- 关于进行现场勘察和室内试验时所用方法的资料。

必要时,还宜在岩土勘察报告第一部分中加入其他资料的列表。*条款3.4.2(2)* **条款3.4.2(2)** 中列举了其他资料,包括:

- 所有顾问和分包方的名称。
- 场地的历史情况。
- 场地的地质情况,包括断层。
- 当地的地区经验。

岩土勘察报告第二部分为岩土工程资料评估,相当于通常所指的"解释性报告"。根据*条款3.4.3(1)P* 的规定,本部分必须包括以下各项内容: **条款3.4.3(1)P**

- 评述现场和室内试验工作,尤其是评述解释结果时需要考虑的各种因素,如数据的局限性、取样、样本运输和储存过程,特别是任何明显不利的试验结果。
- 评述岩土参数导出值。
- 有必要进一步进行现场和内业工作的建议及其目的。

条款3.4.3(2)

*条款3.4.3(2)*中也列出了岩土勘察报告第二部分另外应包括的一些事项,具体为:

- 地下水位的埋深及其季节性波动。
- 显示各种地层差异性的地层剖面图。
- 所有地层的详细描述,包括地层的物理特性、变形和强度特征。

对于简单设计状况,例如,根据可比经验可知,涉及地基上小型结构的第 1 类岩土工程设计很简单,可在一页内陈述岩土勘察报告的两个部分以及岩土工程设计报告,如图 2.9 所示。

第 4 章　施工监督、监测与维护

本章涉及 Eurocode 7 中岩土工程结构的施工监督、监测和维护的内容。这一章的内容框架基本上与 EN 1997-1 中的*第4 章*相同。

4.1　一般规定

EN 1997-1 的一条原则性条款规定，应监督包括工艺在内的所有岩土工程结构的施工过程；应监测施工期间及竣工后的结构性能；应对竣工建筑物进行足够的维护。 ***条款4.1(1)P***

EN 1997-1 的*第4 章*有三个主题：

(1)通过监督、监测和维护来确保安全和质量。其中一个重要的要求是：项目规定的监督和监测的性质和质量应当与设计和在设计计算时选择工程参数和分项系数所假定的精度相对应。换句话说，当设计参数的可靠度和设计计算的准确度具有较大的不确定性时，可能有必要规定一个加强的施工监督和监测制度。 ***条款4.1(8)P***

(2)规定应完成的工作，并将这些(工作)在合同文件和记录如岩土设计报告(GDR)等中正式传达。 ***条款2.8(1)P***

(3)用有序、有计划的方式进行监督、监测和维护，并保持记录。

本节主要论述设计人员在**规定**施工监督、监测和维护要求时的责任。这一节主要论述设计人员的决定和其他人员宜给设计人员提供的信息。显然，确保竣工后对结构进行监测和维护不可能是设计人员的职责，但是准备和传达(技术)对于任何此类监测和维护的规定是设计人员的责任，以使施工期间和竣工后设计中的假定能得到确认。

*第4 章*没有给出针对**工艺**的详细要求，宜参考本指南第 1 章的清单：特定岩土工程结构的各种“施工”标准。

在许多情况下，由设计人员指定什么是“合适的”，并且，在大多数方面，整个章节都是一个简单的一览表，用来提醒设计人员在各种情况下哪些事项是需要的或可取的。监督、监测和维护的工作量取决于项目的性质和岩土条件。

像 Eurocode 7 的其他部分一样,这一节没有明确给出安排。但是,这一节明确了哪些是必须承担的工作任务,以及必须保持适当的信息交流过程。

本节不专门处理工地现场安全问题,这些问题宜参考所在国家的法律。

谁监督、监测和维护呢?

虽未规定,但是假定在设计人员和施工人员之间有充分的交流和沟通,并且假定在建筑使用年限内进行了充分的维护。岩土设计报告(GDR)的目的是在设计人员和施工人员之间建立必要的沟通,并纳入需在施工中对所列事项进行监督和监测的计划,及在(工程)使用维护中应检查的事项。从 GDR 中提取的任何关于竣工后监测和维护的要求应提供给用户/业主。

条款2.8(6)P

EN 1997-1 的*附录J* 给出了一系列关于在施工期间监督时要考虑的较重要的事项;在框图 4.1 中,进行了汇总。

框图 4.1　施工期间检查事项一览表

- 结构的位置和总体布局
- 地基条件,**直接**检查:
  - 开挖期间,即:
    - —基坑边坡和底部
    - —桩基和锚杆成孔时涉及的岩土材料
- **间接**检查,即检查以下过程:
  - —打桩
  - —板桩施工
- 地下水状况:
  - —水流和孔隙水压力动态
  - —地下水控制措施的有效性
- 建筑物的沉降和位移,以及开挖工程的稳定性
- 临时支承系统
- 施工对邻近建筑物和公用设施的影响
- 支挡结构上的土压力
- 工人的安全

最后一项,工人的安全,Eurocodes 中未涵盖,是各国健康和安全法规事项。但是,对检查岩土工程施工活动的人员提出了要求:宜确保工人的安全,比如在基坑内工作的工人不受基坑塌方的伤害。

4.2　监督

条款4.2

在 EN 1997-1 中监督的意思是检查设计和施工。要求 GDR 包括一份监督计

划时,这个监督计划依项目的规模和复杂程度而定,如岩土工程类型(GCs)所示。在 GC1 的情况下,监督程度可以降低到全部的要求仅为地基的目视检查,表面的质量控制及施工中和刚完工时的结构性能的定性评估。可能根本不需要进一步的监测和维护。对于 GC2,可能有必要进行地基特性和结构位移的测量。像检查荷载情况下位移和桩的质量的试验,或挡墙背后回填土密度的试验,是 GC2 类项目要求的其中一些监测项目。

条款4.2.2(1)P 规定"*施工作业应连续进行检验*"。其中"连续"的意思为宜频繁地进行检验,以免错过地基或基础施工时的重要特征。

EN 1997-1 的一项重要要求是应系统性地保留检验记录,并让设计人员获取。以下特征应酌情记录: ***条款4.2.2(5)P***

- 主要的地基和地下水特征。
- 各项工作的施工顺序。
- 材料质量。
- 与设计的偏差。
- 竣工图纸。
- 测量结果及其分析说明。
- 对环境条件的观察。
- 不可预见事件。

4.3 地基情况核查 *条款4.3*

"控制性勘察"涉及地基和地下水情况的核查。包括核查设计假定,如果有必要,对以下事项进行进一步的勘察:

- 地基(土或岩体类型和特性)。
- 地下水,包括水位、孔隙水压力和化学物质,和像降水、灌浆和开挖隧道等操作对地下水动态的影响。 ***条款4.3.2***

简单情况(GC1)下的设计,地基和地下水的核查可能限于目测检查和依赖于文献记录或其他间接的关于场地条件的资料。对于 GC2 情况下的设计,可能要求额外的取样和室内试验或*原位*试验和测量,作为控制性勘察的一部分。应记录地基特性的间接数据(例如,桩的施工记录),用于分析地基条件。 ***条款4.3.1(5)***

4.4 施工检查 *条款4.4(1)P*

应检查施工作业,以确保其符合设计和 GDR 中记录的施工方法。Eurocode 7 的这个要求可能导致设计人员不得不更认真地考虑合适的施工方法,和在 GDR 中说明他们的设计假定(比如检查土的回填和压实情况)。然而,在 GC1 条件下设计这条要求通常是不需要的,因为施工顺序往往简单明了,并且由施工方决定。 ***条款4.4(4)***

条款4.4(1)P 与设计中假定的地基和地下水条件及施工方法的偏差,应及时报告给负责设计的人员。

4.5 监测

条款4.5(4) 监测方案可能要求的测量包括以下几个特征及其随时间的变化:

- 受结构影响的地基变形。
- 作用值。
- 结构与地基之间的接触压力值。
- 孔隙水压力。
- 结构各构件中的力和位移。

条款4.5(8)
条款4.5(10)
条款4.5(1)P
条款4.5(4)

对于 GC1 条件下的设计,目测检查可能已足够,但是对于 GC2 条件下的结构监测可能包括对结构上选定点的测量。对于 GC3 条件下的项目,EN 1997-1 建议在选定点的测量中添加对施工作业的分析。对于常规岩土工程活动,监测的要求不需要太烦琐(如 GC1 和 GC2 条件下表述的),但需提出正式保存记录的建议。对于简单基础,监测要求是最基础的要求,如图 2.9 中以条形基础为例的岩土工程设计报告所示。

第 5 章　填筑、降水、地基处理与加固

本章主要论述与填筑、降水、地基处理与加固有关的设计要求。本章介绍“改良地基”或“人工地基”。EN 1997-1 的第*5* 章涵盖了这类信息。本章结构与 EN 1997-1第*5* 章的结构相同：

5.1	一般规定	*条款5.1*
5.2	基本要求	*条款5.2*
5.3	填筑施工	*条款5.3*
5.4	降水	*条款5.4*
5.5	地基处理与加固	*条款5.5*

5.1　一般规定

EN 1997-1 中，填筑、降水、地基处理与加固的设计要求都归到了第*5* 章。因为这些方法都是为了改善地基性能，而 EN 1997-1 的第*3* 章，用于确定既有地基性能。第*5* 章给出了填筑、降水、地基处理与加固设计的基本要求，除了对填筑有一些要求外，几乎没有给出其他具体要求。这一章实际上是在设计中必须要考虑的事项清单。 ***条款5.1(1)P***

在 EN 1997-1 涉及扩展基础、桩基础、锚杆、支挡结构、水力破坏、整体稳定性和堤坝设计的章节，涵盖了包括填料使用、地基处理或加固方法的岩土工程结构的设计程序。宜注意，按 EN 1997-1 的内容，将在施工中进行的填筑定义为结构的一部分，EN 1997-1 将结构定义为相互连接部分的有机组合，包括建(构)筑物施工过程中回填的土，其目的是承担荷载和提供足够的刚度。 ***条款1.5.2.4***

5.2　基本要求

经填筑、降水、处理或加固的地基都必须同既有原地基一样，满足同样的基本要求，必须能够承受从其功能和环境中所产生的作用。 ***条款5.2(1)P***

5.3　填筑施工

基础和底板下填筑、基坑回填和支挡结构回填的设计和施工都涵盖在*条款5.3*中。对于一般堆填，包括水力冲填、景观小丘、弃土堆和用于堤坝(堤防)和运输网的路堤的填筑，其设计和施工也都包含在*条款5.3* 中。此条款包含填料的选 ***条款5.3***

择、铺筑、压实和检验。此条款提供了宜全部涵盖在土方施工规范中的事项一览表。

同天然地基一样,涉及填筑材料的设计计算需要评估材料特性的特征值。在设计时,尽管已经规定了填筑材料的特性,但是可能尚未确定要使用的填筑材料。
条款2.4.5.2 对填筑材料特性特征值的评估宜遵守条款*2.4.5.2* 的原则性规定,需要评估影响到极限状态发生的值的保守估计值。

5.4 降水

降水包括为改善地基特性和便于施工将水抽走。有些情况下,为了避免水位降低引起相邻建筑的过大沉降,地下水回灌可能也是降水方案所要求的一部分。
条款5.4 当设计 EN 1997-1 中要求的降水方案时,需满足的条件和应核查的事项见条款*5.4*,其提供了设计人员需要考虑的条件一览表。

条款5.4(4) 在需要考虑的条件一览表中,有一个条件在设计降水方案时尤其重要:应检查地下水位下降引起的沉降不会导致相邻结构物的沉降,这可能会导致损坏或削减它们的正常使用功能。尤其危险的情况是在可压缩地层之上的透水层降水。此外,宜检查地下水位的降低不会对相邻地区的其他抽水活动产生不利影响。

宜注意, 对于具体情形,能降低地下水的程度主要取决于地基的渗透性及其在所涉及地层的变化。

条款2.7 降水方案的设计通常可能受益于观察法的使用。

条款2.4.2(9)P 在 EN 1997-1 的许多章节和条款中都提到了考虑地下水影响的重要性;例如,条款*2.4.2(9)P* 强调识别的重要性,特别考虑地下水和自由水压力占主导的作
条款10.5.1(1)P 用,同时条款*10.5(1)P* 强调需要采取措施控制或阻挡地下水流,以免管涌危及结构的稳定性或适用性。

5.5 地基处理与加固

条款5.5 地基处理与加固方案设计仅在 EN 1997-1 的一般规定中论及。在许多情况下,这样的方案归类为岩土工程类型 3 的结构中。这样,他们的范围不会全部包括在 EN 1997-1 的要求内,这类设计宜由岩土专家实施。这个观点的基础在于,不能认为地基处理与加固是**结构和基础的常规形式**,而常规形式归在岩土工程类型 2 中。

条款5.5(2)P 这里列出了设计地基处理或加固方案时必须考虑的一些事项。在列出的清单里包括,比如,*原地层*厚度或填料厚度,由地基支撑的结构的性质、尺寸和位置,
条款5.5(3)P 防止损坏邻近结构的重要性等。EN 1997-1 要求应根据验收标准,通过确定相应
条款5.5(1)P 地基特性的变化或使用处理方法导致的地基条件来检查地基处理的有效性。为了做到这一点,EN 1997-1 要求在选择或采用地基处理与加固方法之前,对初始地基条件进行岩土工程勘察。

第6章 扩展基础

本章是关于检查扩展基础的设计的内容。内容包含 EN 1997-1 的*第6章*和资料性*附录D(承载力计算的解析法示例)*,*附录E(承载力估算的半经验方法示例)*,*附录F(沉降估算方法示例)*,*附录G(岩石地基扩展基础的假定承载力推导方法示例)*和*附录H(结构变形与基础沉降的限值)*。

EN 1997-2 的许多章节和附录给出了关于采用原位试验结果进行承载力和沉降评估的半经验计算模型的附加信息。

本章结构与 EN 1997-1 *第6章*有微小的差异,对照如下:

6.1	设计方法	*条款6.4*
6.2	整体稳定性	*条款6.5.1*
6.3	直接法:承载能力极限状态(ULS)设计	*条款6.5.2*
6.4	直接法:通过沉降计算进行正常使用极限状态(SLS)设计	*条款6.6*
6.5	间接法:简化的正常使用极限状(SLS)态法	*条款6.5和2.4*
6.6	构造方法	*条款6.5.4.2*
6.7	结构设计	*条款6.8*

与 EN 1997-1 的其他章节一样,*第6章*仅给出了扩展基础设计的基本要求。为了帮助设计人员,本章描述了承载能力极限状态(ULS)和正常使用极限状态(SLS)下设计检查的典型计算模型,并包含以下示例:

- 示例6.1:承受竖向荷载,在排水和不排水条件下,软黏土上的方形独立基础。"直接"法采用 EN 1997-1 *附录D* 中的承载力解析计算模型说明。
- 示例6.2:在砂砾上的方形独立基础设计,上部为一个塔形结构,承受较小竖向永久作用和较大可变水平作用。采用直接法将 EN 1997-1 *附录D* 的解析计算模型用于承载能力极限状态(ULS)设计。
- 示例6.3:用旁压试验结果设计扩展基础,说明了半经验计算模型的直接法和间接法。

*第6章*中的许多规定也适用于重力式挡墙;本设计指南中的示例9.1,针对重力式挡墙基础设计中的承载力和抗滑力进行承载能力极限状态(ULS)验算,说明了这些规定的应用。 ***条款9.7.3(1)P***

*第6章*的内容也可应用在受压群桩中(例如,用等效筏形基础法验算群桩的破坏)。

6.1　设计方法

条款6.2(1)P　*条款6.2(1)P* 列出了一些极限状态以供考虑。前四个显然是承载能力极限状态,基础出现"无限"变形;第五个意味着基础出现较大但受约束的(差异)沉降,其所支承的结构达到了承载能力极限状态(ULS),即,结构的构件或构件间的连接不再满足基本的承载能力极限状态(ULS)要求;最后三个与正常使用极限状态(SLS)有关。

条款6.4(1)P
条款2.5　设计人员也注意到:可能在选择扩展基础埋深时起作用的几个方面。构造措施可以解决所列的一些问题。一览表中要求宜考虑到将来开挖的情况。这不是要求设计的扩展基础需承载所有未来可能的开挖工况,仅仅要求设计人员考虑未来可能出现的情况并采取合理的措施。一览表中的其他事项也是如此。

条款6.4(5)P　基础设计验算至少应采用以下三种设计方法中的一种(也可见表 6.1 的概述):

(1)**直接**法包括两个独立的验算:

—第一,用一个计算模型尽可能接近承载能力极限状态(ULS)的破坏机制。

—第二,通过沉降计算以满足正常使用极限状态(SLS)。

对能用于这两步中的计算模型没有任何限制。承载能力极限状态(ULS)验算采用承载力和抗滑承载力的解析计算模型,或采用半经验计算模型,其中承载力作为*原位*试验结果导出值直接估算。正常使用极限状态(SLS)验算必须进行沉降计算(比如:解析计算法——见*附录 F*,或比如,沉降计算的半经验模型——查看 EN 1997-2,附录 B2、C2 或 D4)。

(2)**间接**法是基于可比经验(必要的先决条件),使用现场或室内试验的实测结果或其他观察结果和正常使用极限状态(SLS)荷载。可比经验与正常使用极限状态(SLS)相关,因此这个方法的采用自然而然地以满足正常使用极限状态(SLS)要求为目的。间接法也暗含承载能力极限状态(ULS),至少对于无异常荷载的常见结构来说,前提是其可比经验是相关的。因此,间接法是验算正常使用极限状态(SLS)和承载能力极限状态(ULS)的一步式计算法。可用解析或半经验模型进行计算。因验算是基于正常使用极限状态(SLS)条件,故设计方法(见第 2 章)的选择不适用。

(3)**构造**法,一般是基于正常使用状态下的观察而获得的可比经验。

表 6.1 给出了三种设计方法的概述,及扩展基础的计算模型的示例,引用了相关条款和 EN 1997-1 和 EN 1997-2 资料性附录中的方法示例。

宜注意,没有异常荷载条件下的简单结构可使用间接法或构造法进行设计,但是建造在复杂和高压缩性土层上的大型的或复杂的结构,宜用两步直接法进行设计。另外,对受到较大水平荷载的结构,宜非常注意设计荷载的偏心和倾斜。

EN 1997-1 允许的设计方法概述和相对应的计算模型　　表 6.1

设计方法与极限状态	计算模型	EN 1997-1 条款	方法示例
直接法			
(a)承载能力极限状态(ULS)			
	解析计算模型	*6.5.2,6.5.3*	
	—承载力	*6.5.2.2*	EN 1997-1,*附录 D*
	—抗滑力		
	半经验计算模型	*6.5.3*	EN 1997-1,*附录 E*
	—压力计法	*6.5.2.3*	EN 1997-2,*附录 C1*
(b)正常使用极限状态(SLS)			
	解析计算模型	*6.6*	EN 1997-1,*附录 F*
	—沉降计算	*6.6.2*	
	半经验沉降计算		EN 1997-2,附录 B2,C2,D4
	—静力触探、压力计法、标准贯入试验		
间接法		*2.4.1(4),2.4.8(4)*	
承载能力极限状态(ULS)和正常使用极限状态(SLS)的组合	解析计算模型:		EN 1997-1,*附录 D*
	—承载力特征值采用较大整体系数		
	半经验计算模型		EN 1997-2,附录 C1
	—承载力特征值采用较大整体系数		
构造法		*6.5.2.4,6.7*	
承载能力极限状态(ULS)和正常使用极限状态(SLS)组合	假定承载力值的图表		EN 1997-1,*附录 G*

6.2 整体稳定性

EN 1997-1 要求,按照第 *11* 章的规定检查岩土体的整体稳定性设计。潜在的不稳定地基(破坏面)可能包括基础在内(图 6.1,破坏面 *A-B*)或破坏面也可从基础近处穿过(图 6.1,破坏面 *C-D*)。因为沿着 *C-D* 面的破坏可能严重影响基础本身的承载力,故宜尽可能避免发生沿着 *C-D* 面的破坏。 **条款 *6.5.1(1)P***

条件“尽可能不发生”是不明确的,宜理解为整体稳定性失效与基础竖向承载力失效一样不可能发生。当使用设计方法 1(DA-1)和 3(DA-3)计算坡面稳定性和承载力时,通常宜保证使用相同的分项系数。当使用设计方法 2(DA-2)时,整体稳定性和承载力的分项系数是不一样的(分别见表 *A. 14* 和表 *A. 5*)。 **条款 *6.5.1(2)P***

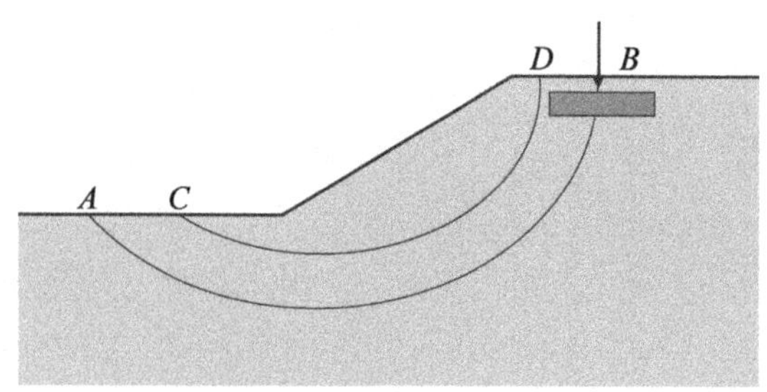

图 6.1　对于破坏面 A-B 和 C-D,必须验算整体稳定性。破坏面 C-D 穿过基础的外延,但是如果产生坡面移动,基础的竖向承载力会极大地降低

6.3　直接法:承载能力极限状态(ULS)设计

6.3.1　承载力

条款6.5.2.1(1)P

基本的承载能力极限状态(ULS)要求通过以下不等式表示:

$$V_d \leq R_d \quad (6.1)$$

式中,V_d 是承载能力极限状态(ULS)下基础的竖向设计荷载;R_d 是抵抗竖向荷载的基础设计承载力(图 6.2)。R_d 可采用解析或半经验模型计算。V_d 包括基础自重和其顶部的回填材料重量(视为结构作用)。在基础上的结构部件上的土压力是岩土工程作用,如相关,也要包括在 V_d 内。

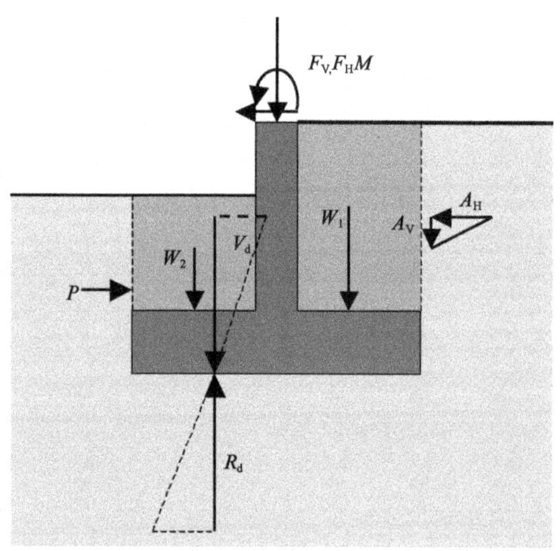

图 6.2　基础上的作用示例

注:V_d-基础上下列作用设计值的竖向分量(为明确显示,下角标 d 忽略):

H、M、V-结构作用

A、P-土压力

W_1、W_2-回填重量

基础重量

基本不等式 $V_d \leq R_d$,必须检查*附录A* 中持久状况和短暂状况下的分项系数推荐值(表*A.1*,用于作用或作用效应的分项系数;表*A.2* 和表*A.5*,土体参数和抗力的分项系数)。对于偶然状况,分项系数一般等于 1.0。宜注意,*附录A* 中的分项系数推荐值是为所有三种设计方法的解析法和 DA-2 中的半经验法设立

的;因此,在 DA-1 和 DA-3 中的半经验法,可能需要根据条款*2.4.7.1(6)*应用模型参数。

EN 1997-1 建议非基础荷载引起的水压力明确地包括在计算中。对于**排水**条件,建议水压力包括在作用中。典型情况如图 6.3 所示。所有在排水条件下的水压力定义为作用,因为在计算开始时这些作用是已知的。这意味着抗力是根据有效应力计算的。可能产生的问题:如何对浸入或部分浸入水中的结构重量应用分项系数?作用在基底的水压力引起的力起减少 V_d 值的作用,故可视为"有利的",而基础(总)重量为"不利的"。然而实际上,必须通过土体维持浮重(总重量减去水施加的向上的力),为此用有效力表示抗力;可将相同的单个分项系数应用于这些作用的总和。如图 6.3 所示。浸水基础的重量和回填土引起的作用设计值成为它们有效重量的设计值。当浸水基础和回填土的有效重量不利时,则对有效重量采用作用系数 1.0(DA-1 组合 2)和作用系数 1.35(DA-1 组合 1、DA-2 和 DA-3)。示例 6.1 对此进行说明。当基础的有效重量有利时,作用系数 1.0 适用于所有设计方法。

条款2.4.2(9)P

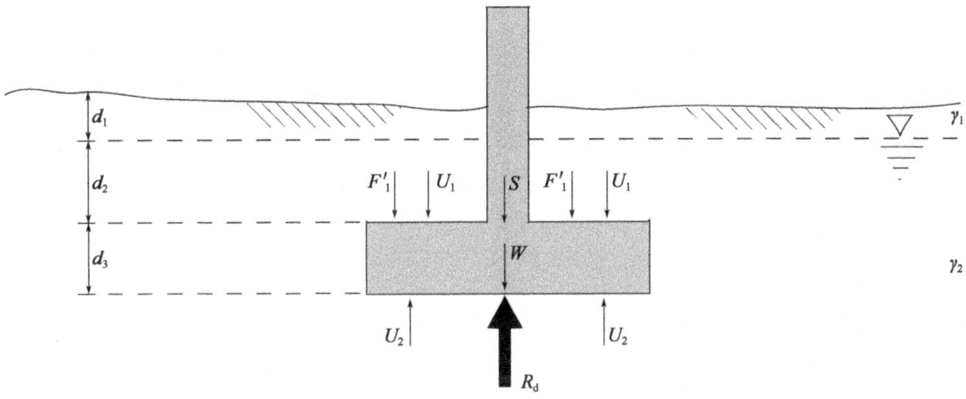

图 6.3　在有静水压力的基础上的作用(根据 Simpson 和 Driscoll,1998)

注:

A_b=基底面积

A_c=柱截面面积

γ_1=在水位以上,土的总重度

γ_2=在水位以下,土的总重度

S=来自上部结构的作用

W=基础自重

U_1、U_2=水压力引起的力

F_1=基础上回填土的作用效应=$(\gamma_1 d_1+\gamma_2 d_2)(A_b-A_c)=F_1'+U_1=[\gamma_1 d_1+(\gamma_2-\gamma_w)d_2+\gamma_w d_2](A_b-A_c)$

其中:

F'_1=基础上回填土的有效作用效应

$U_2=\gamma_w(d_2+d_3)A_b$

V_d必须与设计抗力R_d匹配,此时,为有效力

在**不排水**条件下的计算,如图 6.4 所示,见示例 6.1。

与图 6.4 概述类似的方法应用于*附录E* 中的半经验计算模型中,用总应力表示(不管土体是在排水情况下还是不排水情况下)。见示例 6.3。

对于结构构件设计,水压力可能是不利的(比如筏基或封闭沉箱式围堰),宜对水压力应用针对结构不利作用的作用系数(见 6.7 节)。

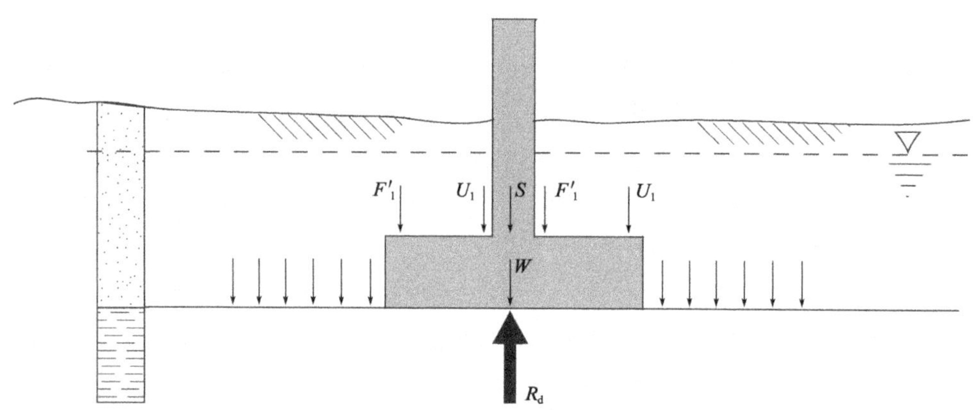

图 6.4 为不排水黏土上砂砾土中静水压力的基础(根据 Simpson 和 Driscoll,1998)

注:箭头表示静水压力(仅竖向分量)当这些力沿着基础一侧增大 R_d 时,这些作用在基础上的力包含在 V_d 中。在这种(不排水)工况下,R_d 是总力,作用在基底,包括由不排水抗剪引起的静孔隙水压力和超孔隙水压力。

地基上的作用 V_d,通过不排水抗力 R_d 承担,可通过下式计算:

$$V_d = S + W + F_1 = S + W + (F'_1 + U_1)$$

可能的备选方法是,在排水工况下,黏土中静水压力作为 V_d 的一部分,这些力作用在基底并向上,减小了图 6.3 中 V_d 的值。由抗剪在基底产生的超孔隙压力仍然为 R_d 的一部分,然而,这与*条款2.4.2(2)P* 中的定义一致,因为静力分量已知,但是在计算开始(结束)时,超孔隙压力未知。

解析计算法

条款*6.5.2.2(1)* *附录D* 的计算模型示例是被广泛认可的。*附录D* 给出了合适的精确度和保守度的概念。*附录A* 中分项系数推荐值(*表A.1*,*表A.2* 和*表A.5*)已经通过*附录D* 中的方法进行了校准。

附录D 为"资料性"附录。因此,设计人员可使用在国家附件中指定的其他方法。

条款*6.5.2.2(4)P* 至*6.5.2.2(6)* *附录D* 的计算模型适用于单层土。在计算中建议注意具有不连续性的层状土或地基。*第五段*在一些情况下可能过于保守或不适合。可采用更精确的计算模型,例如,冲切破坏、挤压、随着深度增加的不排水抗剪强度。

解析计算的基本输入参数为:土体抗剪强度(在排水情况下为 c'_k 和 φ'_k;在不排水情况下为 $c_{u,k}$)的特征值和重度(γ_k和 γ'_k)。这些特征值宜考虑相对于基础大小和结构刚度的地基变异性选择。

- 对于大型扩展基础,抗剪强度参数的特征值一般为地基下平均值的保守估计值。当建筑物由多个基础支承时,特征值宜说明建筑物涉及范围内抗剪强度参数值的空间变异性和支承结构的刚度。

- 选取特征值时,应鉴别导致承载力明显降低的局部软弱点。如果没有这样的软弱点,抗剪强度特征值可以是结构涉及范围内的平均值的保守估计值。如果存在软弱点,同时支承结构的刚度不足以将荷载从弱的基础传到强的基础,则抗剪强度参数的特征值可为各基础下平均值或较低值的保守估计值。

设计小型基础选择地基抗剪强度参数的特征值时，宜注意破坏面，破坏面更容易沿地基薄弱点发生。如果有这种可能性，则地基强度参数特征值的选择宜由地基强度参数的较低值控制。

土体单位重量的特征值宜为其平均值的保守估计值。

在基础标高处的有效上覆压力 q'，是基础邻近区域内平均值的保守估计值，宜考虑不利水位和通过移除土体而减少上覆层对承载力的不利影响。

在应用解析计算模型使用 DA-1 时，注意以下特点 *条款2.4.7.3.4.2*

对于持久和短暂状况，必须检查组合 1 和 2 的设计：

组合 1：*A*1“ +”*M*1“ +” *R*1

组合 2：*A*2“ +”*M*2“ +”*R*1

根据作用源采用分项系数，即作用（建议值，见表*A.1*）和材料的抗剪强度参数 c'和 $\tan\varphi'$或 c_u（建议值，见表*A.2*）。对于扩展基础，抗力系数等于 1.0（表*A.5*）。

组合 2 通常确定基础的尺寸，除了某些情况下，如当水平可变荷载与永久竖向荷载相比足够大时，会导致基础产生较大的倾覆力矩。这样的一个荷载组合可能导致作用合力具有很大的偏心设计值。建议第一步用组合 2 的分项系数计算基础大小，然后在第二步中用组合 1 的分项系数验算最终基础尺寸是否满足承载能力极限状态（ULS）要求。

第一步——采用组合 2 计算基础大小：*A*2“ +”*M*2“ +”*R*1。基础上的结构作用设计值，通过采用表*A.3* 中 *A*2 集合的系数计算（建议值：在不利且永久荷载下，$\gamma_F = 1.0$；在不利且可变荷载下，$\gamma_Q = 1.3$；但是这些可能在国家附件中改变）。岩土作用的设计值（比如主动压力），通过对抗剪强度参数应用表*A.4* 中 *M*2 集合的系数得到。对不利且永久岩土作用、不利且可变的岩土作用应用表*A.3* 中 *A*2 集合的作用系数得到（建议值分别是 $\gamma_F = 1.0$ 和 $\gamma_Q = 1.3$）。

土体抗剪强度参数的设计值通过对特征值应用大于 1.0 的系数得到，如表*A.4*的 *M*2集合（建议值是 $\gamma_\varphi = 1.25$、$\gamma_c' = 1.25$ 和 $\gamma_{cu} = 1.4$；这些可能在国家附件中改变）。按照表*A.5* 的 *R*1 集合，承载力的分项系数 $\gamma_{R,v}$为 1.0。

当计算上覆压力（其作为承载力的一部分）时，材料分项系数按 1.0 应用于地基（有效）重度特征值。

作用设计值和抗剪强度参数设计值允许进行以下计算：

- 基础上的法向分力（V_d）与水平分力（H_d）的设计值。
- 作用合力的偏心距 $e_{B,d}$、$e_{L,d}$，及对应的基础有效尺寸 B'和 L'。
- 承载力系数 $N_q(\varphi_d)$、$N_\gamma(\varphi_d)$和 $N_c(\varphi_d)$。
- 倾斜系数 i_q、i_γ 和 i_c，为抗剪强度系数设计值和 H_d、V_d 设计值的函数。
- 形状系数 s_q、s_γ 和 s_c，和基础倾斜系数 b_q、b_γ 和 b_c。
- 承载力设计值，取自 R_d/A'。

通常，需要多次迭代，才能得到满足承载能力极限状态（ULS）要求的最佳基础尺寸。

第二步——用组合1:A1“ + ”M1“ + ”R1 的分项系数集合验算由第一步计算出的基础尺寸。基础上的作用设计值通过使用表*A.3* 中 *A1* 集合的系数得到(建议值:在不利且永久荷载下,$\gamma_F = 1.35$,在不利且可变荷载下 $\gamma_Q = 1.5$;但是这些可能在国家附件中改变)。岩土作用设计值(如主动压力)通过对岩土作用特征值应用这些作用系数获得。土体抗剪强度参数设计值等于其特征值(分项系数等于1.0,见表*A.4* 中集合 *M1*)。按表*A.5* ,承载力分项系数 $\gamma_{R,v}$为 1.0。

宜注意,对永久水压力,作用分项系数等于 1 适用。当计算(有效)上覆压力时,对地基(有效)重度特征值,材料分项系数等于 1 适用。

因为通常组合 2 确定基础大小,组合 1 的计算便降为一种简单的核查,核查基础的大小是否满足组合 1 的要求。

注。

(1)对于竖向或接近竖向的荷载,常常可明显看出组合 1 与确定基础尺寸无关。此时,无需进行第二步的计算。

(2)永久作用可能是有利的,例如,当他们与较大的可变作用组合时。在这种情况下,有必要对组合 1 进行两个计算:一个是认为永久、竖向作用有利,因此作用系数取为 1.0;另一个认为永久、竖向作用不利,因此作用系数取为 1.35。在示例中第一种情况是用“$V_{favourable}$”表示;第二种是用“$V_{unfavourable}$”表示。

在组合 1 中,当荷载为竖向,且因倾斜,荷载有所变小时,抗力的设计值等于其特征值。

条款2.4.7.3.4.3

在应用解析计算模型使用 DA-2 时的一些特点

设计必须用一组分项系数集合的组合进行验算:

A1“ + ”*M1*“ + ”*R2*

在 DA-2 中有两种方法引入分项系数:一种是将分项系数应用于作用(源);另一种是将分项系数应用于作用效应。以下内容将会讨论这两种方法。

当将**分项系数应用于作用(源)**时,基础上的结构作用设计值通过采用表*A.3* 中集合 *A1* 的作用系数得到(建议值:对不利且永久作用,$\gamma_F = 1.35$,对不利且可变作用,$\gamma_Q = 1.5$)。将 γ_F 和 γ_Q 应用于(如主动压力)通过对抗剪强度参数采用 $\gamma_M = 1.0$ 的系数计算出的岩土作用值得出岩土作用设计值(见表*A.4* 中 *M1* 集合)。

计算(有效)上覆压力时,地基土(有效)重度特征值采用的材料分项系数为1.0。

承载力设计值是对用土体抗剪强度参数计算得出的承载力使用大于 1.0 的承载力分项系数得到的(见表*A.5* 中 *R2* 集合,其中 $\gamma_{R,v} = 1.4$),计算使用的土体抗剪强度参数设计值等于其特征值(例如,用 $\gamma_M = 1.0$ 计算承载力,见表*A.4* 中 *M1* 集合)。

作用设计值和抗剪强度参数设计值允许进行以下计算:

- 基础上作用合力的法向分力 V_d 与水平分力 H_d 的设计值。

- 作用合力的偏心距 $e_{B,d}$和 $e_{L,d}$，及对应的基础有效尺寸 B'和 L'。
- 承载力系数 $N_q(\varphi_d)=N_q(\varphi_k)$，$N_\gamma(\varphi_d)=N_\gamma(\varphi_k)$和 $N_c(\varphi_d)=N_c(\varphi_k)$。
- 倾斜系数 i_q、i_γ 和 i_c，为抗剪强度参数设计值等于其特征值和 H_d、V_d 设计值的函数。
- 形状系数 s_q、s_γ 和 s_c，及基础倾斜系数 b_q、b_γ 和 b_c。
- 计算承载力值 R/A'：在承载力公式中采用上述系数（见*附录 D*）。承载力设计值 R_d/A'通过应用大于 1.0 的抗力分项系数 $\gamma_{R,v}$计算（见*表 A.4* 中 *R2* 集合：建议值 $\gamma_{R,v}=1.4$）。

DA-2 设计步骤中，**分项系数应用于所有作用效应**（程序表示为 DA-2*），承载力特征值 R_k/A'是通过作用特征值和抗剪强度参数的特征值计算得出的。倾斜作用力和偏心距 $e_{B,k}$、$e_{L,k}$（对应的有效宽度和长度分别为 B'和 L'）也是通过作用特征值和抗剪强度参数特征值计算得出的。因此，当采用 $\gamma_F\geqslant1.0$ 的分项系数时，作用设计值偏心会较大。在 DA-2 中，当分项系数应用于作用效应，承载力系数应用于作用特征值计算的承载力时，必须特别注意基础的倾覆。当采用这种方法时，虽然这不是 EN 1997-1 的要求，但一般情况下偏心距 $e_{B,k}$和 $e_{L,k}$的限值为 $B/3$。 *条款2.4.7.3.3(1)*

对于上述两种方法，必须注意永久作用可能是有利的，例如，当它们与较大可变作用组合时。在这种情况下，有必要进行两个计算：一个是认为永久竖向作用有利，因此，分项系数 γ_F 为 1.0；另一个是认为永久竖向作用不利，因此要求分项系数 γ_F 为 1.35。

在应用解析计算模型使用 DA-3 时的一些特点 *条款2.4.7.3.4.4*

设计计算必须采用以下分项系数集合的组合进行验算：

（*A1* 或 *A2*）“+”*M2*“+”*R3*

基础作用设计值通过以下方式得到：

- **结构作用**：采用*表 A.3* 中集合 *A1* 的系数计算（建议值是：在不利且永久作用情况下，$\gamma_F=1.35$，在不利且可变作用情况下，$\gamma_Q=1.5$）。
- **岩土作用**（如，主动土压力）：对抗剪强度参数特征值采用*表 A.4* 中集合 *M2* 的材料分项系数，并对作用采用*表 A.3* 中 *A2* 的分项系数（建议值是：在永久岩土作用情况下，$\gamma_F=1.0$，在不利可变岩土作用情况下，$\gamma_Q=1.3$）。

土体抗剪强度参数设计值是对特征值使用大于 1.0 的系数得出的，见*表 A.4* 中集合 *M2*（建议值是：$\gamma_\varphi=1.25$、$\gamma'_c=1.25$ 和 $\gamma_{cu}=1.4$；这些值可能在国家附件中改变）。

根据*表 A.5* 中集合 *R3*，抗力分项系数 $\gamma_{R,v}$为 1.0。

上述确定的作用设计值和抗剪强度参数设计值允许进行以下计算：

- 基础上作用的法向分力 V_d 与水平分力 H_d 设计值。
- 作用的偏心距 $e_{B,d}$和 $e_{L,d}$和对应基础的有效尺寸 B'和 L'。
- 承载力系数 $N_q(\varphi_d)$、$N_\gamma(\varphi_d)$ 和 $N_c(\varphi_d)$。

- 倾斜系数 i_q、i_γ 和 i_c,为抗剪强度设计值和 H_d、V_d 设计值的函数。
- 形状系数 s_q、s_γ 和 s_c,及基础倾斜系数 b_q、b_γ 和 b_c。
- 从 R_d/A'得出的承载力设计值。

通常,需要多次迭代,得到满足承载能力极限状态(ULS)要求的最佳基础。

宜注意的是,结构永久作用可能是有利的,例如,当它们与较大可变作用组合时。在这种情况下,有必要进行两个计算:一个是认为永久竖向作用有利,因此要求作用系数 γ_F 为 1.0;另一个是认为永久竖向作用不利,因此要求作用系数 γ_F 为 1.35。

条款6.5.2.3

半经验计算法

可用半经验计算模型从地基参数中(一般取自*原位*试验的结果)评估扩展基础的承载力。*附录E* 提供了一个使用旁压试验结果的方法示例。附录中没有给出如何评估 p_{le}^{*} 的进一步说明,同时没有给出承载力系数 k 的数值;读者可以参考 EN 1997-2 的附录 C1,或其他文献。

当使用半经验计算模型进行承载能力极限状态(ULS)设计时,作用和抗力必须采用*附录A* 中分项系数推荐值分解。当使用半经验计算模型进行承载能力极限状态(ULS)设计时,采用抗力的分项系数是最合适的。因此,DA-2 能直接应用在半经验计算模型中。在 DA-1 和 DA-3 里,集合 *R*1(DA-1)和集合 *R*3(DA-3)的系数 $\gamma_{R,v}$的数值大于 1.0,γ_M 数值等于 1.0,这些可应用在半经验计算模型中;系数 $\gamma_{R,v}$仅作为一个模型系数(查看示例 6.3)。

条款6.5.3

6.3.2　抗滑承载力

承载能力极限状态(ULS)的基本要求见以下不等式(图 6.5):

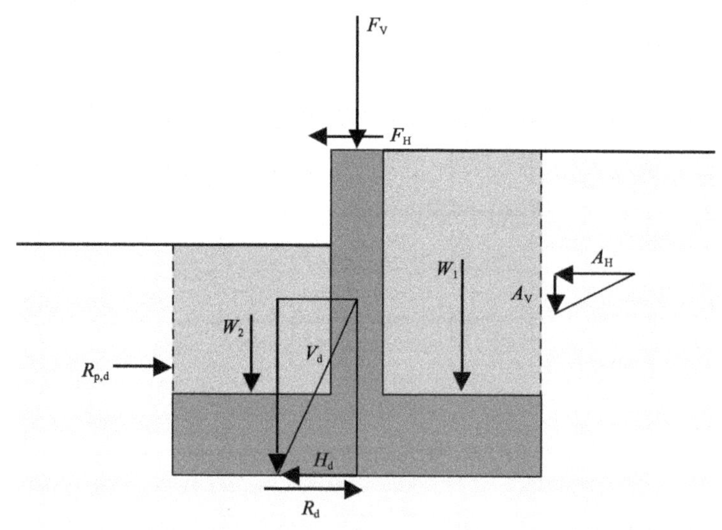

图 6.5　*H* 是土压力水平分力 *A* 和结构作用 *F* 的水平合力。*V* 是基础法向的合力,抗滑力是基础以下的摩擦抗力 *R* 和发挥的被动土压力 R_p 的合力。

$$H_d \leqslant R_d + R_{p,d} \tag{6.2}$$

即使地基没有达到其强度极限，即地基没有形成破坏机制，基础也可能达到极限状态。因此有必要考虑与极限状态相适应的位移。因为这个原因，$R_{p,d}$ 可能不是必须达到地基的极限被动抗力。宜考虑到实际最大抗滑力 R_d 有可能由相对小的位移引起，尽管它有可能随着较大位移的发生而降低。因此不可能同时出现 R_d 和 $R_{p,d}$ 的最大值。评估 R_d 和 $R_{p,d}$ 时选择的抗剪强度参数的特征值宜考虑在滑动的极限状态下的位移不一致性。 *条款6.5.3(5)*

宜考虑局部开挖、腐蚀、黏土收缩等的影响，以减少或扣除在挡墙相对浅基础上的被动土压力。 *条款6.5.3(6)P* *条款6.5.3(7)P*

在三种设计方法中式(6.2)的应用与在关于承载力的章节里介绍的步骤类似。以下介绍 R_d： *条款6.5.3(8)P*

- *排水条件*：

$R_d = V'_d \tan\delta_d$　当对地基特性参数采用了分项系数组合[式(6.3a)]时

$R_d = V'_d \tan\delta_k / \gamma_{R,h}$　当对地基承载力和作用源采用了分项系数组合[式(6.3b)]时

$R_d = V'_d \tan\delta_d / \gamma_{R,h}$　当对地基承载力和作用效应采用了分项系数组合[式(6.3a)，见注]时

- *不排水条件*： *条款6.5.4(11)P*

$R_d = A_c c_{u,d}$　当地基特性参数采用了分项系数组合[式(6.4a)]时

$R_d = A_c c_{u,k} / \gamma_{R,h}$　当地基承载力采用了分项系数组合[式(6.4b)]时

一般宜假定与混凝土结构交界处的土体被扰动。因此，临界状态内摩擦角(体积不变)一般是与界面相关的，即使主要土体里使用更高的内摩擦角值。因此，结构-岩土体界面摩擦角的设计值 δ_d，宜从临界状态内摩擦角的保守估计值中得出：对于*现浇*混凝土，$\delta_d = \varphi'_{cv,d}$；对于光滑预制混凝土基础，$\delta_d = \left(\frac{2}{3}\right)\varphi'_{cv,d}$；应忽略内聚力 c'。这说明对于同样的土体，两个不同的特征值也许与同一结构的不同承载能力极限状态(ULS)有关：竖向承载力失效可由内摩擦角的极值控制，结构与土体界面处的滑动可由临界状态内摩擦角控制。 *条款6.5.3.(10)*

式(6.4)主要与在黏土或软岩上的滑动有关，在这种情况下，不排水抗剪强度可能也与之相关，特别是在快速加载的情况下。接触面 A_c 受设计荷载下承压面积的限制。 *条款6.5.3(11)P*

因为，在一些情况下，竖向荷载可能不足以有效地让地基和基础充分接触，不等式(6.5)中设计承载力在不排水条件下限制为 $0.4V_d$。例如，考虑一个轻型预制基础受到较大的水平力作用，如图6.6a)所示。为了计算水平承载力，接触面面积 *条款6.5.3(13)*

必须通过竖向力和竖向承载力的函数推导得出,同时允许荷载倾斜。Mortensen (1983)已经证明了这类计算的结果,总结为不等式(6.5)。在某些快速加载情况下,对于紧贴地表面的基础,引力可确保基础和地基之间没有缝隙存在(图 6.6b),在这种情况下,可忽视不等式(6.5)。

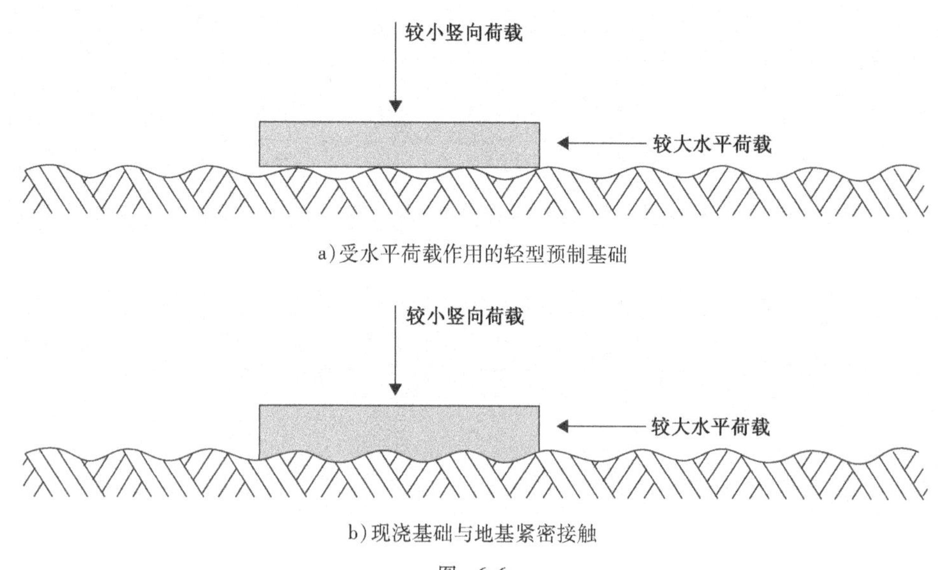

a)受水平荷载作用的轻型预制基础

b)现浇基础与地基紧密接触

图 6.6

6.3.3 大偏心荷载

条款6.5.4(1)P

EN 1997-1 没有对基础上荷载的偏心程度设置一个特定的极限值。然而,当合力作用在离基础中心 2/3 之外时,要求采取专门的预防措施。尽管没有声明,但可假定计算的合力为承载能力极限状态(ULS)力。当一般使用的“中心三模型”(在正常使用极限状态力和材料特性的基本原则上)帮助设计人员去评估是否部分基础已经在加载时失去与地基的接触时,模型还是比较有用的。但这不是要求,因为 EN 1997-1 对荷载的偏心没有限制(参考示例 6.2)。

当荷载偏心距超过基础宽度的 1/3 时,如果需要验算上部结构是否会发生结构破坏或二阶效应,或是否超出了正常使用极限状态,岩石弹性计算得出的位移可能会偏小。

当出现大偏心时,要采取以下预防措施:

- 仔细核查作用设计值,当荷载偏心较大时,小偏差也可能会对安全有不利影响。
- 考虑施工偏差大小,当荷载偏心较大时,基础施工时有很小偏差也会对安全有不利影响。

条款6.5.5

6.3.4 基础位移引起的结构破坏

虽然地基不会出现无限塑性变形,但基础沉降可能导致上部结构出现承载能力极限状态(ULS)。比如以下这些地基变形可能引起结构出现承载能力极限状态(ULS)或是严重损坏:

- 较大的沉降或水平位移，比如，在软黏土层上加载超过先期固结压力。
- （人为的）地下水位降低、树根脱水等引起的严重沉降。
- 含水率变化引起的黏土膨胀（部分饱和土体积膨胀）。
- 崩陷土。
- 振动、洪水等引起的松散填土沉降。

基础位移允许值的一般规定很难确定，EN 1997-1 没有给出有关允许值的建议，除了*附录 H* 中的一些信息，表明大约 1/150 或更大的相对转动极易引起上部结构的承载能力极限状态外。

对于常见问题（例如，常见结构和前期有过加载历史的地基条件），*附录 A* 中的承载能力极限状态分项系数可被认为提供了较低的地基强度值，以避免由于地基变形引起结构承载能力极限状态（ULS），至少对于排水土体，内摩擦角不小于 25°～27°，以及相对合适的刚度和密度。

对于快速加载使其保持在不排水条件下的黏土，在 DA-1 中 c_u 的分项系数一般是较小的而且通常不足以抵抗由接近于塑形破坏引起的较大沉降。对于内摩擦角较小的土体，比如软黏土和有机质土，沉降分析要求验算上部结构的承载能力极限状态（ULS）。

基于可比经验假定的承载压力宜足够低，以避免由于沉降问题引起上部结构破坏。

当对承受（不均匀）沉降的上部结构验算承载能力极限状态（ULS）时，施加（不均匀）沉降设计值。

图 6.7 说明了三点支承的连续梁情况，这种情况要求验算由外加端支承沉降引起的中间支承处的弯矩和剪力。

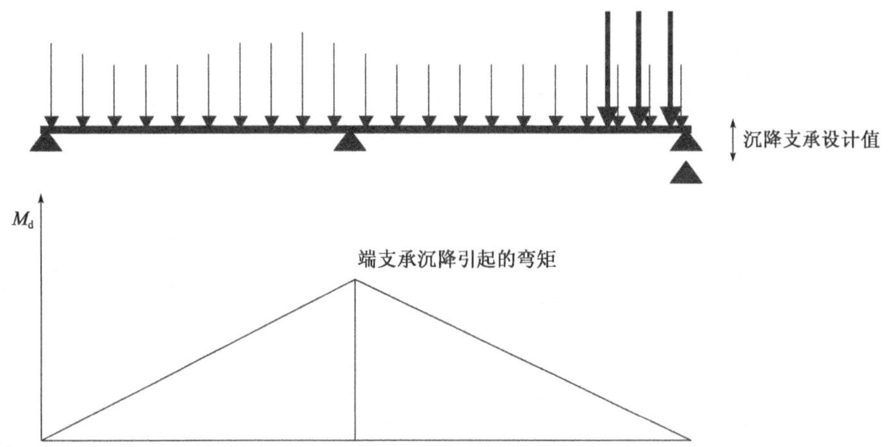

图 6.7　三个支承的连续梁结构破坏验算的示例，由于端支承的较大沉降而导致中间支承处超过了其抗弯能力的设计值

理想情况下，相关荷载设计值下的沉降设计值可从基础的荷载-沉降“特征”曲线中估算；荷载-沉降“特征”曲线是对荷载-沉降曲线的保守估计。这可以通过

试验(并不常见)或计算得到。加载至破坏时荷载-沉降曲线通常如图 6.8a)的曲线 1 所示。当荷载大于某一值时,曲线呈明显非线性,且作用效应(即沉降)增加的比作用(即荷载)更大。这种向下的弯曲是由于基础下面的土体局部屈服造成的。对于这种曲线,根据 EN 1990 条款6.3.2(4),沉降的“设计”值从 V_d 处的荷载-沉降特征曲线中读取,V_d 处为待验算的承载能力极限状态(ULS)荷载设计值。

荷载-沉降特征曲线可用变形参数特征值代入太沙基指数沉降公式[图 6.8b)]进行估算。这个公式假定基础下没有明显的屈服发生。使用这种方法时,计算出的沉降增加量小于荷载。对于这种形状,根据 EN 1990[条款 6.3.2(4)],沉降的承载能力极限状态“设计”值,从荷载-沉降特征曲线中导出,通过将 ULS 作用系数应用于“特征”沉降得到作用特征值 V_k。

可通过弹性修正公式[图 6.8c)]和变形参数特征值来评估荷载-沉降特征曲线。弹性修正公式假定基础下无显著屈服。利用该公式,计算出的沉降随荷载线性增大。对于线性关系,V_d 处得到的沉降设计值 s_d,荷载的承载能力极限状态(ULS)设计值,通过乘以 V_k处沉降 s_k得到的 s_d,通过作用系数得到的荷载的 ULS 特征值是相同的。

宜强调的是,太沙基沉降公式和弹性修正方法只有在荷载值与破坏荷载相比较小时才是可靠的。由此产生的沉降不能外推到一个完整的荷载-沉降曲线。当土的塑性性能对荷载-沉降曲线没有显著影响时,或者可对塑性性能进行修正时,才宜使用它们来验算结构的承载能力极限状态。

当在结构计算中输入沉降的承载能力极限状态(ULS)设计值时,得到的内力矩和剪力为符合相关结构 Eurocode 要求的承载能力极限状态(ULS)设计值(即 M_d、s_d)。

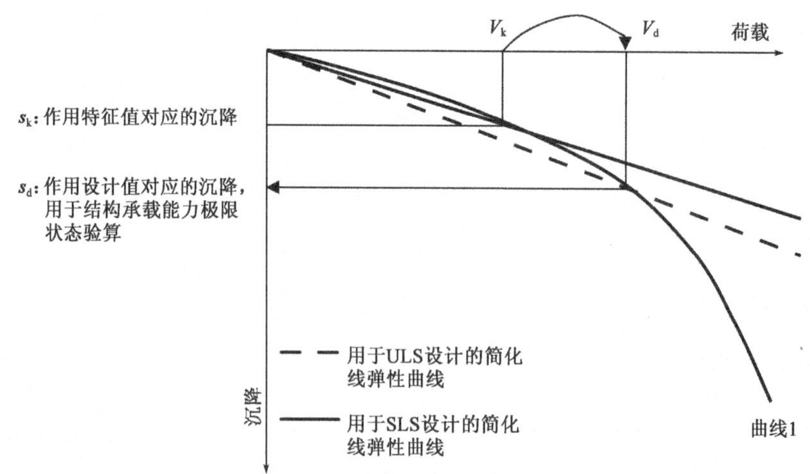

a)当荷载效应(沉降)增加比荷载多时,外加沉降设计值 s_d 的估算:

从荷载-沉降特征曲线中读取 V_d 作用设计值对应的沉降设计值

图 6.8

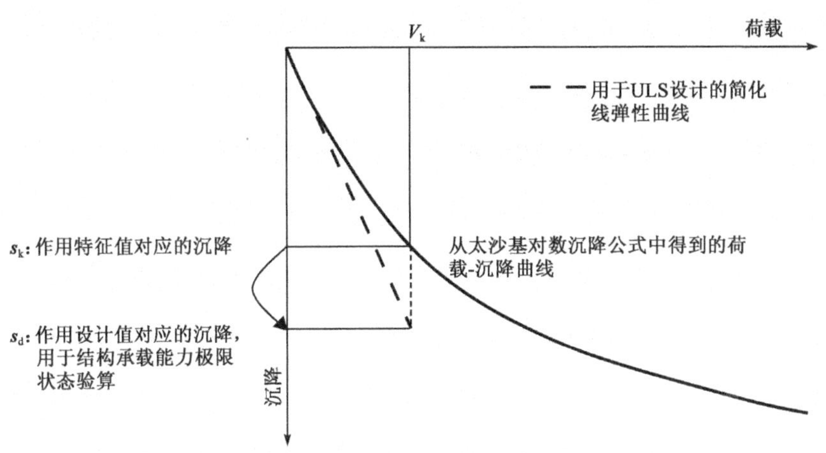

b) 当荷载效应(沉降)增加比荷载少时,外加沉降设计值 s_d 的估算:从荷载-沉降特征曲线中读取作用的特征值对应的沉降乘以作用系数

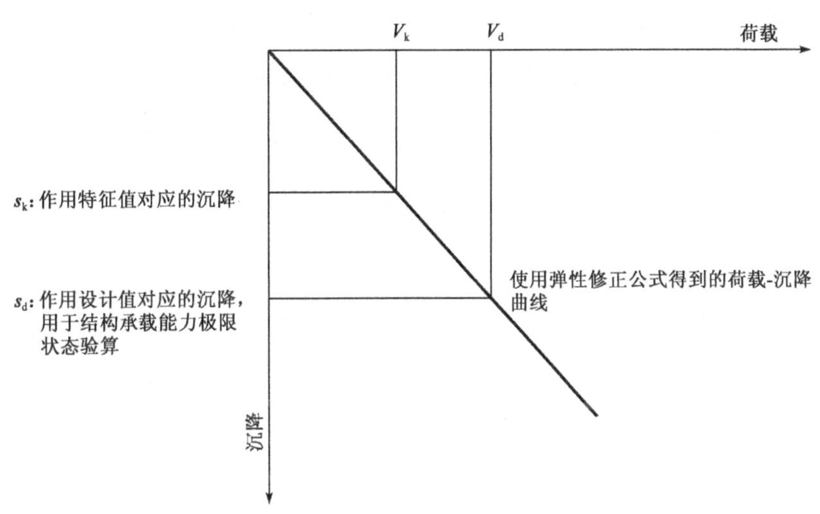

c) 当荷载效应(沉降)随荷载呈线性增加时,外加沉降设计值 s_d 的估算

图　6.8

6.4　直接法:通过沉降计算进行正常使用极限状态(SLS)设计

当采用直接法时,必须进行沉降计算,并将计算结果与限值进行比较。基础位移的限值宜根据几个因素确定,并给出了列表。在没有规定上部结构变形限值的情况下,可以使用*附录 H*(资料性)所列结构变形和基础位移值。*附录 H* 是基于Burland等(1977)的最新报告。 *条款6.4(5)P* *条款2.4.9*

不仅要考虑基础上由荷载引起的变形,还要考虑其他沉降来源,如自重固结、砂土破碎、振动效应、洪水、地下水位升降、土体结构崩塌等。

条款6.6.1
条款6.6.2

EN 1997-1 给出了基础沉降限值和正常使用极限状态(SLS)评估时的一般要求和建议。*附录F* 提供了沉降估算的方法(解析)示例。EN 1997-2 虽然没有在 EN 1997-1 中被引用,但它提供了四种使用现场测量的半经验计算模型计算沉降值的方法示例(EN 1997-2,附录 B2、C2 和 D4)。

条款2.4.8(2)

通常,通过沉降计算来验算正常使用极限状态(SLS)的分项系数为 1.0,并应用于正常使用极限状态(SLS)中作用的代表值(荷载组合参见 EN 1990),以及地基变形参数的特征值。变形参数的特征值宜根据*条款2.4.5* 的原则选取,属于保守估计值。诸如应力和应变水平、变异性和结构刚度等项宜仔细考虑。EN 1997-1 为沉降计算提供了一些公认的良好实践规定。设计人员宜关注受影响土体体积的变异性和取值范围,而不是"平均值"。

条款6.6.2(1)至 P6.6.2(15)

条款6.6.1(8)P

当计算基础沉降时,必须考虑相邻基础的相互作用。

6.5 间接法:简化的正常使用极限状态(SLS)法

6.5.1 一般规定

条款6.4(5)P

间接法采用与正常使用极限状态(SLS)荷载有关的可比经验和现场或室内试验实测或观察的结果,以满足所有有关极限状态的要求。因此,间接法至少适用于有可比经验且无异常荷载或地基条件的常见结构,既满足正常使用极限状态(SLS)承载力,也隐含地满足承载能力极限状态(ULS)。间接法与直接法的不同之处在于,只用一种分析方法同时验算正常使用极限状态(SLS)和承载能力极限状态(ULS)。间接法适用于常规岩土工程类型 2 问题。作为最低限,岩土工程类型 3 问题宜采用直接法进行处理。

条款2.4.1(4)P

除了可比经验的要求和与正常使用极限状态(SLS)荷载的关系外,EN 1997-1 对如何应用间接法没有给出明确的指导。根据所述的一般原则,可理解间接法包括:

- 正常使用极限状态(SLS)沉降计算。
- 或限制使用模型(解析的或半经验的)计算的地基承载力的发挥,以避免超过正常使用极限状态(SLS)。

由于上述第一个提到的设计方法的经验相当有限,因此在本指南中不会进一步讨论这个问题。

6.5.2 基于限制承载力发挥的间接法

至少对于简单的地基和荷载条件,当基础尺寸已经用足够大的承载力整体安全系数确定时(比如,安全系数大于 2.5 ~ 3),传统设计经验表明基础性能满足正常使用要求,自动满足持久和短暂的承载能力极限状态(ULS)要求。这种经验是通过解析和半经验计算模型得到的。

条款2.4.8(4)

对于间接法,EN 1997-1 指出,"*可以检验是否能够通过较低的地基强度,将变形限制在规定的使用极限范围内*"。这是一种传统的做法。可用以下方式限制地基承载力发挥：

- 将正常使用荷载与除以一个足够大的“整体”修正系数后的承载力进行比较。整体系数的值可从传统实践中得到。

- 将正常使用荷载与将足够大的修正系数用于抗剪强度参数计算得来的承载力进行比较。关于这些分项修正系数的取值经验较少，但是可以预期，这种经验将来会迅速增长。

当使用解析公式（例如*附录D*）时，这两种方法都可以使用；当使用半经验规定（例如*附录E*）时，只能使用“整体”修正系数。

EN 1997 没有说明在使用间接法时考虑 EN 1990（条款 6.5.3）中定义的针对正常使用极限状态（SLS）的哪一种作用组合。由于间接法考虑了不可逆极限状态，因此特征组合是合适的。

在这种间接法中，预计不会超过正常使用极限状态（SLS）沉降。因此，这种验算正常使用极限状态（SLS）的“简化方法”是将正常使用极限状态（SLS）和承载能力极限状态（ULS）同时验算的间接方法的一种应用。

一些经验表明，当使用简化方法时，可认为（中到硬）黏土中有“足够低的已发挥承载力”。类似的数据通常适用于中密和密实的砂层，但是，在 EN 1997-1 中并未提及。

使用简化方法进行正常使用极限状态（SLS）验算，须符合下列条件： *条款2.4.8(4)*

（1）必须有已良好建立的和记录的成功经验。

（2）没有提出明确的沉降限值用于基础沉降引起的上部结构中正常使用极限状态（SLS）和承载能力极限状态（ULS）验算。

（3）不适用于特殊荷载条件，如倾斜较大或偏心较大的荷载、可变或循环的荷载或气候荷载（如雪和风）。在这种特殊的荷载条件下，需要特别小心，作者不建议对轻型结构使用半经验方法。

（4）该方法不适用于软黏土和高有机质土，因为要求进行沉降计算。 *条款6.6.1(3)*

间接法是一种非常简单的设计方法，对应于传统经验，不要求进行沉降计算。在许多设计状况下，已知地基强度参数（$\tan\varphi'$和 c'、c_u）比地基变形参数可靠性高，因此简化方法可能比沉降计算更适用。

6.6　构造方法

构造方法宜在*条款2.5* 的背景下应用。*附录G* 给出了岩石上扩展基础假定承载力推导方法示例。 *条款6.5.2.4*

6.7　结构设计

条款6.8(1)P

基础结构设计包括基础构件的承载能力极限状态验算。正常使用极限状态验算（例如，裂缝宽度）可能也相关。

承载能力极限状态和正常使用极限状态下的基础构件内部弯矩和剪力值是通过对基础下的承载压力进行积分得到的,基础的尺寸已经确定,以抵抗岩土破坏(或者正常使用极限状态(SLS)要求需要更大的基础尺寸)。

对于承载能力极限状态(ULS)结构设计,根据作用的承载能力极限状态(ULS)设计值推导出基础下的压力,包括作用分项系数 γ_G、γ_Q 和材料分项系数 γ_M。重要的是将已知的水压力值作为作用,因为其效应常常会产生不利弯矩和内力(例如,筏板基础下的向上水压力),水压力因此要乘以相应的作用系数(在表*A.3*中给出了对于三种设计方法的建议值)。

宜注意的是,当地基强度未参与基础下承载压力的评估(传统的承载力评估方法都是如此)时,DA-1 组合 2 与结构设计无关。DA-1 采用组合 1 的作用系数进行扩展基础结构设计,但通常采用组合 2 确定基础尺寸。

条款6.8(2)至6.8(6)

条款2.4.1(13)

条款6.8(6)

EN 1997-1 对刚性基础和柔性基础进行了区分,但没有关于如何区分的指导。同样地,对于地基反力(弹簧)和连续体模型的适用性、相对优点和局限性也没有给出指导。根据设计人员的判断和经验以及文献资料的指导进行选择。宜考虑在极限状态下应变的兼容性。可能需要详细的相互作用分析。

根据 EN 1990 的相关正常使用极限状态(SLS)作用组合,考虑基础变形和地基的沉降,推导出用于基础正常使用极限状态(SLS)验算(如裂缝宽度)所用的基底压力分布。

示例6.1 软黏土地基上的方形独立基础设计

简介

这是基础承载能力极限状态(ULS)设计的示例,使用的是*附录D*解析法示例的直接分析法。其中考虑了不排水和排水两种条件。对于持久和短暂状况,承载能力极限状态(ULS)计算是采用三种方法进行的。对于偶然状况,也宜验算,但为简单起见,本例中未呈现计算。当使用直接法时,宜使用沉降计算进行正常使用极限状态验算,本例中也未呈现。

问题描述

方形独立基础,0.5m 高,埋深 1m,持力层为软黏土。竖向中心永久荷载为 270kN,可变荷载为 70kN。地基特性特征值和其他相关数据见图 6.9。地下水位在地表。为了简化计算,忽略基础上柱的横截面。

由于荷载不偏心且没有力矩作用,基础有效宽度与长度等于它们的名义值,即$B'=B$和$L'=L$,因此 $A'=A$。

采用解析计算进行承载能力极限状态(ULS)设计

针对每个设计方法估算基础最小尺寸。

(a)不排水条件

在总应力下进行分析。

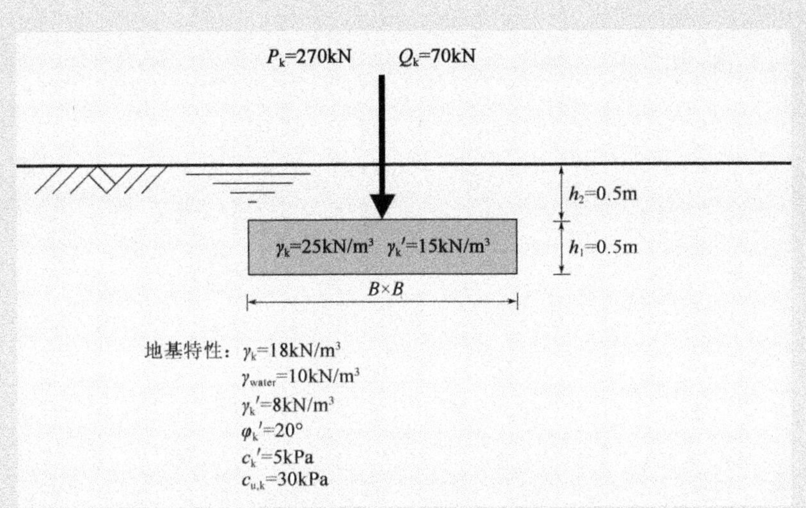

图6.9 基础的几何形状、作用和地基特性的特征值

设计方法1组合2

独立基础尺寸为1.7m×1.7m，需满足 $V_d \leq R_d$。

作用设计值[包括基础和回填土重，$G_{pad,k} = 1.7^2 \times (0.5 \times 18 + 0.5 \times 25) = 62(kN)$]采用表 *A.3* 中集合 *A2* 的作用系数得到。

$$V_d = \gamma_G(P_k + G_{pad,k}) + \gamma_Q Q_k$$

$$V_d = \mathbf{1.0} \times (270 + 62) + \mathbf{1.3} \times 70 = 423(kN)$$

竖向承载力设计值采用*附录 D 中式(D.1)*进行计算，同时将分项系数应用于表 *A.4* 中集合 *M2* 的不排水强度。根据表 *A.5* 集合 *R1*，承载力分项系数 $\gamma_{R,v}$ 等于1。

$$R_d/A' = (\pi + 2)c_{u,d}b_c s_c i_c + q_d$$

因此

$$c_{u,d} = c_{u,k}/\gamma_{cu} = 30/\mathbf{1.4} = 21.4(kPa)$$

$$s_c = 1.2(\text{方形}:B'/L' = 1)$$

$b_c = 1$(水平基底、土体表面)；$i_c = 1$(竖向荷载)

$$q_d = (\gamma/\gamma_\gamma)(h_1 + h_2) = (18/\mathbf{1.0}) \times (0.5 + 0.5) = 18(kPa)$$

且

$$R_d/A' = (3.14 + 2) \times 21.4 \times 1 \times 1.2 \times 1 + 18 \times 1.0 = 150(kPa)$$

1.70m×1.70m 的基础竖向承载力设计值为：

$$R_d = 150 \times 1.7 \times 1.7 = 433(kN)$$

423kN < 433kN，因此满足 $V_d \leq R_d$ 的要求。

设计方法1 组合1

组合 2 确定的独立基础尺寸为 1.7m×1.7m,需满足 $V_d \leq R_d$。

作用设计值(包括基础和回填土重)采用*表A.3* 中集合 *A1* 的作用系数得到。

$$V_d = \mathbf{1.35} \times (270+62) + \mathbf{1.5} \times 70 = 553(\text{kN})$$

竖向承载力设计值采用*附录D* 中式(*D.1*)进行计算,同时将分项系数应用于*表A.4* 中集合 *M1* 的不排水强度。根据*表A.5* 中集合 *R1*,承载力分项系数 $\gamma_{R,v}$等于 1。

$$c_{u,d} = 30/\mathbf{1.0} = 30(\text{kPa})$$

$s_c = 1.2$(方形:$B'/L' = 1$)

$b_c = 1$(水平基底、土体表面);$i_c = 1$(竖向荷载)

$$q_d = (\gamma/\gamma_\gamma)(h_1 + h_2) = (18/\mathbf{1.0}) \times (0.5+0.5) = 18(\text{kPa})$$

且

$$R_d/A' = (3.14+2) \times 30 \times 1.2 \times 1 \times 1 + 18 \times 1.0 = 203(\text{kPa})$$

1.70m×1.70m 的基础竖向承载力设计值为:

$$R_d = 203 \times 1.7 \times 1.7 = 586(\text{kN})$$

553kN<586kN,满足 $V_d \leq R_d$ 的要求。

对于组合 1 和组合 2,都满足岩土/承载能力极限状态(ULS)设计要求。DA-1 的设计由组合 2 控制,因为组合 2 的 R_d/V_d 比值比组合 1 小。

由此确定的等效整体安全系数为:

$\text{OFS} = R_k/(P_k + Q_k + G_{pad}) = 586/(270+70+62) = 586/402 = 1.46$,相比于传统设计中所采用的值计要小很多。

设计方法2

独立基础尺寸为 2.0m×2.0m,需满足 $V_d \leq R_d$。

作用设计值(包括基础和回填土重)采用*表A.3* 中集合 *A1* 的作用系数得到。

$$V_d = \mathbf{1.35} \times (270+86) + \mathbf{1.5} \times 70 = 585(\text{kN})$$

竖向承载力设计值采用*附录D* 中式(*D.1*)进行计算,其中引入了土体特性的特征值(在*表A.4* 中材料系数 $\gamma_{c,u}$ 等于 1)。将集合 *R2* 的分项系数 $\gamma_{R,v}$应用于通过计算得出的不排水承载力(*表A.5* 中 $\gamma_{R,v} = 1.4$)。因此,

$$c_{u,k} = 30\text{kPa}$$

$$s_c = 1.2(\text{方形}:B'/L' = 1)$$

$b_c = 1$(水平基底、土体表面);$i_c = 1$(竖向荷载)

$$q_k = 1.0 \times 18 = 18(\text{kPa})$$

且

$$R_d/A' = (3.14 + 2) \times 30 \times 1.2 \times 1 \times 1 + 18 \times 1.0 = 203(\text{kPa})$$

由于 $R_d = R_k/\gamma_{R,v} = R_k/1.4$，基础承载力设计值（$A' = 2.0\text{m} \times 2.0\text{m}$）变为：

$$R_d = 203 \times 2 \times 2/\mathbf{1.4} = 580(\text{kN})$$

585kN≌580kN，可认为满足 $V_d \leqslant R_d$ 的岩土要求。

由此确定的等效整体安全系数为 OFS = 812/426 = 1.91

设计方法3

独立基础尺寸为 2.0m×2.0m，需满足 $V_d \leqslant R_d$。

作用为“结构作用”。作用设计值（包括基础和回填土重）采用*表A.3* 中集合 A1 的作用系数得到，因为所有作用都为结构作用：

$$V_d = \mathbf{1.35} \times (270 + 86) + \mathbf{1.5} \times 70 = 585(\text{kN})$$

竖向承载力设计值采用*附录D 中式(D.1)*进行计算，并且将分项系数应用于*表A.4* 中集合 M2 的不排水强度。根据*表A.5* 集合 R3，承载力分项系数 $\gamma_{R,v}$ 等于 1。因此，

$$c_{u,d} = c_{u,k}/\gamma_{cu} = 30/\mathbf{1.4} = 21.4(\text{kPa})$$

$$s_c = 1.2(\text{方形}: B'/L' = 1)$$

$b_c = 1$（水平基底、土体表面）；$i_c = 1$（竖向荷载）

$$q_d = (\gamma/\gamma_\gamma)(h_1 + h_2) = (18/\mathbf{1.0}) \times (0.5 + 0.5) = 18(\text{kPa})$$

且

$$R_d/A' = (3.14 + 2) \times 21.4 \times 1.2 \times 1 \times 1 + 1.0 \times 18 = 150(\text{kPa})$$

2.0m×2.0m 的基础竖向承载力设计值为：

$$R_d = 150 \times 2.0 \times 2.0 = 600(\text{kN})$$

586kN < 600kN，所以满足 $V_d \leqslant R_d$ 的要求。

由此确定的等效整体安全系数为 OFS = 812/426 = 1.91。

不排水条件下的结果对比

表6.2 汇总了 3 种设计方法在不排水条件下的计算结果。

不排水条件下的结果　　表6.2

设计方法	DA-1	DA-2	DA-3
尺寸(m×m)	1.70×1.70	2.00×2.00	2.00×2.00
等效整体安全系数	1.46	1.91	1.91

DA-1 的等效整体安全系数相比于传统方法较小。但基础最终尺寸取决于正常使用极限状态验算，并且可以说在传统设计中，基础尺寸通常由正常使用极

条款2.4.8(4)
条款6.6.2(16)

限状态要求控制。因此,应在正常使用极限状态验算后进行结果对比。正常使用极限状态验算能通过沉降计算或简化方法进行。

(b)排水条件

承载能力极限状态要求是根据有效应力提出的。因为所有水压力来自单一源,采用同一系数,并且抵消。浸水基础和回填土重量引起的作用为它们的有效重量。因此,作用系数适用于浸水土体和基础的有效重量。地基作用设计值为:

$$V_d = \gamma_{G,unfav} V_k + \gamma_{Q,unfav} Q_k + (\gamma_{G,unfav} h_2 \gamma_k' + \gamma_{G,unfav} \gamma'_{concrete} h_1) A$$

分项系数 $\gamma_{G,unfav}$ 和 $\gamma_{Q,unfav}$ 的值取决于采用的设计方法。在这个等式中忽略柱横截面的影响。

宜注意的是,使用此公式时,不利作用的作用系数适用于基础和回填土的有效重量;因此,不利作用的作用系数也适用于有利水压力。在某些特定情况下可能有异议,当水压力在平衡中起重要作用时,且宜考虑(总)重量和水压力采取不同的分项系数。

设计方法 1 组合 2

独立基础尺寸为 1.85m×1.85m,需满足 $V_d \leq R_d$。

另外,从组合 2 开始计算,对于竖向荷载(和轻微倾斜荷载),其常常决定基础的尺寸。

作用设计值(包括基础和回填土的有效重量)采用表*A.3* 中集合 *A*2 的作用系数得出。

$$V_d = \gamma_{G,unfav}(P_k + G'_{pad,k}) + \gamma_Q Q_k$$

$$V_d = \mathbf{1.0} \times (270 + 39) + \mathbf{1.3} \times 70 = 400(\text{kN})$$

其中

$$G'_{pad,k} = 1.85^2 \times [(25-10) \times 0.5 + (18-10) \times 0.5] = 39(\text{kN})$$

竖向承载力设计值采用*附录D* 中式(*D.2*)进行计算,同时将表*A.4* 中集合 *M*2 分项系数应用于排水强度参数 c' 和 $\tan\varphi'$。根据表*A.5* 集合 *R*1,承载力分项系数 $\gamma_{R,v}$ 等于 1。

$$R_d/A' = q' N_{q,d} b_q i_q s_{q,d} + 0.5\gamma' B' N_{\gamma,d} b_\gamma i_\gamma s_\gamma + c' N_{c,d} b_c i_c s_{c,d}$$

其中

$$\varphi_d' = 16.23°(\tan\varphi_d = \tan\varphi_k / \mathbf{1.25})$$

$$c_d' = 5/\mathbf{1.25} = 4(\text{kPa})$$

承载力系数和形状系数的设计值为(见*附录D* 中公式,引入 $\varphi = \varphi'_d$):

$$N_{q,d} = 4.43 \quad s_{q,d} = 1.28 \quad i_q = 1.0 \quad b_q = 1.0$$

$$N_{\gamma,d} = 2.00 \quad s_\gamma = 0.7 \quad i_\gamma = 1.0 \quad b_\gamma = 1.0$$

$$N_{c,d}=11.79 \quad s_{c,d}=1.36 \quad i_c=1.0 \quad b_c=1.0$$

有效上覆土压力为 $q'=\gamma' D=8\times1.0=8(\text{kPa})$。

$$R_d/A'=8\times4.43\times1.28+0.5\times1.85\times2.0\times8\times0.7+4\times11.79\times1.36=120(\text{kPa})$$

1.85m×1.85m 的基础竖向承载力设计值为：

$$R_d=120\times1.85\times1.85=410(\text{kN})$$

400kN<410kN，因此满足 $V_d\leq R_d$ 的要求。

设计方法1 组合1

作用设计值（包括基础和回填土的有效重量）采用表*A.3* 中集合 *A*1 的作用系数得出。

$$V_d=\mathbf{1.35}\times(270+39)+\mathbf{1.5}\times70=522(\text{kN})$$

竖向承载力设计值采用*附录D 中式*（*D.2*）进行计算，同时将表*A.4* 中集合 *M*1 的分项系数（等于 1）应用于排水强度参数 c'和 $\tan\varphi'$。根据表*A.5* 集合 *R*1，承载力分项系数 $\gamma_{R,v}$等于 1。

承载力系数和形状系数设计值通过 $\varphi=\varphi'_d=\varphi'_k$，$c'=c'_d=c'_k$计算得出，倾斜系数 i 和 b 等于 1.0：

$$N_{q,d}=6.40 \quad s_{q,d}=1.34 \quad i_q=1.0 \quad b_q=1.0$$

$$N_{\gamma,d}=3.93 \quad s_\gamma=0.7 \quad i_\gamma=1.0 \quad b_\gamma=1.0$$

$$N_{c,d}=14.83 \quad s_{c,d}=1.40 \quad i_c=1.0 \quad b_c=1.0$$

有效上覆土压力为 $q_d=(\gamma/\gamma_\gamma)(h_1+h_2)=(8/\mathbf{1.0})\times(0.5+0.5)=8(\text{kPa})$。

$$R_d/A'=8\times6.40\times1.34+0.5\times1.85\times3.93\times8\times0.7+5\times14.83\times1.40=193(\text{kPa})$$

1.85m×1.85m 的基础竖向承载力设计值为：

$$R_d=193\times1.85\times1.85=660(\text{kN})$$

522kN<660kN，因此满足 $V_d\leq R_d$ 的要求。

组合 1 和组合 2 工况都满足岩土/承载能力极限状态（ULS）设计要求。DA-1 的设计由组合 2 控制。

注意组合 1 的承载力设计值等于承载力特征值。

由此确定的等效整体安全系数为：

$$\begin{aligned}\text{OFS}&=R_k/(P_k+Q_k-W_k+G_{pad})=193\times1.85^2/(270+39+70)\\&=660/379=1.74\end{aligned}$$

设计方法2

独立基础尺寸为 1.95m×1.95m，需满足 $V_d\leq R_d$。

作用设计值（包括基础和回填土的有效重量）采用表*A.3* 中集合 *A*1 的作用系数得出。

$$V_d=\mathbf{1.35}\times(270+44)+\mathbf{1.5}\times70=530(\text{kN})$$

竖向承载力设计值采用*附录 D* 中式(*D. 2*)计算得出,将*表 A. 4* 中集合 *M1* 分项系数应用于土体抗剪强度参数 c' 和 $\tan\varphi'$,将*表 A. 5* 集合 *R2* 中的承载力分项系数($\gamma_{R,v}=\mathbf{1.4}$)用于通过计算得出的承载力特征值。承载力系数、形状系数、倾斜系数的设计值等于其"特征值":

$$N_{q,k}=6.40 \quad s_{q,k}=1.34 \quad i_q=1.0 \quad b_q=1.0$$

$$N_{\gamma,k}=3.93 \quad s_\gamma=0.70 \quad i_\gamma=1.0 \quad b_\gamma=1.0$$

$$N_{c,k}=14.83 \quad s_{c,k}=1.40 \quad i_c=1.0 \quad b_c=1.0$$

$$R_k/A'=8\times6.40\times1.34+0.5\times1.95\times3.93\times8\times0.70+5\times14.83\times1.40$$

$$=194(\text{kPa})$$

将分项系数 $\gamma_{R,v}=\mathbf{1.4}$ 应用于承载力特征值得到:

$$R_d/A'=194/\mathbf{1.4}=139(\text{kPa})$$

$$R_d=139\times1.95\times1.95=529(\text{kN})$$

因为 530kN < 529kN,满足 $V_d\leqslant R_d$ 的岩土要求。

由此确定的等效整体安全系数为:

$$\text{OFS}=R_k/V_k=R_k/(P_k+Q_k-W_k+G_{pad})=776/(270+46+70)$$

$$=776/386=2.01$$

设计方法3

独立基础尺寸为 2.15m×2.15m,需满足 $V_d\leqslant R_d$。

作用为"结构作用"。作用设计值(包括独立基础和回填土的有效重量)采用*表 A. 3* 中集合 *A1* 的作用系数得到。

$$V_d=\mathbf{1.35}\times(270+53)+\mathbf{1.5}\times70=541(\text{kN})$$

竖向承载力设计值采用*附录 D* 中式(*D. 2*)计算得出,将*表 A. 4* 中集合 *M2* 的分项系数应用于排水强度参数 c' 和 $\tan\varphi'$。根据*表 A. 5* 集合 *R3*,承载力分项系数 $\gamma_{R,v}$ 等于 1。

$$N_{q,d}=4.43 \quad s_{q,d}=1.28 \quad i_q=1.0 \quad b_q=1.0$$

$$N_{\gamma,d}=2.00 \quad s_\gamma=0.7 \quad i_\gamma=1.0 \quad b_\gamma=1.0$$

$$N_{c,d}=11.79 \quad s_{c,d}=1.36 \quad i_c=1.0 \quad b_c=1.0$$

有效上覆土压力为 $q'=\gamma'D=8\times1.0=8(\text{kPa})$。

$$R_d/A'=8\times4.43\times1.28+0.5\times2.15\times2.0\times8\times0.7+4\times11.79\times1.36$$

$$=121.5(\text{kPa})$$

$$R_d=2.15\times2.15\times121.5=562(\text{kN})$$

541kN < 562kN,因此满足 $V_d\leqslant R_d$ 的岩土要求。

等效整体安全系数为:

$$\text{OFS}=R_k/V_k=R_k/(P_k+Q_k-W_k+G_{pad})$$

$$=906/(270+70+53)=906/393=2.30$$

排水条件下的结果对比

表 6.3 为排水条件下的结果对比。

排水条件下的计算结果 表 6.3

设计方法	DA-1	DA-2	DA-3
尺寸(m×m)	1.85×1.85	1.95×1.95	2.15×2.15
等效整体安全系数	1.74	1.92	2.30

正常使用极限状态设计

条款6.6.2(16)

因为采用直接法,验算正常使用极限状态时需要进行沉降计算。此外,由于在初始不排水强度下的地基承载力(所有设计方法)与实际使用荷载的比值小于 2.5 ~3,所以 EN 1997-1 要求进行沉降估算。对于不排水条件和排水条件,沉降计算应采用正常使用极限状态作用组合(作用系数等于1.0)(见 EN 1990)和变形参数的特征值进行。

计算得出的沉降应与拟建结构的限值进行对比。沉降计算需在基础尺寸确定之前进行,但本指南中并没有按此顺序进行说明。

承载能力极限状态(ULS)结构设计

条款6.8(2)

基础进行结构设计时,其尺寸满足岩土结构承载能力极限状态(ULS)要求和正常使用极限状态(SLS)要求。由于基础相比于地基刚度大,可假定基底压力呈均匀线性分布。

弯矩设计值为:

$$M_d = [\sigma_d \times (B/2)^2]/2 = [(V_d/B^2)(B/2)^2]/2 = V_d/8$$

式中,σ_d 为柱荷载引起的基底压力的承载能力极限状态设计值。

表 6.4 汇总了三种设计方法的计算结果。

使用 EN 1992 确定所需配筋。

三种设计方法的承载能力极限状态(ULS)结构设计结果 表 6.4

设计方法		V_d(kN)	方形基础尺寸 B(m)	M_d(kN·m/m)
DA-1	组合 1	470	1.85	59
	组合 2	361	1.85	无关
DA-2		470	1.95	59
DA-3		470	2.15	59

示例 6.2　塔形结构扩展基础承载能力极限状态(ULS)设计

简介

本例中,基础设计采用的是直接法和*附录D* 的承载能力极限状态分析法。对于持久和短暂设计状况,采用三种设计方法进行承载能力极限状态的承载力计算。正常使用极限状态的验算通过计算沉降和基础的摇摆进行,本例中未呈现。

问题描述

如图 6.10 所示的基础,上部是一个高耸、轻质结构,主要承受的是较大可变水平荷载,例如风车或烟囱。水平荷载引起的力矩用于方形基础顶面以上 10m 处的结构。基础埋深 2m,持力层为干燥、中密砂砾层,其强度参数为 $\varphi'_k=35°$,$c'_k=0kPa$。临界状态(恒定体积)内摩擦角为 $\varphi'_{cv,k}=30°$。永久和可变作用特征值以及作用位置如图所示。对于混凝土重度,选择较小的特征值,因为恒重在这里是有利的。

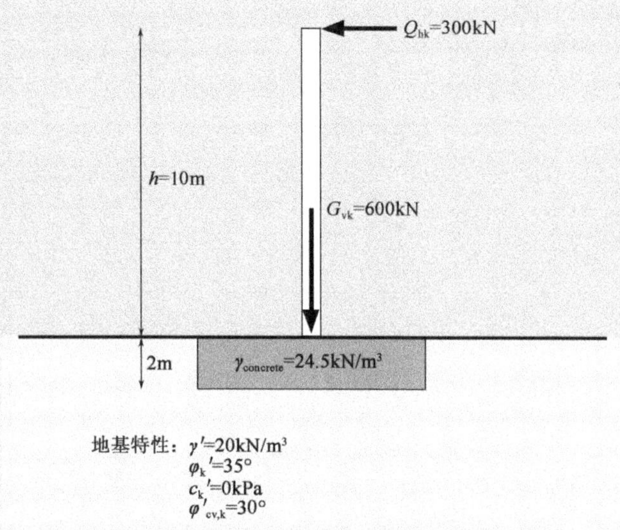

图 6.10　高耸、轻质结构的尺寸、作用和地基特性示例

表 6.5 给出了 DA-1、DA-2 和 DA-3 的分项系数和作用设计值。因为无法提前确定竖向作用 $G_{v,k}$ 和基础自重对于承载力是否为有利作用,因此 DA-1 组合 1、DA-2 和 DA-3 中考虑集合 A1 中的两种 γ_G 值。永久竖向作用采用 **1.35** 分项系数的设计工况中,恒载将标注为"$V_{unfavourable}$"。

不同设计方法采用的作用特征值和设计值(不包含基础自重)　　表 6.5
(分项系数采用表 *A.3* 的建议值)

作　用	作用特征值(kN)	符号	DA-1 组合 1 :集合 A1		DA-2,DA-3		DA-1 组合 2:集合 A2	
			$V_{unfavourable}$		$V_{favourable}$		$V_{unfavourable}$	
			分项系数	荷载设计值	分项系数	荷载设计值	分项系数	荷载设计值
竖向永久作用	$G_{v,k}=600$	γ_G	1.35	810	1.0	600	1.0	600
竖向可变作用	$Q_{v,k}=0$	γ_Q	1.5	0	0	0	1.3	0
水平作用	$Q_{h,k}=300$	γ_Q	1.5	450	1.5	450	1.3	390

承载能力极限状态(ULS)设计

设计方法1

竖向承载力

验算组合 1 和组合 2 尺寸为 $B\times L=5.6m\times5.6m$(基础自重特征值 $G_{pad,k}$ 为 1537kN)的基础。表 6.6 汇总了作用、地基参数、承载力系数、形状系数和倾斜系数设计值。因为基础底面和土体表面都是水平的,因此,所有倾斜系数 b 都等于1.0。对于组合1,有必要考虑竖向永久作用同时作为有利作用和不利作用的情况。对于组合2则不必考虑,因为永久作用乘以 $\gamma_G=\mathbf{1.0}$ 的分项系数。

针对DA-1组合1和组合2计算,"$V_{favourable}$ 和 $V_{unfavourable}$"　　表6.6

设计值	DA-1组合2	DA-1组合1	
		$V_{favourable}$	$V_{unfavourable}$
基础尺寸 $B\times L$(m^2)	5.6×5.6	5.6×5.6	5.6×5.6
$G_{pad,d}$(kN)	1537	1537	2075
G_d(kN)	600	600	810
V_d(kN)	2137	2137	2885
H_d(kN)	390	450	450
$M_d=H_d\times 12$m(kN·m)	4680	5400	5400
$i=H_d/V_d$	0.182	0.210	0.156
$e_d=M_d/V_d$(m)	2.19	2.53	1.87
$B'=2\times(B/2-e_d)$(m)	1.22	0.54	1.85
$A'=B'L$(m^2)	6.83	3.02	10.36
B'/L	0.22	0.10	0.33
φ_d(°)	29.3	35	35
c'_d(kPa)	0	0	0
γ'(kN/m^3)	20	20	20
q'(kPa)	40	40	40
$N_{q,d}$	17.00	33.30	33.30
$N_{\gamma,d}$	17.96	45.23	45.23
$N_{c,d}$	不相关	不相关	不相关
$s_{q,d}$	1.108	1.057	1.189
$s_{\gamma,d}$	0.93	0.97	0.90
$s_{c,d}$	不相关	不相关	不相关
m_B	1.82	1.91	1.75
$i_{q,d}$	0.69	0.52	0.74
$i_{\gamma,d}$	0.57	0.50	0.63
$i_{c,d}$	不相关	不相关	不相关
R_d/A'(kPa)	520+117=637	725+122=847	1176+472=1648
R_d(kN)	4330	2557	1790
R_d/V_d	2.03	1.19	5.92
V_d/A'(kPa)	313	707	278

分项系数建议值可从表 *A.4*(组合2－集合 *M2*,$\gamma_\varphi=\mathbf{1.25}$;组合1－集合 *M2*,$\gamma_\varphi=\mathbf{1.0}$)和表 *A.5*(集合 *R1*,$\gamma_{Rv}=\mathbf{1.0}$)中取值。对于本例中分析的所有工况,都满足 $V_d\leq R_d$ 的基本要求。组合1中,当竖向永久作用作为有利作用时,临界情况下要求基础尺寸为5.6m×5.6m。对于组合2,要求的最小基础尺寸为5.4m×5.4m。因此,组合1对于确定独立基础尺寸至关重要(对岩土稳定至关重要)。

抗滑承载力

当验算抗滑承载力时,使用体积恒定时的内摩擦角 $\varphi'_{cv,k}$。本例中忽略基础前的被动土压力。令方形基础边长5.6m,验算组合1和2下的抗滑承载力。

DA-1 组合2。$\varphi'_{cv,k}$采用的是表*A.4*中集合*M2*的分项系数建议值 $\gamma_{\varphi}=\mathbf{1.25}$。对于边长5.6m的方形基础,抗滑承载力设计值为:

$$R_{H,d}=[\gamma_G V_k \tan(\varphi_{cv,k})/\gamma_{\varphi}]/\gamma_{R,h}=(\mathbf{1.0}\times 2137\times\tan 30°/\mathbf{1.25})/\mathbf{1.0}=996(kN)$$

$$H_d=\mathbf{1.3}\times 300=390(kN)$$

因为 $H_d<R_{d,H}$,所以设计满足要求。

DA-1 组合1。"$V_{favourable}$"工况明显控制设计。$\varphi'_{cv,k}$采用的是表*A.4*中集合*M1*的分项系数建议值 $\gamma_{\varphi}=\mathbf{1.0}$。对于边长5.6m的方形基础,抗滑承载力设计值为:

$$R_{H,d}=(V_d\tan\varphi_{cvd})/\gamma_{R,h}=(2137\times\tan 30°)/\mathbf{1.0}=1136(kN)$$

$$H_d=\mathbf{1.5}\times 300=450(kN)$$

因为 $H_d<R_{d,H}$,所以设计满足要求。

对于抗滑,组合1和组合2都满足岩土设计要求。

设计方法2

承载力

使用DA-2进行计算可采用以下两种方法:

(1)DA-2:在作用源处将分项系数乘以作用,使用作用乘以分项系数的值计算基底承载力;因此,偏心距和荷载倾斜角的设计值都取决于作用设计值。

(2)DA-2*:将分项系数乘以作用效应,使用作用特征值计算基底承载力;因此,偏心距和荷载倾斜角的设计值都取决于作用特征值。

第一种计算中,有必要考虑两种工况:一种是竖向永久作用作为有利作用,另一种是竖向永久作用作为不利作用。第二种计算中,只用考虑竖向永久作用为不利作用的工况,因为与另一种工况无关。

条款6.5.4(1)P

用计算方法1和2分别验算尺寸为5.65m×5.65m的方形基础(自重特征值 $G_{pad,k}=1564kN$)和尺寸为4.8m×4.8m的方形基础(自重特征值 $G_{pad,k}=1129kN$)。两者基底承载力设计值都通过对*R/A'*采用分项系数 $\gamma_{R,v}$的计算得出。承载力系数建议值为1.4见表*A.5*中集合*R2*。计算中采用的值见表6.7。

DA-2计算中,使用作用设计值(第1列和第2列)**计算的 R_d,和使用作用特征值**(第3列)**计算的 R_d**　　表6.7

设计值	计算1(在作用源处将分项系数乘以作用:使用作用设计值计算的 R)		计算2(在作用源处将分项系数乘以作用:使用作用特征值计算的 R;DA-2*)
	$V_{favourable}$	$V_{unfavourable}$	
基础尺寸 $B\times L$(m²)	5.65×5.65	5.65×5.65	4.80×4.80

续上表

设 计 值	计算 1(在作用源处将分项系数乘以作用:使用作用设计值计算的 R)		计算 2(在作用源处将分项系数乘以作用:使用作用特征值计算的 R:DA-2*)
	$V_{favourable}$	$V_{unfavourable}$	
$G_{pad,d}$(kN)	1564	2112	$G_{pad,k}=1129$
G_d(kN)	600	810	$G_k=600$
$V_d=G_{pad,d}+G_d$(kN)	2164	2922	$V_k=1729$, $V_d=2334$
H_d(kN)	450	450	$H_k=300$, $H_d=450$
$M_d=H_d\times 12$m(kN·m)	5400	5400	$M_k=3600$
$l=H_d/V_d$(−)	0.208	0.154	$H_k/V_k=0.173$
$e_d=M_d/V_d$(m)	2.50	1.85	$e_k=M_k/V_k=2.08$
$B'=2\times(B/2-e_d)$(m)	0.65	1.95	0.64
$A'=B'L$(m^2)	3.67	11.04	3.05
B'/L(−)	0.12	0.35	0.13
φ'_d(°)	35	35	35
c'_d(kPa)	0	0	0
γ'(kN/m^3)	20	20	20
q'(kPa)	40	40	40
$N_{q,d}$(−)	33.30	33.30	33.30
$N_{\gamma,d}$(−)	45.23	45.23	45.23
$N_{c,d}$(−)	不相关	不相关	不相关
$s_{q,d}$(−)	1.069	1.189	$s_{q,k}=1.08$
$s_{\gamma,d}$(−)	0.96	0.90	$s_{\gamma,k}=0.96$
$s_{c,d}$(−)	不相关	不相关	不相关
m_B(−)	1.89	1.75	1.88
$i_{q,d}$(−)	0.64	0.743	$i_{q,k}=0.70$
$i_{\gamma,d}$(−)	0.51	0.627	$i_{\gamma,k}=0.58$
$i_{c,d}$(−)	不相关	不相关	不相关
R_d/A'(kPa)	$(911+144)/1.4=753$	$(1176+472)/1.4=1178$	$(1006+161)/1.4=833$
R_d(kN)	2763	13005	2540
R_d/V_d(−)	1.27	4.45	1.09
V_d/A'(kPa)	707	265	760

讨论。当采用第二种计算方法(即采用作用特征值计算作用偏心距、倾斜系数以及 R_k)时,合力作用于距基础中心的2/3 之外($e=2.08\text{m}>B/3=1.6$)。在使用荷载下,基础宽度的一半以上将与地基脱开。一般在作用特征值下对偏心距设定一些限值(尽管 EN 1997-1 未规定)。例如,基础宽度一半以上不应与地基脱开,因此基础至少应 6.24m 宽。

抗滑承载力

当验算抗滑承载力时,使用体积恒定时的内摩擦角 φ'_{cv}。本例中忽略基础前的被动土压力。

在第一种计算中,在作用源处将分项系数乘以作用,"$V_{\text{favourable}}$"工况明显控制设计。承载力分项系数$\gamma_{R,h}$取表A.5集合R2的建议值。抗滑承载力设计值为:

$$R_{H,d}=(V_d\tan\varphi_{cv,k})/\gamma_{R,h}=\mathbf{1.0}\times(1564+600)\times\tan 30°/\mathbf{1.1}=1136(\text{kN})$$

$$H_d=\mathbf{1.5}\times300=450(\text{kN})$$

因为$H_d<R_{H,d}$,所以设计满足要求。

在第二种计算中,将分项系数乘以作用效应:

$$R_{H,d}=V_k\tan\varphi_{cv,k}/\gamma_{R,h}=(1129+600)\times\tan 30°/\mathbf{1.1}=907(\text{kN})$$

$$H_d=\gamma_Q H_k=\mathbf{1.5}\times300=450(\text{kN})$$

因为$H_d<R_{H,d}$,所以设计满足要求。

设计方法3

竖向基底承载力

验算DA-3下尺寸为$B\times L=5.7\text{m}\times5.7\text{m}$的方形基础(基础自重特征值$G_{\text{pad},k}$为1592kN)。表6.8汇总了作用、地基参数、基底承载力系数、形状系数和倾斜系数的设计值。有必要考虑竖向永久作用同时作为有利作用"$V_{\text{favourable}}$"和不利作用"$V_{\text{unfavourable}}$"的工况。

DA-3 计 算 表6.8

设 计 值	$V_{\text{favourable}}$	$V_{\text{unfavourable}}$
基础尺寸 $B\times L(\text{m}^2)$	5.7×5.7	5.7×5.7
$G_{\text{pad},d}$(kN)	1592	2149
G_d(kN)	600	810
V_d(kN)	2192	2959
H_d(kN)	450	450
$M_d=H_d\times12\text{m}$(kN m)	5400	5400
$i=H_d/V_d$(-)	0.205	0.152
$e_d=M_d/V_d$(m)	2.46	1.83
$B'=2(B/2-e_d)$(m)	0.77	2.05
$A'=B'\times L(\text{m}^2)$	4.41	11.68
B'/L(-)	0.14	0.36
φ'_d(°)	29.3	29.3
c'_d(kPa)	0	0
$\gamma'(\text{kN/m}^3)$	20	20
q'(kPa)	40	40
$N_{q,d}$(-)	17.00	17.00
$N_{\gamma,d}$(-)	17.96	17.96
$N_{c,d}$(-)	不相关	不相关
$s_{q,d}$(-)	1.07	1.18
$s_{\gamma,d}$(-)	0.96	0.89
$s_{c,d}$(-)	不相关	不相关
m_B(-)	1.88	1.74
$i_{q,d}$(-)	0.65	0.75

续上表

设计值	$V_{favourable}$	$V_{unfavourable}$
$i_{\gamma,d}$(-)	0.52	0.64
$i_{c,d}$(-)	不相关	不相关
R_d/A'(kPa)	470+68=539	620+210=812
R_d(kN)	2325	9483
R_d/V_d(-)	1.06	3.20
V_d/A'(kPa)	500	253

材料特性和承载力分项系数的建议值可从表*A. 4*(集合 *M2*,$\gamma_\varphi=\mathbf{1.25}$)和表*A. 5*(集合 *R3*,$\gamma_{R,v}=\mathbf{1.0}$)中选取。

抗滑承载力

当验算抗滑承载力时,使用体积恒定时的内摩擦角 φ'_{cv}。$\varphi'_{cv,k}$采用表*A. 4* 集合 *M2* 的强度系数建议值 $\gamma_\varphi=\mathbf{1.25}$。本例中忽略基础前的被动土压力。"$V_{favourable}$"工况明显控制设计。对于尺寸为5.7m×5.7m的方形基础,抗滑承载力设计值为:

$$R_{H,d}=(\gamma_{G,fav}V_k\tan\varphi_{cv,k}/\gamma_\varphi)/\gamma_{R,h}=(\mathbf{1.0}\times2192\times\tan30°/\mathbf{1.25})/\mathbf{1.0}=1022(\text{kN})$$

$$H_d=\gamma_Q H_k=\mathbf{1.5}\times300=450(\text{kN})$$

因为 $H_d<R_{H,d}$,所以设计满足要求。

荷载的偏心距

对于3种设计方法在本示例中出现的大偏心,显示结构上水平力的稍微增加(导致力矩的增加)会导致基础的倾覆。重要的是确定基础尺寸以适应这种情况以及其他不可预见的情况。在3种设计方法中,稳定性都受到基础尺寸减小(几厘米)的极大影响。因此 EN 1997-1 要求,当设计荷载偏心超过基础宽度的2/3时,必须考虑施工公差。常见的要求是 B'和 L 增幅为0.1m。 *条款6.5.4*

土体变形引起的承载能力极限状态

因为设计作用为大偏心,且建筑物高耸,宜验算基础倾覆的二阶效应;作为基础摇摆的结果,竖向荷载也会产生偏心。竖向荷载设计值下的偏心距必须与水平荷载引起的偏心距组合。如果组合偏心距很大,还必须针对增加的偏心重新验算基底承载力的承载能力极限状态。

正常使用极限状态(SLS)设计

由于大偏心荷载,强烈建议进行变形计算。应验算基础的摇摆以及结构顶部的水平位移,并与正常使用条件下的允许值进行对比。变形计算应采用土体变形参数和作用的特征值进行。

承载能力极限状态结构设计

基础结构截面的计算需要假定承载能力极限状态的基底压力分布,以考虑由于作用偏心基础底面与土体脱开的情况。

对于设计方法1,采用组合1。

示例6.3 基于间接法使用旁压试验结果的设计

简介

条款6.4(5)P

本例中,采用**间接法**以及基于旁压试验结果基底承载力估算的半经验模型示例(见*附录E*)设计基础。附录中的方法宜通过 EN 1997-2 附录 C1 中对于扩展基础的旁压承载力系数 k_p 的值进行补充。

使用半经验规定的扩展基础设计体现出了许多先前的经验;对于本例,使用旁压试验的结果,先前经验参考了法国的工程实践(Frank,1999)。

在**间接法**中,"设计方法"的概念并不存在,因为验算是基于正常使用极限状态荷载的。

问题描述

方形独立基础(近似尺寸为2m×2m,埋深1m厚0.5m,上覆填土厚0.5m,即自重 $G_k=84\text{kN}$)持力层为中密砂,上部结构为预制柔性工业建筑。基础下地下水位很深。土重度 γ 为 18kN/m^3。竖向荷载且作用于基础中心。永久荷载特征值和可变荷载特征值分别为 $G_k=1600\text{kN}$ 和 $Q_k=300\text{kN}$。

在现场相同扩展基础上进行了4组旁压试验。根据 EN 1997-2 附录 C1,基底承载力为(参考 EN 1997-1 *附录E*):

$$R/A=\sigma_{v0}+k_p p_{le}^*$$

式中:p_{le}^*——基底净等效极限压力值(特征值),通过对4组旁压试验结果推得的保守 PMT"特征"曲线进行光滑处理(Frank,1999)计算得出,$p_{le}^*=1.1\text{MPa}$;

k_p——承载力系数,本例中,砂属于"B类",取 $k_p=1.2$;

σ_{v0}——作用在基底平面上的(初始)总竖向应力,$\sigma_{v0}=D\gamma$。

间接设计法

条款6.4(5)P

间接法采用可比经验,在一次计算中包含了承载能力极限状态和正常使用极限状态两种工况。本例中采用*附录E*给出的半经验法,通过分析旁压试验结果估算地基承载力。关于正常使用极限状态荷载选择的可比经验是,当承载力与正常使用荷载组合的比大于3时,设计同时满足承载能力极限状态和正常使用极限状态的要求。间接法在验算正常使用工况时,与简化计算法相同。

等效极限压力的特征值为1.1MPa。基底承载力特征值为:

$$R_k/A=18+1.2\times1100=1338(\text{kPa})$$

本例中,假定正常使用工况的最不利荷载为特征值组合(见 EN 1990,条款6.5.3,*表A1.4*):

$$V_k=1600+84+300=1984(\text{kN})$$

对于间接法,采用 $R_k/V_k=3.0$,基础所需尺寸为:

$$A > 1984/(1338/3.0) = 4.45(m^2)$$

尺寸为 2.10m × 2.10m 的方形基础满足要求。

宜指出的是，当使用间接法时，无法计算变形值，承载能力极限状态的安全裕度尚不清楚。

第 7 章 桩基础

本章主要论述桩基础的设计。EN 1997-1 *第 7 章*涵盖了本章内容,分项系数的值见*附录A*。本章沿用了 EN 1997-1 *第 7 章*的结构:

7.1 一般规定 *条款7.1*

7.2 极限状态 *条款7.2*

7.3 作用和设计状况 *条款7.3*

7.4 设计方法和设计注意事项 *条款7.4*

7.5 桩基载荷试验 *条款7.5*

7.6 轴向受荷桩 *条款7.6*

7.7 水平受荷桩 *条款7.7*

7.8 桩基结构设计 *条款7.8*

7.9 施工监督 *条款7.9*

*第7 章*是 EN 1997-1 的章节之一,为实际设计提供最全面的指导。

条款7.6 *条款7.4.1(1)P* *条款7.6.2.2(8)P* *条款7.6.2.3(5)P*

*第 7 章*的核心是论述桩基础在承受轴向(竖向)荷载时的性能。静载试验作为桩基设计方法基础的重要性被广泛认同。相对于传统的桩基设计方法,本章引入了一个创新的概念,即使用相关系数 ξ 从桩基静载试验或岩土原位试验的结果中推导出桩基的抗压承载力特征值和抗拉承载力特征值[抗压承载力可参见相关条款:*条款7.6.2.2(8)P* 和 *7.6.2.3(5)P*]。在这两种情况下,无论是桩基静载试验还是岩土原位试验,相关系数 ξ 主要取决于试验次数。

7.1 一般规定

条款7.1(1)P

EN 1997-1 *第 7 章*的内容适用于所有桩型,不论采取何种施工方法(打入式、压入式、螺旋式、灌浆或不灌浆钻孔式等)以及它们的预期性能如何(端承桩或摩擦桩)。

条款7.1(2)P

桩基础用于承担来自上部结构的荷载。尽管微型桩未在本章明确提及,但*第7 章*内容可被认为同样适用于它(相关时)。当“壁板桩”、连续墙板、成墙板桩位于结构之下,其上部承担荷载(竖向或水平)时,本章内容同样适用于它们。当桩基础仅用来减小扩展基础或筏板基础沉降时(即“疏桩”),本章内容并不能直接使用。这是因为扩展基础或筏板基础,这类桩基础承载力失效的整体安全系数比普通桩基础小得多。

桩基础的施工应符合相应的施工标准要求。此类标准已经由 CEN 技术委员会 288(CEN/TC 288)发布,或在不久的将来发布(见表 1.1)。 *条款7.1(3)P*

7.2　极限状态

桩基础设计时,需要考虑多种极限状态。*条款7.2(1)P* 中给出了桩基础需要考虑的最常见的 11 种极限状态清单。该清单并不意味着需要对所有 11 种极限状态都进行计算和其他明确的验算。清单中前七项极限状态为常见的破坏模式,不管岩土工程破坏或结构破坏,都属于承载能力极限状态(ULSs)。其余四项,过大的变形(沉降、隆起、水平位移)都会使得上部结构达到正常使用极限状态(SLS)或承载能力极限状态(ULS)。而不可接受的振动为正常使用极限状态(SLS)(有关极限状态的一般定义,见《Eurocode 设计指南:结构设计基础　EN 1990》的第3 章,或本指南的第 2 章)。 *条款7.2(1)P*

7.3　作用和设计状况

桩基础设计时,应考虑*条款2.4.2(4)*中所列的作用。需考虑的作用取决于桩型以及具体状况。 *条款7.3.1* *条款2.4.2(4)*

对于桩基础,上部结构传下来的永久荷载、可变荷载、超载、交通荷载以及地基变形为最常见的需考虑的作用。

桩基础一般将轴向(竖向)荷载和横向(水平)荷载分开研究。

地基变形产生的作用

地基变形产生的作用是桩基础特有的,地基变形导致的桩-土共同作用通常隐含在设计计算中,使得分析更加复杂。考虑的典型的地基变形有以下几项: *条款7.3.2.1(1)P*

- 竖向沉降引起下拉荷载,例如桩侧负摩阻力。 *条款7.3.2.2*
- 向上的土体位移导致隆起。 *条款7.3.2.3*
- 土体水平位移产生水平荷载。 *条款7.3.2.4*

地基变形时的桩基础设计方法为根据其他考虑确定的作用值。出于安全考虑,宜选择地基刚度或承载力值作为上限值。大多数情况下,上限值可以导致偏安全地估计地基变形对桩基的不利影响。 *条款7.3.2.1(2)*

Eurocode 7 要求使用下列两种方法中的任一种进行设计: *条款7.3.2.1(3)P*

- 设计计算时,将地基变形视为一种作用,并进行相互作用分析。这种情形出现在当方法是基于荷载传递时,例如 $t-z$ 和 $p-y$ 曲线(z 和 y 为桩相对于地基的变形)。计算开始时,引入地基变形绝对值,作为相对变形 z 和 y 的修正(Alonso 等,1984)。

- 将地基变形引起的桩上荷载作为一种作用。此作用值必须为特征值的上限值。

要注意的是,*附录A* 中给出的材料和承载力分项系数旨在提供较低(保守)的设计值。使用这些分项系数不是为了得出较大(非保守)的设计值,例如,由地基变形(如下拉荷载)引起桩上荷载时桩的设计值。EN 1997-1 中未解决此问题,但对于这种设计状况,本指南作者建议将材料和承载力分项系数(如 γ_φ)视为作用分项系数,并将下拉荷载(一种岩土工程作用)乘以而不是除以*附录A* 中的系数值(见示例7.4)。

下拉荷载(负摩阻力)

条款7.3.2.2(1)P 至7.3.2.2(3) 设计承受下拉荷载的桩基础时,通常的保守设计方法是估算下拉荷载可能的最大(长期作用)值。桩基础设计示例采用 Eurocode 7 的三种设计方法,并考虑下述示例7.4给出的最大下拉荷载。

条款7.3.2.2(4) 至7.3.2.2(6) 使用可能的最大下拉荷载会导致非常保守甚至是不切实际的设计,尤其是对于地基变形小和/或压缩层非常厚的情况。此时,宜仔细进行桩-土相互作用分析。分析的目的在于估计压缩层的"中性点",即桩身向下沉降深度等于桩周土的向下沉降的深度。中性点处土体和桩侧之间的力不再是桩向下的作用,而是变为向上的桩侧阻力。上文提到的使用"$t-z$ 曲线"的设计过程,在输入地基变形剖面时很适用于*条款7.3.2.2(6)* 中提到的计算。

隆起

条款7.3.2.3(1)P 对于隆起,EN 1997-1 要求将向上位移视为一种作用并进行相互作用分析,这是因为,一般情况下,向上位移足够小,允许如此处理。

水平荷载

条款7.3.2.4(2) 地基变形引起桩上水平荷载的状况很多。*条款7.3.2.4(2)* 中列出了水平荷载情况下需考虑的设计状况。水平荷载非常常见的特定情况是建造在桩基上的桥台。

条款7.3.2.4(3) 条款7.7 Eurocode 7 建议,在水平荷载下进行土-桩相互作用分析。可以使用线性或非线性支承梁理论和水平反力模量或全面的 $p-y$ 曲线(见*条款7.7*)来进行分析。

7.4 设计方法和设计注意事项

条款7.4.1(1)P 如上文所述,Eurocode 7 认可的桩基设计方法几乎全都必须直接或间接基于桩基静载试验结果。当然,一种情形是,对于某一特定场地,桩基静载试验结果形

条款7.6.2.2 条款7.6.3.2 条款7.6.2.4至7.6.2.6 成设计的直接依据;另外一种情形是,所用计算方法的有效性是以"可比条件"下的桩基静载试验结果为依据,或者,采用动力试验时,其有效性已经为"可比条件"下的静载试验所证明。要注意的例外情况是,使用的设计方法是以观察类似桩基础的性能为依据的,此时该方法可得到"岩土勘察和试验结果"的支撑。

条款7.5条 基于桩载荷试验结果的设计方法适用于轴向受压桩和/或水平受荷桩的设计。*条款7.5* 全部是论述桩基载荷试验的。

条款7.4.2 条款7.4.2(2)P *条款7.4.2* 中列出了桩设计中要考虑或值得注意的诸多事项,包括桩型的选择。但是,也应认识到列出的某些要求难以显性地满足,另有些要求通常在常规实践中解决。使用桩基载荷试验结果时,尤其重要的是考虑荷载性质以及地基和

地下水状况的潜在变化。

7.5 桩基载荷试验

除非另行规定，*条款7.5* 中的桩基载荷试验的要求同时适用于静力和动力试验。除了某些规定明确只适用于受压或抗拔桩（轴向荷载）时，其他规定适用于轴向受荷也适用于水平受荷桩。 *条款7.5*

在以下情况下，尤其需要进行桩基载荷试验：因施工方法、地基条件和预期荷载，或者因施工期间发现了未预见的行为而导致桩基性能有很大的不确定性。条款*7.5.1* 说明了桩基载荷试验结果的一般使用方式。 *条款7.5.1*

如果出现了难以在桩基载荷试验中重复的复杂荷载状况，Eurocode 7 规定，应采用保守的土体参数设计值进行设计计算，从而取代荷载试验。循环荷载便是此类情况之一。 *条款7.5.1(3)*

试桩的载荷试验次数及试验位置须根据地基条件选定。尤其必须在最不利位置进行试验。 *条款7.5.1(4)P* *条款7.5.2.2(1)P*

桩基载荷试验的代表性非常重要，因为试验结果会直接影响桩基设计。 *条款7.5.1(4)P* *条款7.5.1(5)P*

静载试验

静载试验既可以在试桩上进行也可以在工程桩（基础的实际组成部分）上进行。 *条款7.4.1(3)*

有关确切的试验步骤，*条款7.5.2.1(1)P* 只在注中引用了 ASTM《岩土工程试验期刊》（Smoltczyk，1985）中公开发表的建议方法，此方法是当前欧洲工程实践中通常使用的基本方法。最近，国际土力学与岩土工程学会（ISSMGE）所属的研究桩基的欧洲技术委员会（ETC3）发表了一份建议文件，实施并解释了桩轴向静载试验，该文件完全符合 Eurocode 7 中的相关定义和原理（De Cock 等，2003）。此文件将作为 CEN/TC 341 编制欧洲标准的依据。 *条款7.5.2.1(1)P*

通过静载试验期间的测量，必须得出有关桩基变形、徐变和回弹的结论。这些方面的结论非常有用，尤其可用于检查是否符合 SLS 要求。至少对于轴向受荷桩，ULS 计算经常以实测极限破坏荷载为依据。令人意外地是，Eurocode 7 规定，设计人员应有能力仅通过试桩的加载得出有关极限破坏荷载的结论。但是，通常情况下，宜理解为不是总是需要使试桩产生破坏：可以按照通常的做法，即通过外插法从荷载-位移图推导出极限破坏荷载。Eurocode 7 *条款7.5.2.3(2)P* 规定，对工程桩施加的荷载必须至少达到基础的设计荷载。尽管未提及，但宜认为，此处的设计荷载是指持久状况下的相应荷载。 *条款7.5.2.1(1)P* *条款7.6.2.2* *条款7.6.3.2* *条款7.5.2.3(2)P*

针对抗拉荷载进行桩基设计时，静载试验应加载至出现破坏。原因有两个：第一，抗拔试验中更容易达到破坏状态；第二，由于抗拔桩具有“脆性”，通过荷载-位移图的外推从而乐观地估计地基抗拉承载力是非常危险的。 *条款7.5.2.1(4)*

试桩时，Eurocode 7 要求进行全面的岩土勘察，以便确定桩周岩土体以及桩端 *条款7.5.2.2(2)P*

条款7.5.2.2(3)P 岩土体的性质,并要求针对永久基桩进行施工方法的完整记录。

条款7.9

动载荷试验

条款7.5.3(1)
条款7.6.2.4至
条款7.6.2.6

*条款7.5.3(1)*以及*条款7.6.2.4*、*条款7.6.2.5*和*条款7.6.2.6*的内容是如何运用动载荷试验结果评估桩的抗压承载力,分别涉及动力冲击试验、打桩公式和波动方程分析。Eurocode 7 设置以下苛刻的标准,限制用于评估桩基抗压承载力的动载荷试验的应用:

- 已进行了充分的场地勘察;
- 根据类似长度和截面,并处于类似土体条件下的同一类桩的静载试验,校准了试验方法。

条款7.6.2.4至
条款7.6.2.6

在与通过动力冲击试验、打桩公式和波动方程分析确定的抗压承载力相关的三个条款中,分别重复叙述了限制动载荷试验使用的严格标准。

条款7.5.3(2)P 如果进行多于一种的动力试验,则必须对多种试验的结果进行交叉检查。

载荷试验报告

条款7.5.4(1)P

桩基载荷试验报告具有极其重要的意义,编制报告不仅是为了确保实际设计最终确定前理解了试验结果的准确含义,还在于从试验中高效地提取所有可能的信息。因此,*条款7.5.4(1)P*中给出了桩基载荷试验报告中包括的广泛事项。

7.6　轴向受荷桩

7.6.1　一般规定

条款7.6
条款7.6.1至
条款7.6.4
条款7.8

正如上文所述,*条款7.6*是 EN 1997-1 中有关桩基础章节的核心内容。通过一些基本考虑,此条款成功地解决了如何确定用于 ULS 设计计算的地基抗压承载力和抗拔承载力,以及用于上部结构 SLS 验算的竖向位移。*条款7.8*内容为桩基的结构设计(包括可能出现的屈曲)。

第7 章中使用的"地基承载力"一词是指桩的抗压或抗拔承载力。此处使用的"承载力"表示地基最大反力(最大桩侧阻力和受压桩的最大桩端阻力),而不是施加在地基土上的作用(通过桩)。

条款7.6.1.1(1)P
条款7.2(1)P

条款7.6.1.1 (1)P 给出了明确需要验算的极限状态。*条款7.2 (1)P* 中也列出了其中的某些事项。列出的前三项为承载能力极限状态:单桩的承载力失效,桩基础整体的承载力失效,以及桩基础位移过大引起的被支承结构坍塌或严重损坏。最后一项是被支承结构的正常使用极限状态(SLS),由基础位移超过约定的限值引起。

即使 Eurocode 7 引入了某些用以计算地基承载力特征值的创新元素,并且在计算时采用了修正外加荷载和地基承载力的分项系数,但是单桩和桩基础整体的承载能力极限状态基底承载力失效符合传统的基底承载力设计。

条款7.6.1.1(4)P

桩基础设计中通常不计算位移,尤其是被支承结构的承载能力极限状态。对承受较大沉降的桩,Eurocode 7 要求谨慎估计沉降的范围。宜注意的是,第7章中未给出更多有关被支承结构中与承载能力极限状态对应的位移验算方法的指导信息。本指南第6章中给出的针对扩展基础的指导原则在一定程度上也适用于桩基础。

抗压或抗拔承载力失效的定义为：可忽略承载力增加或降低的情况下，桩基础产生显著的向下或向上位移。 *条款7.6.1.1(2)*

对受压桩进行载荷试验的过程中，经常难以达到这种状态，或者难以从荷载-沉降图中推导出此状态；针对此类情况，Eurocode 7 建议将桩顶沉降等于桩端直径的 10% 作为"失效"的标准。这一建议具有重要意义，因为地基承载力计算方法是基于静载试验期间实测破坏荷载的，而根据所采用的不同失效标准，破坏荷载会有显著差异。 *条款7.6.1.1(3)*

和扩展基础的设计一样，必须考虑桩基础的整体稳定性。第11章的相关规定适用于桩基础设计以及其他岩土工程设计（见本指南第 6 章）。进行桩基础设计时，应考虑通过桩端的破坏面以及贯穿桩身的破坏面。 *条款7.6.1.2(1)P* *条款7.6.1.2(2)*

7.6.2　岩土的抗压承载力（ULS）

一般规定

采用以下基本不等式验算所有承载能力极限状态（ULSs）下的岩土抗压承载力： *条款7.6.2.1(1)P*

$$F_{c,d} \leqslant R_{c,d} \tag{7.1}$$

式中：$F_{c,d}$——承载能力极限状态下单桩或群桩的轴向荷载的设计值；

$R_{c,d}$——承载能力极限状态下单桩或群桩的岩土抗压承载力设计值。

承载能力极限状态荷载 $F_{c,d}$ 根据作用组合确定，作用组合遵照一般形式的分项系数法（见《Eurocode 设计指南：结构设计基础　EN 1990》，即用于持久或短暂设计状况的组合（EN 1990 中也称为"基本"组合）、偶然状况组合和地震状况组合。

从静载试验、岩土试验结果或根据动载荷试验确定不等式(7.1)中的极限抗压承载力 $R_{c,d}$。 *条款7.6.2.2至条款7.6.2.6*

表 7.1 给出了附录A 中的分项系数集合，这些系数适用于持久和短暂状况下使用三种设计方法进行桩基设计。 *条款2.4.7.3.4*

持久和短暂状况下桩基础设计时分项系数的集合　　表 7.1

设计方法		结构作用	岩土工程作用[a]	地基承载力
DA-1	组合 1	集合 A1	集合(M1) + 集合 A1	集合(M1) + 集合(R1)
	组合 2	集合(A2)	集合 M2 + 集合(A2)	集合(M1) + 集合 R4
DA-2		集合 A1	集合(M1) + 集合 A1	集合(M1) + 集合 R2
DA-3		集合 A1	集合 M2 + 集合(A2)	集合 M2 + 集合(R3)

注：(A2)，(M1)，(R1) 和(R3)：集合 A2（永久作用）、M1、R1（受压打入桩）和 R3（所有受压桩）分项系数取 1.0。

[a] 不利作用，例如负摩阻力、水平荷载。

在桩基设计中，设计方法 1(DA-1)和 2(DA-2)包括应用承载力系数，即计算地基承载力时，对岩土体参数使用等于 1.0 的分项系数（表A.4 的集合 M1），而对承载力使用大于 1.0 的分项系数(*表A.6* ~ *表A.8* 中,DA-1,除打入桩之外都使用集合 *R*4 或集合 *R*1;DA-2,使用集合 *R*2)。相反,设计方法 3(DA-3)涉及应用材料系数,即计算地基承载力时,对岩土体参数使用大于 1.0 的分项系数(*表A.4* 的集合 *M*2),而对承载力使用等于 1.0 的分项系数(对*表A.6* ~ *表A.8* 中的所有受压桩均使用集合 *R*3)。

条款2.4.7.1(3) 对于偶然和地震设计状况,通常使用等于 1.0 的作用分项系数形成作用组合。Eurocode 7 没有给出偶然状况下承载力分项系数的建议值。通常的做法是采用等于 1.0 的值,但也可以根据具体设计状况进行取值。有关地震设计状况下桩基承载力分项系数的值,见 Eurocode 8 第 5 部分。

宜注意的是,不等式(*7.1*)适用于整个基础。因此,不必对每根单桩验算是否满足此不等式。第 7 章计算 $R_{c,d}$ 的式(*7.2*) ~ 式(*7.11*)主要用于单桩设计。

条款7.6.2.1(6)
条款7.6.2.1(5)P 需要注意的是,Eurocode 7 提到了一个重要事实,即只有相当多数量的桩同时失效时才会达到承载能力极限状态。事实上,只要桩基础不形成联动机制(静力意义上),就不会达到承载能力极限状态。超过了若干桩的承载力以及与桩连接的结构出现破坏时,会产生一种联动机制。

通常不进行整个桩基础的承载能力极限状态破坏分析。这种分析要求对桩之间的荷载重分布进行非线性分析。但假定可采用简化法考虑类似的荷载重分布效应,通
条款7.6.2.2(9) 过选择不同的桩基承载力特征值(取决于结构刚度)。可通过*条款7.6.2.2(9)*
条款7.6.2.3(7) 和*条款7.6.2.3(7)*的系数为 1.1 的简化方式考虑结构刚度。当明确考虑了非弹性荷载重分布时,不宜使用这种系数。

Eurocode 7 提请注意群桩的其他两个重要方面:

条款7.6.2.1(8)
- 边桩需特别注意,因为在对刚性基础施加偏心荷载或倾斜荷载或边桩比中桩刚度更大的条件下,相比其他桩,边桩会承受更多的荷载。

条款7.6.2.1(3)P
条款7.6.2.1(4)
- 由于受压的群桩也可能会出现整体(包含桩及桩间的地基)破坏。标准中允许将这种整体视为大直径单桩。*条款7.6.2* 的用词可能让人误解,因为该条给出的方法和等式不适用于这种情况。一般情况下,通过考虑等效筏板基础的竖直承载力分析单桩整体破坏条件,例如,根据第 6 章的计算方法进行分析。显然,必
条款7.6.2.1(11) 要时,宜验算等效筏板基础是否出现冲切破坏,*条款7.6.2.1(11)*也适用于此状况(若相关)。

条款7.6.2.1(9)P
至条款7.6.2.1(13) *条款7.6.2.1(9)P* 至*条款7.6.2.1(13)*提醒注意在评估单桩抗压承载力时要考虑的其他因素:

- 桩端以下是否存在软弱地层;
- 桩端和桩身几何形状的对比;
- 开口打入桩端部是否可能存在土塞"效应"。

通过静载试验得出的极限抗压承载力

条款7.6.2.2(2)P 从静载试验中确定单桩抗压承载力的方法是基于在一个或多个试桩上进行

的静载试验中实测抗压承载力 $R_{c,m}$ 值的分析。试桩与基桩必须为同一类型，且必须落在同一个持力层中。

Eurocode 7 规定的一项重要要求是，分析桩基载荷试验结果时，必须考虑整个场地的岩土变异性和与桩正常施工偏差引起的差异性。换句话说，必须仔细检验岩土勘察结果和桩基载荷试验结果。桩基载荷试验结果可能会，例如，将场地上的不同"均质"体鉴别出来，他们分别具有各自的单桩抗压承载力特征值。 *条款7.6.2.2(7)P* *条款7.6.2.2(11)P*

根据静载试验确定单桩基础的抗压承载力设计值时使用的方法步骤如下：

(1)根据以下方程从实测抗压承载力 $R_{c,m}$ 中确定特征值 $R_{c,k}$： *条款7.6.2.2(8)P*

$$R_{c,k} = \mathrm{Min}\{(R_{c,m})_{meam}/\xi_1;(R_{c,m})_{min}/\xi_2\} \tag{7.2}$$

式中，ξ_1 和 ξ_2 为与试桩的数量 n 有关的相关系数，分别应用于 $R_{c,m}$ 的平均值 $(R_{c,m})_{mean}$ 和最小值 $(R_{c,m})_{min}$。*附录A* 中给出的相关系数的推荐值主要旨在涵盖整个场地的岩土变异性。但是，这些值也可以涵盖某些桩基施工效应引起的变异性。 *条款7.6.2.2(7)P*

(2)如果与桩连接的结构的刚度和强度足以将荷载从弱桩传递至强桩，可将 ξ_1 和 ξ_2 的值除以 1.1，但前提是，应用于平均桩基承载力的 ξ_1 值不低于 1.0。 *条款7.6.2.2(9)*

(3)如上文所述，在已经进行了几次载荷试验的情况下，基于所有载荷试验结果初次估计的总 $R_{c,k}$ 值，可能会鉴别出场地上不同的"均质"体。此时，应针对场地上各"均质"体部分，按照此方法重新从第一步开始核查。如按照第一次估计，假定整个场地的土体条件相同，并且在整个场地上 $R_{c,m}$ 的最小值控制 $R_{c,k}$ 值，与由此得出的值相比，这样可能得出保守性较低的 $R_{c,k}$ 值。 *条款7.6.2.2(7)P* *条款7.6.2.2(10)P*

(4)必要时，可将 $R_{c,k}$ 分为桩侧阻力特征值 $R_{s,k}$ 和桩端阻力特征值 $R_{b,k}$。当为确定桩的荷载沿试桩桩身部分已进行过测量，或者已基于岩土试验或动载荷试验结果进行了计算时，这尤其有可能。 *条款7.6.2.2(12)* *条款7.6.2.2(13)*

(5)按照以下方程对总承载力特征值应用分项系数 γ_t，或分别对桩侧阻力和桩端阻力应用分项系数 γ_s 和 γ_b，从而得出单桩抗压承载力的设计值 $R_{c,d}$： *条款7.6.2.2(14)P*

$$R_{c,d} = R_{c,k}/\gamma_t \tag{7.4}$$

或

$$R_{c,d} = R_{b,k}/\gamma_b + R_{s,k}/\gamma_s \tag{7.5}$$

采用 DA-1 和 DA-2 桩基载荷试验结果和*表A.6*、*表A.7* 和*表A.8* 中给出的分项系数 γ_t 或 γ_s 和 γ_b 的建议值，可得出持久和短暂状况下的 $R_{c,d}$。DA-3 不适用于桩基载荷试验，因为使用载荷试验结果的步骤中直接对承载力特征值 $R_{c,k}$ 或 $R_{s,k}$ 和 $R_{b,k}$（从载荷试验中得出）应用分项系数，而 DA-3 对岩土体强度参数应用分项系数。对于偶然状况，除非国家附件另行规定，否则，可假定 $\gamma_t=\gamma_s=\gamma_b=1.0$。

对于群桩，整个基础抗压承载力的确定方法：通过计算所有单桩的承载力总和或假定整体破坏，然后取两者中的低值。 *条款7.6.2.1(3)P* *条款7.6.2.1(4)*

在 Bauduin(2001) 中可找到有关*附录A* 中给出的 ξ_1 和 ξ_2 建议值的背景信息。这些建议值是以桩基抗压承载力变异系数的约 10% 的基准值为依据：如果变异系数小于10%,实测承载力的平均值控制设计,而如果变异系数大于10%,实测承载力的最小值控制设计。

以下示例7.1按照上文所述步骤,通过静载试验结果计算单桩承载力设计值。

通过岩土试验结果得出的极限抗压承载力

一般规定

条款7.6.2.3(1)P 正如上文所述,可使用基于岩土试验结果预测桩基抗压承载力的方法,但前提是,这些方法已经通过桩基载荷试验和可比经验确认。

条款7.6.2.3(2) 考虑到计算法带来的额外不确定性,Eurocode 7允许引入模型系数以确保预测足够安全。模型系数实际上是针对计算方法的校正系数。但是,标准中并未进一步给出有关模型系数的信息,可以预料的是,当现有预测方法适用于新的设计方法时,Eurocodes引入了分项系数和其他系数,模型系数将会起重要作用。宜通过对比静载试验结果和相应的预测值从而得出模型系数值。为给预测值提供一个给定可靠度选择模型系数:例如,希望静载试验后出现,95%(或其他可靠度水平)的承载力实测值大于计算出的预测值。可以对载荷试验结果的数据库进行统计分析从而得出模型系数的值(有关实例,见Bauduin,2002b;Frank和Kovarik,2005)。

采用设计方法1和2时的设计步骤

在基于静载试验结果的设计方法中,当评估抗压承载力特征值时,也宜考虑场地中桩基承载力的变异性和岩土变异性。Eurocode 7中介绍了以下两种方法来考虑岩土体变异性:

条款7.6.2.3(5)P • 第一种方法,本指南中将其称为"模型桩"方法,即使用每个单独已测剖面处的岩土体试验结果计算相同位置处的模型桩(例如,假想桩)的抗压承载力。此方法实际上与采用静载荷试验结果的步骤类似,例如,该方法也对计算出的承载力应用系数ξ,以考虑桩承载力的变异性,进而导出抗压承载力特征值。

条款7.6.2.3(8) • 另一种方法称为"备选"方法,即首先将所有已测位置的岩土试验结果(抗剪强度,锥头阻力等)汇总,然后,在不应用系数ξ的情况下,基于对结果的保守评定,评估不同地层中桩端和桩侧阻力的特征值。

"模型桩"方法

条款7.6.2.3(5)P
条款7.6.2.3(6)P "模型桩"方法用于从岩土体试验(室内试验或原位试验)结果中确定抗压承载力设计值$R_{c,d}$,该方法是基于一个或多个剖面的试验结果。Eurocode 7中对桩基载荷试验做出了以下要求:使用半经验法确定$R_{c,d}$时,解释岩土体试验结果以及所计算出的承载力,要考虑整个场地岩土体的变异性。仔细检验桩基承载力计算值,可能会鉴别出场地的不同部分,具有不同的承载力。Bauduin(2002b)中明确给出了有关此类状况的示例,该例使用了静力触探试验(CPT)结果。

在"模型桩"方法中从岩土体试验结果确定桩基础承载力设计值时,宜按照如下步骤进行:

(1)分别预测各测试剖面的试验结果,然后按照以下方程确定抗压承载力的计算值 $R_{c,cal}$:

$$R_{c,cal} = R_{b,cal} + R_{s,cal} \quad (D7.1)$$

式中,$R_{b,cal}$和 $R_{s,cal}$分别为桩端和桩侧阻力的计算值,由其确定所选的地层剖面试验结果。

承载力中应用了模型(校准)系数。如果桩正好位于岩土体剖面试验位置处,所得结果即为桩基承载力的预测值。此时,将桩称为模型桩。

(2)按照以下方程确定特征值 $R_{c,k}$、$R_{b,k}$和 $R_{s,k}$: *条款7.6.2.3(5)P*

$$R_{c,k} = (R_{b,k} + R_{s,k})$$
$$= (R_{b,cal} + R_{s,cal})/\xi = R_{c,cal}/\xi = \mathrm{Min}\{(R_{c,cal})_{mean}/\xi_3;(R_{c,cal})_{min}/\xi_4\} \quad (7.8)$$

式中,ξ_3 和 ξ_4 是取决于测试剖面数量 n 的相关系数,分别应用于:

—平均值:

$$(R_{c,cal})_{mean} = (R_{b,cal} + R_{s,cal})_{mean} = (R_{b,cal})_{mean} + (R_{s,cal})_{mean}$$

—最小值:

$$(R_{c,cal})_{min} = (R_{b,cal} + R_{s,cal})_{min}$$

附录A 中给出的 ξ_1 和 ξ_2 的建议值旨在足够覆盖场地的岩土变异性以及承载力计算值(见上文)。

(3)如果与桩连接的结构的刚度和强度足以将荷载从弱桩传递至强桩,可将 ξ_3 和 ξ_4 的值除以 1.1,但前提是,应用于平均值的 ξ_3 值不低于 1.0。 *条款7.6.2.3(7)*

(4)如果若干岩土剖面试验结果可用,基于所有地层剖面试验结果初次估计的总 $R_{c,k}$值可鉴别出场地中不同的"均质"体部分。此时,针对各"均质"场地部分重新从第 2 步开始。由此可以得出与第一次相比偏不安全的 $R_{c,k}$值。因为第一次估算时假定整个场地的土体状况相同,并且整个场地的 $R_{c,k}$值由 $R_{c,cal}$的最小值控制。 *条款7.6.2.3(6)P* *条款7.6.2.3(3)P*

(5)根据以下方程分别对桩侧阻力和桩端阻力特征值应用分项系数 γ_s 和 γ_b,从而得出抗压承载力设计值: *条款7.6.2.3(4)P*

$$R_{c,d} = R_{b,d} + R_{s,d} \quad (7.6)$$
$$= R_{b,k}/\gamma_d + R_{s,k}/\gamma_s \quad (7.7)$$

该模型桩设计方法,可使用 DA-1 和 DA-2,以及*附录A* 中给出的持久或短暂状况的分项系数 γ_s 和 γ_b 的建议值。模型桩方法不适用于 DA-3,其原因在根据桩基载荷试验得出抗压承载力时已解释过,即模型桩方法含对承载力应用分项系数,而 DA-3 对岩土体强度参数的特征值应用分项系数。对于偶然状况,除非国家附件中另有规定,否则,可以假定 $\gamma_s = \gamma_b = 1.0$。

(6)对于群桩,整个基础的承载能力通过计算单桩抗压承载力的总和,或通过假定群桩整体破坏导出,取两者中的较小值。 *条款7.6.2.1(3)P* *条款7.6.2.1(4)*

示例 7.2 和示例 7.3 显示的是根据上文所述方法从岩土体试验结果中计算单桩抗压承载力。示例 7.2 使用旁压试验(PMTs)结果,而示例 7.3 使用不排水抗剪强度(c_u)的测量。

"备选"方法

条款7.6.2.3(8)　作为"模型桩"方法的备选方法,Eurocode 7 允许直接根据岩土体参数值确定承载力特征值 $R_{b,k}$ 和 $R_{s,k}$:

$$R_{b,k} = A_b q_{b,k}$$
$$R_{s,k} = \sum_i A_{s,i} q_{s,k,i} \tag{7.9}$$

式中,$q_{b,k}$ 和 $q_{s,k,i}$ 分别为不同地层中单位面积的桩端和桩侧阻力特征值,通过使用合适的方法和岩土体参数值得出。

"备选"方法遵照"模型桩"方法的第 5 步和第 6 步。备选程序旨在允许采用传统方法从岩土体试验结果中计算抗压承载力。

$q_{b,k}$ 和 $q_{s,k,i}$ 的值(由图表中的值或相关性得出)应考虑如下变异性:岩土体参数变异性,所考虑失效机制涉及的土体体积变异性,桩基承载力的空间变异性,桩施工效应引起的变异性,以及结构刚度变异性。原因在于,备选方法中未明确地使用系数 ξ。

"备选"方法中对土体变异性的处理方式不同于基于静载试验结果的方法,或

条款7.6.2.3(8)　不同于基于土体试验结果的"模型桩"方法。由于表*A.6*、表*A.7* 和表*A.8* 中的分项系数 γ_b、γ_s、γ_t 旨在与系数 ξ 结合使用,这些分项系数可能不适用于"备选"方法。在确定 $q_{b,k}$ 和 $q_{s,k}$ 值时,可能必须引入或直接计入模型系数。

示例 7.2 和示例 7.3 阐述了"备选"方法的应用。

设计方法 3

如上文所述,由于 DA-3 对岩土体参数应用分项系数,使用 DA-3 时不能使用"模型桩"方法,也不能使用"备选"方法,这两种方法均涉及对承载力应用分项系

条款7.6.2.3(9)P　数。通常,DA-3 旨在用计算模型,这些计算模型涉及从室内试验结果中得出岩土

条款2.4.5　体参数的设计值。当使用 DA-3 时,*条款7.6.2.3(9)P* 解释:首先按照*条款2.4.5*

条款2.4.6.2(1)P　确定岩土参数的特征值 X_k,然后按照式(2.2)并应用材料系数 γ_M(表*A.4* 中集合 *M2*)得出设计值 X_d:

$$X_d = X_k / \gamma_M \tag{2.2}$$

使用 DA-3 进行桩基设计时,在计算模型中输入地基强度参数的设计值 X_d,从而直接导出抗压承载力的设计值 $R_{c,d}$:

$$R_{c,d} = R_{b,d} + R_{s,d} = R_{b,cal}(X_d) + R_{s,cal}(X_d) \tag{D7.2}$$

示例 7.3 显示了使用 DA-3[采用不排水抗剪强度(c_u)的测量结果]时的几种可能性。

要注意的是,如果与上述方法相关,宜保守地估计用于评估桩侧阻力参数值的平均值,因为指定地层中桩身通常"较长"。对于桩端阻力,由于桩端周围破坏机理所涉及的体积"较少",要使用的参数值宜为桩端平面周围局部值的保守估计值。

基于动力试验结果的极限抗压承载力

条款7.5.3　*条款7.5.3* 规定了 Eurocode 7 中有关应用动力试验确定桩基抗压承载力的一

般要求。*条款7.6.2*则论述了如何使用不同类型的动力试验结果和复打结果评估的受压单桩的抗压承载力。动力试验结果为： *条款7.6.2.4* *条款7.6.2.4(3)P*

- **动力冲击**(锤击)**试验**。进行此类试验期间，假定应变足够高以致达到了(动态)极限抗压承载力状态。宜测量动阻力。也可以在试验中加入信号匹配程序，以粗略估计桩侧和桩端阻力以及荷载-沉降曲线。 *条款7.6.2.4(2)*
- **打桩公式**。打桩公式的运用体现的是传统做法，即利用打桩期间的贯入度记录来确定承载力。 *条款7.6.2.5*
- **波动方程分析**。可使用波动方程分析评估桩的抗压承载力设计值。但是，通常是运用此数学模型(也称为质点-弹簧模型)研究打桩情况(桩锤性能，桩的应力)。 *条款7.6.2.6*

根据动力试验确定桩基抗压承载力时，常建议使用复打(初始打桩结束后桩进入几厘米和一段时间)之后的打桩记录。

从动力试验结果中确定单桩抗压承载力时所用到的方法与三类试验中的方法相同，但每类试验需要满足某些特定的要求。按照以下方程确定特征值： *条款7.6.2.4(4)P*

$$R_{c,k} = \text{Min}\{(R_{c,m})_{mean}/\xi_5;(R_{c,m})_{min}/\xi_6\} \qquad (7.11)$$

式中，$R_{c,m}$为从动态测量结果中导出的静态抗压承载力；ξ_5 和 ξ_6 为与测试桩的数量 n 有关的相关系数，分别应用于平均值$(R_{c,m})_{mean}$和最小值$(R_{c,m})_{min}$。*附录A*中给出了 ξ_5 和 ξ_6 的推荐值。要注意的是，三种不同动态测量中使用的不是同一个 ξ 值。

按照下式得出抗压承载力设计值：

$$R_{c,d} = R_{c,k}/\gamma_t \qquad (7.10)$$

式中，应用于总承载力的分项系数 γ_t 与使用其他方法确定桩基抗压承载力时使用的分项系数相同。*附录A*中给出了用于 DA-1 和 DA-2 的 γ_t 值。对于偶然荷载状况，能假定 $\gamma_t = 1.0$。

应只在使用上述方法时采用打桩公式来评估无黏性土中端承桩的抗压承载力设计值。对于其他类型的桩和/或其他类型的土体，存在更大的不确定性，宜使用其他方法或更大的分项系数。 *条款7.6.2.5(3)P*

7.6.3 地基抗拔承载力

一般规定

Eurocode 7 中与抗压桩有关的诸多要求也适用于抗拔桩。 *条款7.6.3.1(1)P*

对于抗拔桩，必须检查以下两种承载能力极限状态(ULS)： *条款7.6.3.1(3)P*

- 单桩抗拔承载力；
- 群桩抗拔承载力。

与桩的抗压承载力破坏状况一样，应采用 GEO 分项系数集合和相关不等式检验单桩的抗拔承载力。但是，对于抗拔群桩，应采用 UPL 分项系数集合和相关不等式检验桩周岩土体可能出现的上浮破坏。 *条款7.6.3.1(4)P*

条款7.6.3.1(8)P *条款7.6.3.1(8)P* 提到了设计人员要注意群桩中抗拔桩相互作用的情况。一根桩受拉降低了周围桩附近的有效竖向应力,因而也降低了周围桩的桩侧阻力。这也会引起群桩中单桩的承载力降低,由此引起整个基础的承载力下降。

单桩抗拔承载力

条款7.6.3.1 抗拔桩的地基承载力通过桩基静载试验结果确定,或通过岩土体试验结果确定,所用方法与抗压桩使用的方法类似。主要区别在于:

- 总是忽略桩端阻力。
- 不应将相关系数 ξ 除以 1.1,即使是刚性结构。原因在于,抗拔桩的岩土体破坏通常是脆性(达到峰值承载力后强度消失)的。因此,假定荷载从已破坏的桩传递至还未破坏的桩是不安全的,该假定也是无效的。
- 应用于抗拔桩总承载力(即桩侧阻力)的分项系数 $\gamma_{s,t}$ 的值大于应用于抗压桩的分项系数 γ_s 的值(参见*附录A* 中的相关表格)。常见的做法是抗拔桩的安全度比抗压桩的安全度更为保守。

条款7.6.3 尽管存在这些差异,*条款7.6.3* 中针对抗拔桩的一般设计要求与*条款7.6.2*
条款7.6.2 中针对抗压桩的要求相同。此外,EN 1997-1-1 建议的相关系数 ξ_1 和 ξ_2(用于实测
抗拉承载力)以及 ξ_3 和 ξ_4(用于计算出的抗拉承载力)的值相等(分别见*表A.9* 和
条款7.6.3.3(4)P *表A.10*)。在抗拔桩基础设计中运用静载试验时,正如本指南第 7.5 节中所述,应
条款7.6.3.3(6) 持续进行试验,直至出现破坏。而对于运用岩土体试验结果进行抗拔桩设计的情
况,可使用模型桩方法,同时 EN 1997-1-1 也允许使用备选方法。使用 DA-3 时,对
条款7.6.3.3(7)P 岩土体参数特征值应用分项系数从而计算抗拉承载力设计值。

条款7.6.3.1(8)P *条款7.6.3.1(8)P* 提到设计人员要注意群桩中抗拔桩相互作用的情况:一根桩的受拉降低了周围桩附近的有效竖向应力,因而也降低了周围桩的桩侧阻力。这也会引起群桩中单桩的承载力降低,由此导致整个基础的承载力下降。

条款7.6.3.1(9)P *表A.6*、*表A.7* 和*表A.10* 中的分项系数原则上适用于准静态荷载。EN 1997-1 中另外一项重要要求是,必须考虑循环荷载或往复荷载,这些荷载可能会对桩的抗拉承载力产生非常不利的影响。但如何处理这些荷载工况,标准中并未给出明确的规定。除非要应用特殊计算规则,否则,为安全起见,可通过对计算结果应用模型系数来考虑此类荷载效应,或者通过其他方式,例如,按照常规做法,针对循环或往复荷载情况,直接对作用应用增大的分项系数。

宜注意的是,如果必须将较大的可变拉力与相似大小的永久压力组合在一起,桩基设计荷载变为受拉荷载,而组合特征荷载仍然为压力。应针对此作用的拉力设计值进行基础设计。

群桩整体破坏

当拉力致使所有桩和桩之间的土体上拔时,群桩会出现整体破坏。如 EN 1997-1-1 中的*图7.1a*)和*图7.1b*)所示,导致破坏的拉力可能来自水位以上的结构部分和群桩,或作用于水位以下的群桩与结构部分上的向上水压力。

条款7.6.3.1(5) 宜注意的是,对于单独桩和群桩,尤其是扩底桩或嵌岩桩,EN 1997-1-1 建议

检查桩周圆锥形地基地拔出机理。

Eurocode 7 规定将整体上浮破坏设计理解成运用适当的分项系数（见*附录A*中的*表A.15*和*表A.16*以及本指南第2章）进行上浮承载能力极限状态计算。示例7.5说明了按照*条款7.6.3.1*的要求针对上浮根据向上水压力进行群桩设计。

条款7.6.3.1

抗拔设计也适合检查抗拔群桩的GEO ULS状况，尤其是对于拉力来自结构的情况。

条款2.4.7.1(1)P

7.6.4　桩基础的竖向位移

基础设计应保证基础位移限值，并确保基础位移不会导致上部结构出现极限状态（正常使用极限状态或承载能力极限状态）。EN 1997-1-1 中明确规定了一般原则尤其是*条款2.4.8*和*条款2.4.9*。宜在设计过程中选择允许位移值。*附录H*（资料性）给出了结构变形的若干参考极限值。

条款2.4.8
条款2.4.9
条款2.4.9(3)P

根据EN 1997-1的规定，有必要评估轴向受荷桩基础的沉降（如浅基础的沉降），以确保结构中不会出现正常使用极限状态。但是，因桩沉降模型存在的各种不确定性，大多数时候这些评估只是给出沉降估算值。EN 1997-1允许通过某些方式取代沉降计算，大多数情况下使用简化设计方法取代，简化设计方法涉及使用分项系数计算承载力，所用到的分项系数要足够大，以确保发挥的岩土体强度仅为其很小的一部分，并且上部结构不会出现异常变形，至少对于常见桩（在已知状态岩土体中）并有先前成功经验时可以这样。此简化设计方法是传统设计中使用的常规做法（见本指南第6章）。

条款7.6.4.1(1)P
条款7.6.4.1(2)P
条款2.4.8(4)

桩基础位移计算方法包括Poulos和Davis的线弹性方法（1980），以及弹塑性有限元计算法和$t-z$荷载传递函数法（桩侧阻力发挥曲线，有关实例，见Baguelin等的研究，1982）。

7.7　水平受荷桩

水平受荷桩设计必须满足*条款7.4*和*条款7.5*中规定的设计和载荷试验的一般要求。此外，也要符合以下要求：

条款7.4
条款7.5

- 以下状况下应检查水平承载力：使用短刚性桩时在岩土体中出现转动或平移破坏，以及使用长细桩时桩出现弯曲破坏且邻近地表的土体出现屈服现象。 ***条款7.7.1(3)***
- 必须考虑群桩效应。 ***条款7.7.1(4)P***
- 宜采用静载试验或基于岩土体试验结果和桩强度参数来确定水平承载力。 ***条款7.7.2,7.7.3***
- 宜检查桩抵抗结构破坏的强度。
- 宜评估水平位移。

也宜考虑其他针对水平受荷桩的特定要求，涉及邻近地表的岩土变异性以及桩与结构连接处桩头的固定状况。

条款7.7.2(3)P
条款7.7.2(4)

EN 1997-1 明确提到了以地基反力水平模量为特征的弹簧支撑梁理论，并将

条款7.7.3(4)P

条款7.7.3(3)　此理论用作顶部承受水平荷载的细长桩设计的可接受计算方法。

7.8　桩基结构设计

桩基结构设计是桩基础设计必不可少的一个组成部分。大多数结构设计都涉及应用与混凝土、钢或木料性能有关的标准要求。EN 1997-1 规定,按照相关材料 Eurocodes 的要求,尤其是按 EN 1992、EN 1993 和 EN 1995 的规定,对所有相关设计状况下的桩进行结构破坏检查。

条款7.8(1)P
条款7.8(2)P

条款7.8(4)P
条款7.8(5)

必须对穿过水或较厚软弱土层的细长桩进行屈曲验算。如果不排水抗剪强度 c_u 大于 10kPa,则可以省略屈曲验算。

对于持久或短暂状况,采用 DA-1、DA-2 或 DA-3(具体方法由各国自行选择)确定用于承载能力极限状态桩结构设计的作用设计值。当采用 DA-1 时,通常由组合 1 控制桩基结构设计。

7.9　施工监督

条款7.9(1)P
条款7.9(2)
条款7.9(3)P
条款7.9(6)P

桩的施工方式不仅影响设计,还对确保上部结构具有足够的功能起着基本作用。EN 1997-1 规定,要编制详细的桩基施工计划,并将此计划作为打桩工程的依据,此外,还要求对所有桩基的施工情况进行监督和记录。如果对所施工的桩的质量存在怀疑,必须采取相关措施,包括进行足尺试验、施工一根新桩、重复打桩等。

条款7.9(4)

桩基设计涉及的许多方面都经常与桩基施工方法有关。因此,EN 1997-1 反复提到了由 CEN/TC 288 发布的相关施工标准中的某些要求。

条款7.9(7)P
条款7.9(8)

必要时,必须检查桩基的完整性。进行动态低应变完整性试验通常无法达到这一目的,因此,可能需要进行其他试验,例如,声波测试和振动试验, 或取芯。

示例 7.1　根据静载试验结果进行的抗压桩设计

通过解读在竖向和水平荷载条件下桩基足尺试验(Wastiaux 等,1998)的结果,在欧洲设计了一座主桥的深基础。本例受此项目的启发,仅涉及桩的轴向抗压承载力,其目的在于说明如何按照 Eurocode 7 的要求解读桩基静载试验结果。

必须对开口打入桩的桩基础进行相关设计,以使其承受竖向受压荷载。以下设计计算中仅考虑了持久和短暂状况以及偶然状况下的承载能力极限状态。永久竖向受压荷载为 31MN,而竖向偶然荷载为 16MN。设计目的在于确定承受此荷载所必需的打入桩(长 55.5m)数量。

假定无需考虑桩基础的群桩效应。完整的基础设计也要求进行正常使用极限状态验算,例如,检查基础的沉降是否可接受。

场地典型土层剖面包括 20 ~ 30m 极软的软黏土(泥)、泥质砂、砂和黏土,以及在预计桩端位置的砂砾。

图7.1 中显示了具有不同埋置深度的打入桩的4次静载试验的结果。下文根据静载试验实测承载力导出一根长(L)55.5m 桩的承载力 R_m，推导时考虑了沿桩长的差异(并且，桩承载力为减去下拉土层中桩侧正摩阻力之后的值)。因此，桩(桩长 $L = 55.5$m)承载力的估计值为：

- 根据桩试验 P8：$R_m = 14.0$MN
- 根据桩试验 P31：$R_m = 14.4$MN
- 根据桩试验 P79：$R_m = 12.1$MN
- 根据桩试验 P79b：$R_m = 13.9$MN

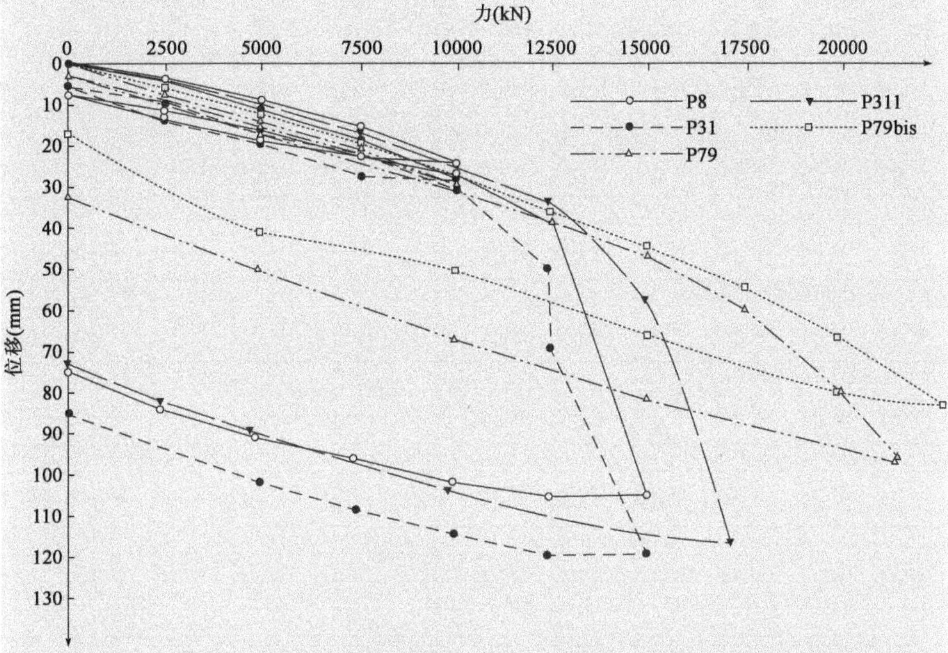

图7.1 直径 $B = 1220$m 且不同埋置深度的打入桩的静载试验结果(Wastiaux 等,1998)

根据 EN 1997-1 的规定，使用以下公式从实测平均值和最小值($R_{m,mean}$、$R_{m,min}$)中确定桩竖向承载力的特征值 R_k： *条款7.6.2.2(8)P*

$$R_k = \text{Min}\{R_{m,mean}/\xi_1; R_{m,min}/\xi_2\} \quad (7.2)$$

相关系数(ξ_1、ξ_2)取决于桩基静载试验次数 n。对于 $n=4$，*表A.9* 建议 $\xi_1 = \mathbf{1.10}$，$\xi_2 = \mathbf{1.00}$。假定因预期桩数量过少而无法计入荷载在弱桩和强桩之间的重分布。在此，按*条款7.6.2.2(9)*的建议，ξ_1 和 ξ_2 不采用折减系数 **1.1**。 *条款7.6.2.2(9)*

$$R_{m,mean} = 13.6\text{MN}$$

$$R_{m,min} = 12.1\text{MN}$$

因此，

$$R_k = \text{Min}\{13.6/\mathbf{1.10}; 12.1/\mathbf{1.00}\} = \text{Min}(12.4, 12.1) = 12.1(\text{MN})$$

以上说明实测桩基承载力的最小值控制设计。

假定桥梁的单墩竖向荷载的特征值(考虑下拉)为：

- 对于持久和短暂状况:永久荷载 G_k =31MN(可以忽略墩的可变荷载)。
- 对于偶然状况:永久和偶然荷载 $G_k + A_k$ =47MN(偶然荷载为 16kN)。

条款7.6.2.2(14)P

对于持久和短暂状况,考虑 DA-1(组合 1 和 2)和 DA-2。直接从载荷试验中得出总(桩侧和桩端)承载力特征值,并应用承载力系数 γ_t(或 γ_s 和 γ_b)得到设计值。在采用桩载荷试验结果时不能使用 DA-3,因其属于"材料"系数法,涉及使用岩土体强度参数。

设计方法1

DA-1 组合 1 涉及应用*附录A* 中集合 *A*1 和集合 *R*1 的分项系数。这会产生以下作用设计值和承载力设计值:

条款 2.4.7.3.4.2(2)P

$$F_{c,d} = \mathbf{1.35}G_k = \mathbf{1.35} \times 31 = 41.85(\text{MN})$$

$$R_{c,d} = R_{c,k}/\gamma_t = 12.1/\mathbf{1.0} = 12.1(\text{MN})$$

因此,所需桩数量为 41.85/12.1 =4。

DA-1 组合 2 涉及应用*附录A* 中集合 *A*2 和集合 *R*4 的分项系数。这会产生以下设计作用和设计承载力:

条款 2.4.7.3.4.2(2)P

$$F_{c,d} = \mathbf{1.0}G_k = 1.0 \times 31 = 31(\text{MN})$$

$$R_{c,d} = R_{c,k}/\gamma_t = 12.1/\mathbf{1.3} = 9.3(\text{MN})$$

因此,所需桩数量为 31/9.3 =4。

使用 DA-1 时要求使用两组合中较保守的结果。由于得出的桩数量相同,本示例中用于确定桩设计数量的两种方法没有差异。

宜注意的是,在此设计方法中,组合 1 应用于承载力特征值的整体安全系数(OFS)至少为:

$$\gamma_F\gamma_t = \mathbf{1.35} \times \mathbf{1.0} = 1.35$$

而组合 2 的 OFS 至少为:

$$\gamma_F\gamma_t = \mathbf{1.0} \times \mathbf{1.3} = 1.3$$

与实测桩平均承载力(即包括 $\xi = \mathbf{1.10}$)有关,这些数据分别为 OFS =1.49 和 1.43。

设计方法2

对于 DA-2,必须应用*附录A* 中的集合 *A*1 和集合 *R*2,因此作用设计值和承载力设计值:

条款 2.4.7.3.4.3(1)P

$$F_{c,d} = \mathbf{1.35}G_k = 41.85\text{MN}$$

$$R_{c,d} = R_{c,k}/\gamma_t = 12.1/\mathbf{1.1} = 11.0(\text{MN})$$

因此,所需桩数量为 41.85/11.0 =4。

要注意的是,DA-2 得出的应用于承载力特征值的 OFS 至少为:

$$\gamma_F\gamma_t = \mathbf{1.35} \times \mathbf{1.1} = 1.5$$

以及对于实测桩平均承载力，OFS 至少为 1.65。

偶然状况

对于偶然状况，宜将荷载的所有分项系数取为 1.0。假定承载力系数（等于 **1.0**）也与本偶然状况的情形有关，则作用设计值和承载力设计值为： *条款2.4.7.1(3)*

$$F_{c,d}=\mathbf{1.0}G_k+\mathbf{1.0}A_k=47\text{MN}$$

$$R_{c,d}=R_{c,k}/\gamma_t=18.1/\mathbf{1.0}=12.1(\text{MN})$$

因此，所需桩数量为 47/12.1 = 4。

总之，对于给定荷载，持久和短暂状况下桥墩用桩的承载能力极限状态设计均需要 4 根长（L）55.5m的桩。

示例 7.2　根据原位试验结果进行的抗压桩设计

对略微超固结黏土中的打入桩基础，必须进行设计，以使其可承受永久和可变竖向压力。荷载特征值为永久荷载 $G_k=3900\text{kN}$ 和可变荷载 $Q_k=800\text{kN}$。

可用三个剖面上进行的 PMT 试验结果（P1、P2 和 P3），并假定此区域是“均质”（岩土体试验结果只随机变化）土层。桩直径 $B=400\text{mm}$，其设计埋置深度 $L=13\text{m}$。 *条款7.6.2.3(6)P*

在设计计算中，只考虑持久和短暂状况下的承载能力极限状态（ULS）。假定无需在桩基础设计中考虑群桩效应。完整的基础设计也要求检查：

- 偶然状况（必要时）；
- 正常使用极限状态（SLS），例如，检查基础的沉降是否可接受。

只考虑 DA-1（组合 1 和 2）和 DA-2。原则上，使用 DA-3 时不能采用原位试验结果。DA-3 使用材料系数，只可与室内试验结果和土体强度参数一起使用。

要注意的是，如果需要在使用“模型桩”方法时采用 CPT 结果，则 DA-1 和 DA-2 的计算步骤完全相同。

采用 EN 1997-2 附录 D.3 中给出的 PMT 计算规则，并使用 **1.05** 的模型（校准）系数 γ_{RD}。为使整体安全系数值与采用 PMT 计算规则（Frank，1999）的法国现行规范相同，已选择此值与*附录A* 中给出的用于 DA-2 的分项系数推荐值一起使用。为了对比，下文的 DA-1 中 $\gamma_{RD}=\mathbf{1.05}$。 *条款7.6.2.3(2)*

表 7.2 中给出了根据三个剖面上测得的极限压力 p_1 确定的桩端平均净极限压力值 $p_{1,base}$ 和桩侧的净极限压力值 $p_{1,shaft}$。

确定桩净极限压力　　表 7.2

	旁压试验剖面			（所有值的）平均值
	P1	P2	P3	
$p_{1,base}$（MPa）	0.98	0.78	0.81	0.86
$p_{1,shaft}$（MPa）	0.77	0.73	0.78	0.76

按照下式得出的基础极限抗压承载力的设计计算值： *条款7.6.2.3(3)P*

$$R_{c,d}=R_{b,d}+R_{s,d} \tag{7.6}$$

式中,$R_{b,d}$ 为按照 $R_{s,d}=R_{s,k}/\gamma_s$ 得到的桩端阻力设计计算值,$R_{s,d}$ 为按照 $R_{b,d}=R_{b,k}/\gamma_b$ 得到的桩侧阻力设计计算值。

"模型桩"方法

条款7.6.2.3(5)P

对于 DA-1 和 DA-2,根据 EN 1997-1 的规定,从相应平均值和最小值($R_{cal,mean}$、$R_{cal,min}$)中确定桩抗压承载力的特征值 $R_{c,k}$:

$$R_{sk}=\mathrm{Min}\{R_{cal,mean}/\xi_3;R_{cal,min}/\xi_4\} \tag{7.8}$$

相关系数(ξ_3、ξ_4)取决于测试剖面数量 n,通过计算各剖面的桩的抗压承载力得到 $R_{cal,mean}$ 和 $R_{cal,min}$("模型桩"方法)。

以下使用了旁压试验结果。如果要在采用"模型桩"方法时使用 CPT 结果代替旁压试验结果,所有计算步骤应完全相同。

对于旁压试验,得到以下设计标准(见 EN 1997-2):

- 土体为"A 类黏土"。
- 基底(端阻)承载力系数 $k=1.4$。
- 对于桩侧阻力,使用设计曲线 1。

表 7.3 给出了基于三个 PMT 剖面预测的桩端和桩侧阻力值,以及考虑模型系数 γ_{RD}(取 **1.05**)计算出的抗压承载力 $R_{c,cal}$。

采用 PMT 法的预测承载力值和计算出的桩承载力值 表 7.3

PMT 剖面	R_b(kN)	R_s(kN)	R_b+R_s(kN)	$R_{c,cal}=(R_b+R_s)/\gamma_{RD}$(kN)
1	172	498	670	638
2	137	482	619	590
3	143	503	646	615
				最小值 590
				平均值 614

条款7.6.2.3(7)

在这个示例中,*表A.10* 中 $n=3$,$\xi_3=\mathbf{1.33}$,$\xi_4=\mathbf{1.23}$。如果假定结构刚度和强度足以将荷载从弱桩传递至强桩,则可将这些值除以 1.1。此时:$\xi_3=\mathbf{1.33/1.1}=1.21$ 和 $\xi_4=\mathbf{1.23/1.1}=1.12$,则桩承载力特征值为:

$$R_k=\mathrm{Min}\{614/\mathbf{1.21};590/\mathbf{1.12}\}=\mathrm{Min}(507;527)=507(\mathrm{kN})$$

说明平均值控制设计(适用于承载力标准差小于 10% 的岩土体,符合"均质"地层的假定)。

在此示例中,设计由承载力平均值控制,对计算出的平均桩侧和桩端阻力应用 $\xi_3=\mathbf{1.21}$,则特征值为:

$$R_{b,k}=(172/\mathbf{1.05}+137/\mathbf{1.05}+143/\mathbf{1.05})/(3\times\mathbf{1.21})=143/\mathbf{1.21}=118(\mathrm{kN})$$

$$R_{s,k}=(498/\mathbf{1.05}+482/\mathbf{1.05}+503/\mathbf{1.05})/(3\times\mathbf{1.21})=471/\mathbf{1.21}=389(\mathrm{kN})$$

$$R_{c,k}=118+389=507(\mathrm{kN})$$

设计方法1

对于DA-1，通常首先采用对应组合2的系数是合乎逻辑的，因为组合2通常决定岩土分级，然后检查该分级是否适合组合1，就结构安全性来说，组合1控制设计。

组合2采用*附录A*中集合*A*2和集合*R*4的分项系数，作用设计值和承载力设计值为：　*条款2.4.7.3.4.2(2)P*

$$F_{c,d}=\mathbf{1.0}G_k+\mathbf{1.3}Q_k=\mathbf{1.0}\times3900+\mathbf{1.3}\times800=4940(\text{kN})$$

$$R_{c,d}=R_{b,k}/\gamma_b+R_{s,k}/\gamma_s=118/\mathbf{1.3}+389/\mathbf{1.3}=390(\text{kN})$$

因此，所需桩数量为4940/390＝12.7，取整为13。可认为等效整体安全系数（OFS）为表7.3中基础的总平均承载力的预测值（R_b+R_s），即：

$$13\times(670+619+646)/3=13\times645(\text{kN})$$

除以总外加荷载的特征值（即3800kN ＋ 800kN），即：

$$\text{OFS}=13\times645/4700=1.78$$

组合1采用*附录A*中集合*A*1和集合*R*1的分项系数，作用设计值和承载力设计值为：　*条款2.4.7.3.4.2(2)P*

$$F_{c,d}=\mathbf{1.35}G_k+\mathbf{1.5}Q_k=\mathbf{1.35}\times3900+\mathbf{1.5}\times800=6465(\text{kN})$$

$$R_{c,d}=R_{b,k}/\gamma_b+R_{s,k}/\gamma_s=118/\mathbf{1.0}+389/\mathbf{1.0}=507(\text{kN})$$

因此，所需桩数量为6465/507＝12.8，取整为13，并且，与组合2一样，OFS＝1.78。

使用DA-1时要求使用两组合中更为保守的结果。本示例中，组合1比组合2略微保守，但是，由于两组合中得出了相同的桩数量，因此采用两组合进行的最终基础设计是相同的。

设计方法2

对于DA-2，采用*附录A*中集合*A*1和集合*R*2的分项系数，作用设计值和承载力设计值为：　*条款2.4.7.3.4.3(1)P*

$$F_{c,d}=\mathbf{1.35}G_k+\mathbf{1.5}Q_k=\mathbf{1.35}\times3900+\mathbf{1.5}\times800=6465(\text{kN})$$

$$R_{c,d}=R_{b,k}/\gamma_b+R_{s,k}/\gamma_s=118/\mathbf{1.1}+389/\mathbf{1.1}=461(\text{kN})$$

因此，所需桩数量为6465/461＝14。可认为等效整体安全系数为计算出的总平均基础承载力（即14×645），除以总外加荷载的特征值，即3800kN＋800kN，得出：

$$\text{OFS}=14\times645/4700=1.92$$

“备选”方法

对于DA-1（组合1和2）和DA-2，按照*条款7.6.2.3(8)*的规定，允许直接从岩土参数值中确定$R_{b,k}$和$R_{s,k}$。假定采用与“模型桩”方法中相同的计算规则。可通过两种方式应用计算规则：使用岩土参数特征值或平均值。　*条款7.6.2.3(8)*

使用桩侧和桩端压力的平均值 p_1 预测表 7.2 中给出的桩侧和桩端阻力,此方式更符合传统做法,得出:

$$R_{mean} = (R_{s,k} + R_{b,k})/\gamma_{RD} = (495 + 151)/\mathbf{1.05} = 615(kN)$$

该值为"模型桩"方法特征值的 615/507 = 1.21 倍(对应于 ξ_3 的值)。这说明,应用备选方法时,如果在 DA-1(组合 1 和 2)和 DA-2 中对荷载与桩端和桩侧阻力使用相同的分项系数,则可能需要使用大于 **1.0** 的模型系数对*附录A* 中的

条款7.6.2.3(8) 分项系数值进行校正[见*条款7.6.2.3(8)*中的注]。相比"模型桩"方法,使用备选方法得出的结果与模型系数的选择直接相关。

表 7.4 概括了使用不同设计方法得出的 R_k 和 R_d 值。

R_k(或 R_{mean})和 R_d 的值(单位:kN)　　表 7.4

	模型桩方法			备选方法
	DA-1		DA-2	DA-1,DA-2
	组合 2	组合 1		
R_k(kN)	507	507	507	R_{mean}:615
R_d(kN)	390	507	461	a

注:[a] 取决于所选用的设计方法和引入的附加模型系数值。

示例 7.3　根据室内试验结果进行抗压桩设计

本示例描述了黏土中钻孔灌注桩单桩(桩直径 $B = 0.80$m)的承载能力极限状态(ULS)设计,使用不排水抗剪强度 c_u,避免持久或短暂设计状况下的基底承载力破坏。荷载特征值为永久作用特征值 $G_k = 600$kN 和单一可变荷载特征值 $Q_k = 300$kN。该设计旨在检验所需桩长(L),预计为 18.5m。

通过钻孔和试验对三个剖面($n = 3$:BH1、BH2 和 BH3)进行勘察。图 7.2 显示在钻孔中回收样品上实测不排水抗剪强度 c_u 的三个曲线。

表 7.5 中给出了沿桩侧黏土的不排水抗剪强度($c_{u,shaft}$)和 18.5m 深度处桩端周围黏土的不排水抗剪强度($c_{u,base}$)的平均值,已使用本指南第 2 章中给出的方法确定了其特征值。

$c_{u,shaft}$ 和 $c_{u,base}$ 特征值的确定　　表 7.5

	c_u 平均值			平均值	特征值
	BH1	BH2	BH3		
$c_{u,shaft}$(kPa)	52	46	51	50	47
$c_{u,base}$(kPa)	33	30	42	35	32

按照以下公式计算桩的轴向承载力:

$$R = R_s + R_b$$

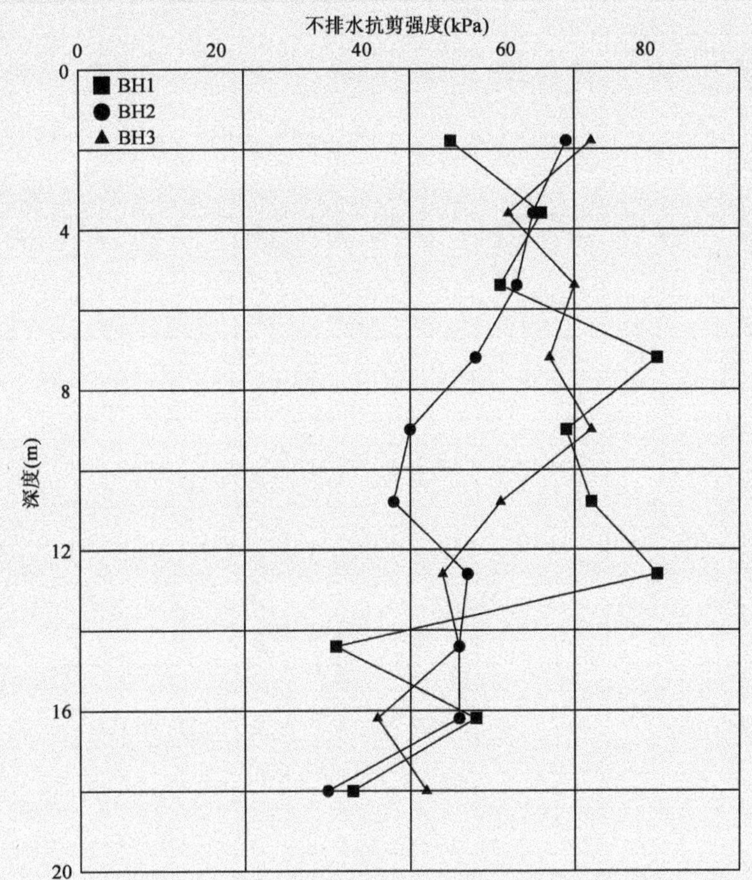

图7.2　钻孔(BH1、BH2 和 BH3)不排水抗剪强度 c_u 的剖面

其中

$$R_s = \pi BL\alpha c_u$$

为桩侧阻力(本示例中 $\alpha = 0.75$),且:

$$R_b = (\pi B^2/4)9c_u$$

为桩端阻力,假定无需使用模型系数(即模型系数等于 **1.0**)。沿整个桩侧长度的土体不排水抗剪强度的平均值决定桩侧阻力,而桩端附近土体不排水抗剪强度的局部平均值决定桩端阻力。

按照 DA-1、DA-2 以及 DA-3 中使用到的"模型桩"和"备选"方法进行计算。认为结构没有足够的强度和刚度来允许荷载重分布。

"模型桩"方法

对于 DA-1 和 DA-2,根据 EN 1997-1 的规定,使用以下公式从相应平均值和最小值(R_{mean}、R_{min})中计算单桩轴向承载力特征值 R_k(称为"模型桩"方法): *条款7.6.2.3(5)P*

$$R_k = \text{Min}\{R_{mean}/\xi_3; R_{min}/\xi_4\}$$

相关系数(ξ_3、ξ_4)取决于所勘察的地基剖面数量 n;当 $n=3$ 时,$\xi_3 = \mathbf{1.33}$,$\xi_4 = \mathbf{1.23}$(见表*A.10*)。

采用 c_u 的平均值计算每个钻孔的抗压承载力 R_c,然后得出 R_{mean} 和 R_{min}(c_u 以 kPa 计,承载力以 kN 计):

$$R_c = R_s + R_b = \pi BL\alpha c_{u,shaft} + (\pi B^2/4)9c_{u,base} = 34.9c_{u,shaft} + 4.5c_{u,base}$$

因此,

$$R(\text{BH1}) = 1815 + 148 = 1963(\text{kN})$$

$$R(\text{BH2}) = 1605 + 135 = 1740(\text{kN})$$

$$R(\text{BH3}) = 1780 + 189 = 1969(\text{kN})$$

得出:

$$R_{mean} = (1963 + 1740 + 1969)/3 = 1891(\text{kN})$$

$$R_{min} = 1740\text{kN}$$

且

$$R_k = \text{Min}\{1891/\mathbf{1.33};1740/\mathbf{1.23}\} = \text{Min}\{1422\text{kN};1415\text{kN}\} = 1415\text{kN}$$

承载力由最小值控制,表明整个场地土体不排水抗剪强度具有 10% 以上的变异性,使得桩承载力也具有 10% 以上的变异性。因此,使用从 BH2 剖面中得出的 c_u 的最小平均值后,可以推导出桩侧和桩端阻力的特征值:

$$R_{s,k} = 1605/\mathbf{1.23} = 1305(\text{kN})$$

$$R_{b,k} = 135/\mathbf{1.23} = 110(\text{kN})$$

对岩土勘察结果仔细检查后,不能区分出不同的“均质”区域,因此,对整个场地采用这些特征值。

设计方法1

对于 DA-1,通常首先应用对应组合 2 的系数是合乎逻辑的,因为组合 2 通常决定岩土工程尺寸大小,然后检查所确定岩土工程尺寸大小是否适合组合 1(组合 1 通常与确定结构尺寸是相关的)。

条款 2.4.7.3.4.2(2)P

组合 2 含采用*附录A* 中集合 *A2* 和集合 *R4* 的分项系数,作用设计值和承载力设计值为:

$$F_{c,d} = \mathbf{1.0}G_k + \mathbf{1.3}Q_k = \mathbf{1.0} \times 600 + \mathbf{1.3} \times 300 = 990(\text{kN})$$

$$R_{c,d} = R_{b,k}/\gamma_b + R_{s,k}/\gamma_s = 1305/\mathbf{1.3} + 110/\mathbf{1.6} = 1073(\text{kN})$$

如果将“优化度”确定为 $DO = (R_{c,d}/F_{c,d}) - 1$(以百分比表示),则本例为,DO = 8%。

条款 2.4.7.3.4.2(2)P

组合 1 含采用*附录A* 中集合 *A1* 和集合 *R1* 的分项系数,作用设计值和承载力设计值为:

$$F_{c,d} = \mathbf{1.35}G_k + \mathbf{1.5}Q_k = \mathbf{1.35} \times 600 + \mathbf{1.5} \times 300 = 1260(\text{kN})$$

$$R_{c,d} = R_{b,k}/\gamma_b + R_{s,k}/\gamma_s = 1305/\mathbf{1.0} + 110/\mathbf{1.25} = 1393(\text{kN})$$

因此,DO = 11%。

使用 DA-1 时要求选用两组合中更为保守的结果。当前条件下,桩长(18.5m)足以满足两种状况。得出的结论是,可以略微缩短桩长。

设计方法2

对于 DA-2,必须采用*附录A* 中集合 *A1* 和集合 *R2* 的分项系数,因此, *条款 2.4.7.3.4.3(1)P*

$$F_{c,d} = \mathbf{1.35}G_k + \mathbf{1.5}Q_k = \mathbf{1.35} \times 600 + \mathbf{1.5} \times 300 = 1260(\text{kN})$$

$$R_{c,d} = R_{b,k}/\gamma_b + R_{s,k}/\gamma_s = 1305/\mathbf{1.1} + 110/\mathbf{1.1} = 1286(\text{kN})$$

DO = 2% ,说明对于 DA-2 来说,桩长(L = 18.5m)是最优的。

备选方法

设计方法1 和2

对于 DA-1(组合 1 和 2)和 DA-2,*条款7.6.2.3(8)* 允许使用备选方法直接从岩土体试验结果中得出 $R_{b,k}$和 $R_{s,k}$。假定使用与“模型桩”方法中相同的计算规则。在本示例中,如果将岩土强度参数作为输入量,按照 Eurocode 7 的逻辑,宜使用备选方法及其特征值。使用表 7.5 中 c_u 特征值可得出计算出的承载力特征值为: *条款7.6.2.3(8)*

$$R_k = R_{s,k} + R_{b,k} = 34.9c_{u,\text{shaft},k} + 4.5c_{u,\text{base},k} = 1640 + 144 = 1784(\text{kN})$$

此值比“模型桩”方法中应用相关系数 ξ 得出的值(1415kN)大 26% ,因此,得出以下“过高估计度”:

- 对于 DA-1(组合 2)

$$\text{DO} = 1.26 \times 1.08 - 1 = 36\%$$

- 对于 DA-2

$$\text{DO} = 1.26 \times 1.02 - 1 = 29\%$$

得出此结果的直接原因在于 c_u 特征值非常接近“模型桩”方法中的控制值(即通过 BH2 得出的最小值),且此处未采用相关系数 ξ。

设计方法3

对于 DA-3,必须采用*附录A* 中集合 *A1* 和集合 *M2* 的系数(材料系数)(同时使用承载力系数 $\gamma_R = 1.0$),此时:

$$F_{c,d} = \mathbf{1.35}G_k + \mathbf{1.5}Q_k = \mathbf{1.35} \times 600 + \mathbf{1.5} \times 300 = 1260(\text{kN})$$

直接从不排水抗剪强度设计值中计算承载力设计值,而不排水抗剪强度的设计值由其特征值导出:

- 对于桩侧

$$c_{u,\text{shaft},d} = c_{u,\text{shaft},k}/\gamma_{cu} = 47/\mathbf{1.40} = 33.6(\text{kPa})$$

- 对于桩端

$$c_{u,\text{base},d} = c_{u,\text{base},k}/\gamma_{cu} = 32/\mathbf{1.40} = 22.9(\text{kPa})$$

且

$$R_{c,d} = 34.9c_{u,shaft,d} + 4.5c_{u,base,d} = 1640 + 144 = 1276(kN)$$

DO = 1%,说明本示例中,对于 DA-3 来说,桩长(D = 18.5m)是最优的。

结论

如果将备选方法排除在外,Eurocode 三种设计方法得出相似的结果。DA-1 中得出的结果偏不保守,DA-3 的最保守,而 DA-2 得出中间值(非常接近DA-1)。本示例中,鉴于计算模型和土体材料特性估算中通常存在不确定性,三种设计方法之间的最大偏差非常小。要指出的是,以上结论不具有普遍性。其他荷载组合和材料特性可能导致各方法的保守程度有所不同。

桩基设计也可能必须包括承载能力极限状态(ULS)计算以检查偶然和地震状况以及进行正常使用极限状态(SLS)状况检查,即检查承受一般工作荷载组合时桩的沉降是否能接受。正常使用极限状态(SLS)设计计算可说明,如果允许沉降非常小,则要求进一步增加桩长。

示例 7.4 承受下拉荷载的桩基设计

本示例涉及直径 B = 300mm 的钻孔灌注桩,桩埋入到覆盖有 5m 软黏土的硬黏土中,如图 7.3所示。

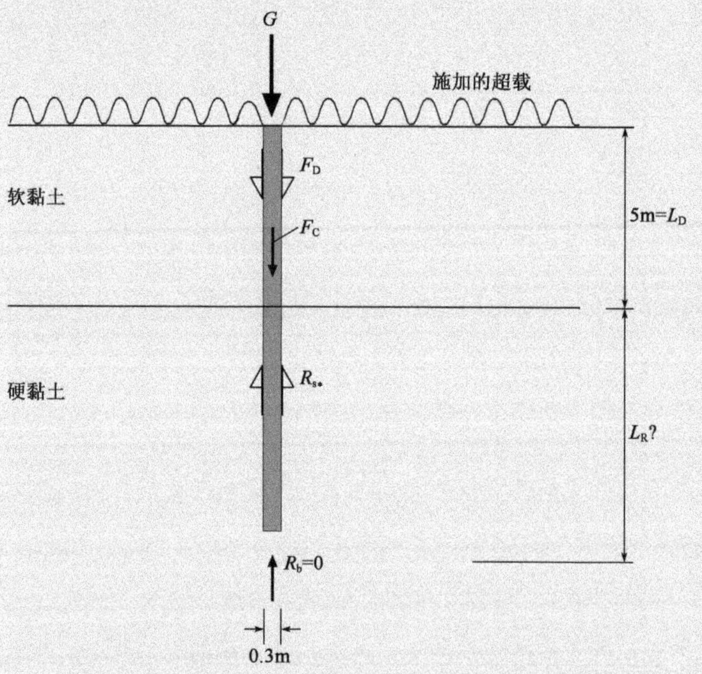

图 7.3 承受下拉荷载的桩基(Simpson 和 Driscoll,1998)

在地面施加超载导致软黏土产生沉降,使得桩上产生下拉力(负摩阻力)。桩承受永久竖向荷载(其特征值 G_k = 300kN)。

下文中,采用三种设计方法(DA-1、DA-2 和 DA-3)针对持久状况下的承载能力极限状态(ULS)计算在硬黏土中桩所需的埋置深度 L_R。

正常使用极限状态(SLS)验算要求根据作用特征值和岩土体变形参数特征值来预测沉降。

根据*条款7.3.2.1(3)P*的规定,设计人员可自由选择是将地基沉降还是下拉(负摩阻力)荷载作为作用。通常采用全面的岩土体与桩的相互作用分析将地基沉降作为作用。可使用已知的“t-z曲线”法,其中,“t”为发挥的桩侧阻力,“z”为相对桩-地基位移 $\Delta s = s - s_g$(式中,s为桩的沉降,s_g为“自由”地基沉降)。可认为地基沉降s_g随着深度而变化,通过分析可确定中性点 $\Delta s = 0$。中性点以下,桩的沉降大于地基沉降,因此,地基向桩提供了承载力而非荷载,即负摩阻力变为正摩阻力。与包括估算沉降层中沿着整个桩长的最大(极限)下拉荷载的方法相比,此分析更为复杂。可运用相互作用分析论证实际下拉荷载小于极限值(原因在于下拉荷载未充分发挥和/或中性点位于该层底部以上某处)。 *条款7.3.2.1(3)P* *条款7.3.2.2(1)P*

本例主要目的在于说明如何应用三种设计方法,即如何使用最大下拉荷载的方法(简化起见)。 *条款2.4.7.3.4*

作出以下假定:

- 软黏土的沉降足以调动在软黏土层($L_D = 5$m)中沿整个桩长的最大下拉力(极限负摩阻力)。 *条款7.3.2.2(1)P*
- 在平均深度L_D范围内单位面积上长期下拉荷载特征值(根据有效应力计算)$q'_{Dk} = 20$kPa;此值为上限值,因为下拉荷载对桩的性能不利。 *条款2.4.5.2(8)*
- 硬黏土中桩侧阻力为向上作用(正摩阻力),即,桩侧阻力承受了土层中沿着整个桩长L_R的下拉荷载。
- 在平均深度L_R范围内的硬黏土中单位面积长期桩侧阻力特征值(根据有效应力计算)$q'_{sk} = 50$kPa。
- 假定可忽略桩端处的地基承载力($R_{b,k} = 0$)。

表7.6给出了*条款2.4.7.3.4*和*附录A*的相应表格中用于三种设计方法的分项系数推荐值。 *条款2.4.7.3.4*

将下拉荷载(负摩阻力)视为作用(有效应力分析)的设计中应用的分项系数推荐值 表7.6

设计方法		结构永久作用γ_G	下拉荷载(负摩阻力)		抗压承载力(正摩阻力)γ_s(或γ_φ)
			抗剪强度参数γ_φ	荷载γ_G	
DA-1	组合1	集合*A1*:1.35	集合*M1*:1.0	集合*A1*:1.35	集合*R1*:1.0
	组合2	集合*A2*:1.00	集合*M2*:1.25[a]	集合*A2*:1.00	集合*R4*:1.3″
DA-2		集合*A1*:1.35	集合*M1*:1.0	集合*A1*:1.35	集合*R1*:1.1
DA-3		集合*A1*:1.35	集合*M2*:1.25[a]	集合*A2*:1.00	集合*M2*:1.25

注:[a] 本指南建议将*M2*值作为作用分项系数,而非材料系数,原因在于,估算下拉荷载时通常不会考虑岩土体的内摩擦角。

荷载特征值和设计值

荷载和承载力特征值为:

- 永久荷载:

$$G_k = 300\text{kN}$$

- 总下拉荷载:

$$F_{D,k} = \pi B L_D q'_{Dk} = \pi \times 0.3 \times 5 \times 20 = 94.2(\mathrm{kN})$$

- 硬黏土层中的桩侧阻力:

$$R_{s,k} = \pi B L_R q'_{sk} = 47.1 L_R \qquad (R_{s,k}\text{单位为 kN}, L_R \text{ 单位为 m})$$

作用设计值(总竖向压力)为:

$$F_{c,d} = G_d + F_{D,d} = \gamma_G G_k + F_{D,d}$$

承载力设计值为:

$$R_{s,d} = R_{s,k}/\gamma_s$$

所有承载能力极限状态(ULS)均要满足的条件是 $F_{c,d} \leq R_{s,d}$。

从下拉荷载特征值 $F_{D,k}$ 中得出设计值 $F_{D,d}$ 的方式取决于所使用的设计方法。

设计方法1

按照 DA-1 进行的岩土工程设计,通常先考虑组合 2,因为组合 2 常常是主导方法。然后,根据组合 1 检查其结果。

条款 *2.4.7.3.4.2(2)P*

对于组合 2,使用 表*A.3* 中的集合 *A2*, 表*A.4* 中的集合 *M1*(应用于 $R_{s,k}$)和集合 *M2* (应用于 $F_{D,k}$),以及 表*A.7* 中的集合 *R4*:

- 下拉荷载设计值为:

$$F_{D,d} = \gamma_\varphi F_{D,k}$$

式中,$\gamma_\varphi = \mathbf{1.25}$,从表 7.6 中查出。因此,

$$F_{D,d} = \mathbf{1.25} \times 94.2 = 117.8(\mathrm{kN})$$

- 总作用设计值为:

$$F_{c,d} = \gamma_G G_k + F_{D,d} = \mathbf{1.0} \times 300 + 117.8 = 417.8(\mathrm{kN})$$

- 承载力设计值为:

$$R_{s,d} = R_{s,k}/\gamma_s = 47.1 L_R/\mathbf{1.3} = 36.2 L_R \qquad (R_{s,d}\text{单位为 kN}, L_R \text{ 单位为 m })$$

根据条件 $F_{c,d} \leq R_{s,d}$,得出 $L_R \geq 417.8/36.2 = 11.54(\mathrm{m})$。

对于组合 1,使用集合 *A1*、*M1* 和 *R1* 的系数:

- 下拉荷载(视为不利作用)的设计值为:

$$F_{D,d} = \gamma_G F_{D,k} = \mathbf{1.35} \times 94.2 = 127.2(\mathrm{kN})$$

- 总作用设计值为:

$$F_{c,d} = \gamma_G G_k + F_{D,d} = \mathbf{1.35} \times 300 + 127.2 = 532.2(\mathrm{kN})$$

- $L_R = 11.54\mathrm{m}$(依据组合 1)时,承载力设计值为:

$$R_{s,d} = R_{s,k}/\gamma_s = 47.1 L_R/\mathbf{1.0} = 47.1 \times 11.54 = 543.5(\mathrm{kN})$$

因此，满足条件 $F_{c,d} \leqslant R_{s,d}$，$L_R = 11.54\text{m}$ 为按照 DA-1 设计的最终结果。

要注意的是，对于桩基结构设计，宜考虑更大的作用（总竖向压力）设计值，组合 1 给出了该设计值 $F_{c,d} = 532.2\text{kN}$。

设计方法2

使用集合 *A1*、*M1* 和 *R2* 系数：　*条款 2.4.7.3.4.3(1)P*

- 下拉荷载（视为不利作用）的设计值为：

$$F_{D,d} = \gamma_G F_{D,k} = \mathbf{1.35} \times 94.2 = 127.2(\text{kN})$$

- 总作用设计值为：

$$F_{c,d} = \gamma_G G_k + F_{D,d} = \mathbf{1.35} \times 300 + 127.2 = 532.2(\text{kN})$$

- 承载力设计值为：

$$R_{s,d} = R_{s,k}/\gamma_s = 47.1L_R/\mathbf{1.1} = 42.8L_R \qquad (R_{s,d}\text{单位为 kN},L_R\text{ 单位为 m})$$

根据条件 $F_{c,d} \leqslant R_{s,d}$，得出 $L_R \geqslant 532.2/42.8 = 12.43(\text{m})$，进行桩基结构设计时，宜使用 $F_{c,d} = 532.2\text{kN}$。

设计方法3

使用集合 *A1*（应用于 G_k）或集合 *A2*（应用于 $F_{D,k}$）、集合 *M2*（应用于 $F_{D,k}$ 和 $R_{s,k}$）以及集合 *R3*：　*条款 2.4.7.3.4.4(1)P*

- 通过等式 $F_{D,d} = \gamma_\varphi F_{D,k}$ 得出下拉荷载设计值，式中，$\gamma_\varphi = \mathbf{1.25}$，从表 7.6 中查得。因此，

$$F_{D,d} = 1.25 \times 94.2 = 117.8(\text{kN})$$

- 总作用设计值为：

$$F_{c,d} = \gamma_G G_k + F_{D,d} = \mathbf{1.35} \times 300 + 117.8 = 522.8(\text{kN})$$

- 硬黏土中的承载力设计值为：

$$R_{s,d} = R_{s,k}(\tan\varphi'_d) = R_{s,k}/\gamma_\varphi$$

即将材料分项系数 γ_φ 直接应用于 $R_{s,k}$（或 $q'_{s,k}$），因为 R_s（或 q'_s）几乎不随 $\tan\varphi'_k$ 的变化而变化。因此，

$$R_{s,d} = 47.1L_R/\mathbf{1.25} = 37.7L_R \qquad (R_{s,d}\text{单位为 kN},L_R\text{ 单位为 m})$$

根据条件 $F_{c,d} \leqslant R_{s,d}$，得出 $L_R \geqslant 522.8/37.7 = 13.87(\text{m})$，进行桩基结构设计时，宜使用 $F_{c,d} = 522.8\text{kN}$。

结论

三种设计方法中，DA-3 要求的桩最长：$L_R = 13.87\text{m}$，DA-1 需要 $L_R = 11.54\text{m}$，DA-2 需要 $L_R = 12.43\text{m}$。原因明显在于，DA-3 中使用的三个分项系数值等于**1.25**或**1.35**。也可以认为，在 DA-1 和 DA-2[见*条款7.6.2.2(8)P* 和*条款7.6.2.3(5)P*]中，对桩侧摩阻力的估计值 q_s 应用相关系数 ξ 可能会得出相比 DA-3 中更小的 $q'_{s,k}$ 值（DA-3 未使用该系数）。　*条款7.6.2.2(8)P*　*条款7.6.2.3(5)P*

示例 7.5 采用桩基础结构的抗浮研究

简介和问题描述

本示例中,埋置式结构受到了水压力引起的上浮力,只对其进行 UPL 承载能力极限状态(ULS)验算。分析得知需要借助抗拔桩以保证稳定性,防止上浮引起的破坏。在这种状况下需要考虑 *条款7.6.3.1(3)P* 给出的两种失效机理:桩从地基块体中拔出和地基块体连同桩整体上浮。本例运用 UPL 分项系数对结构抵抗这两种失效机理的稳定性进行了评定。由于桩基拔出破坏的稳定性涉及提供承载力的地基强度,也可使用 GEO 分项系数评定此失效机理。

条款7.6.3.1(3)P

如图 7.4 所示,埋置式结构的筏形基础位于地下水位以下 20m(H)处。水压力为静水压力。结构因而受到向上的水压力(特征值 $\gamma_{water}H = 10\text{kN/m}^3 \times 20\text{m} = 200\text{kN/m}^2$)。因结构延伸至地下水位以上,所以结构上无向下的水压力作用。

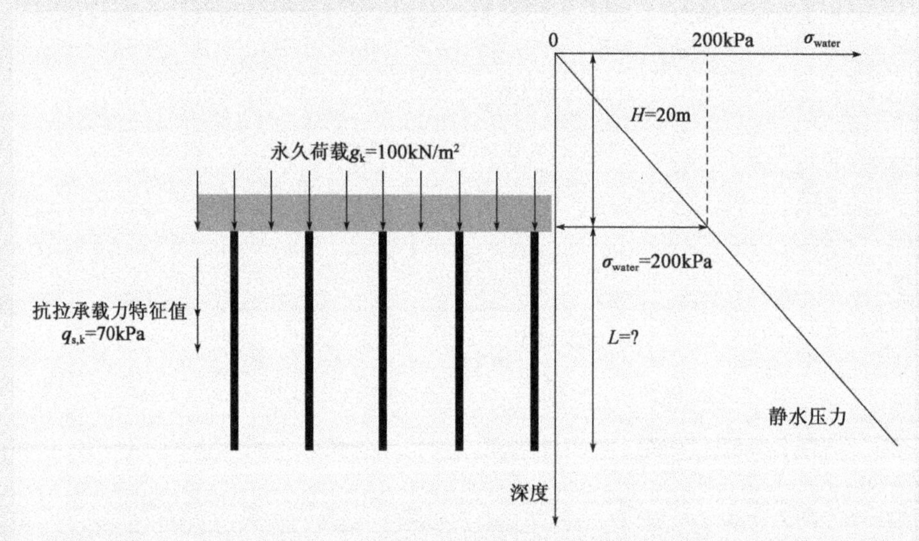

图 7.4 问题描述和示例 7.5 的数据

筏基平面上单位面积结构的永久重量特征值(使用材料单位重量的较小特征值,例如,对于混凝土,为 23.5kN/m³)为 $g_k = 100\text{kN}$。

结构建造在抗拔桩上:最初假定每 5m² 有一根桩。桩直径 $B = 0.5\text{m}$。桩侧单位抗拉承载力的特征值为 $q_{s,k} = 70\text{kPa}$。特征值是按照第 7 章中的一种方法(应用带 ξ 值的"模型桩"方法或"备选"方法,模型系数取 **1.0**)确定的。承载力特征值中必须考虑抗拔桩靠近时相互作用的不利影响。桩周土体的重度为 20kN/m³。

条款7.6.3.3(4)P
条款7.6.3.3(6)
条款7.6.3.3(2)

需计算桩长 L 及桩的最佳间距。

为简化起见,本例认为施工工期无限长,未考虑附带作用(例如,埋置式结构外墙和桩周土体的侧摩阻力)。

上浮破坏验算

条款2.4.7.4

按照以下不等式验算是否满足防止上浮破坏的设计要求:

$$V_{dst,d} \leqslant G_{stb,d} + R_d \quad (2.8)$$

表A. 15 中针对 UPL 承载能力极限状态(ULS)的分项系数推荐值为：$\gamma_{G,dstb} = \mathbf{1.0}$(用于永久失稳作用)；$\gamma_{G,stb} = \mathbf{0.9}$(用于永久稳定作用)。因此，

- 失稳上浮力的设计值(每 m^2)为：

$$V_{dst,d} = \gamma_{G,dst}\gamma_{water}H = \mathbf{1.0} \times 10 \times 20 = 200(\text{kN})$$

- 稳定重量的设计值(每 m^2)为：

$$G_{stb,d} = \gamma_{G,stb}g_k = \mathbf{0.9} \times 100 = 90(\text{kN})$$

因 $V_{dst,d} = 200\text{kN} > G_{stb,d} = 90\text{kN}$，防止上浮破坏的设计要求为 $R_d \geqslant 110\text{kN}$(每 m^2)，该力由抗拔桩承担。

桩基承载力设计值和桩长设计值：单桩受拉破坏

如果桩间距为每 5m^2 一根桩(图 7.5)，每 5m^2 面积上失稳和稳定力的设计值分别为：$V_{dst,d} = 5.0 \times 200 = 1000(\text{kN})$ 和 $G_{stb,d} = 5.0 \times 100 = 450(\text{kN})$。因此，每根桩要承担的受拉荷载为：

$$R_d \geqslant V_{dst,d} - G_{stb,d} = 1000 - 450 = 550(\text{kN})$$

单桩抗拔承载力特征值为：

$$R_k = \pi B q_{s,k} L = 3.14 \times 0.5 \times 70 \times L = 110L \quad (R_k \text{ 单位:kN}, L \text{ 单位:m})$$

对桩的抗拔承载力特征值 R_k 应用 UPL 分项系数 $\gamma_{t,s} = \mathbf{1.40}$(见 表A. 16)，单桩的抗拔承载力设计值 R_d 为：

$$R_d = R_k/\gamma_{t,s} = (110 \times L)/\mathbf{1.4}$$

根据 不等式(2.8)，很容易地计算出桩长：

$$550 \leqslant 110 \times L/\mathbf{1.4}$$

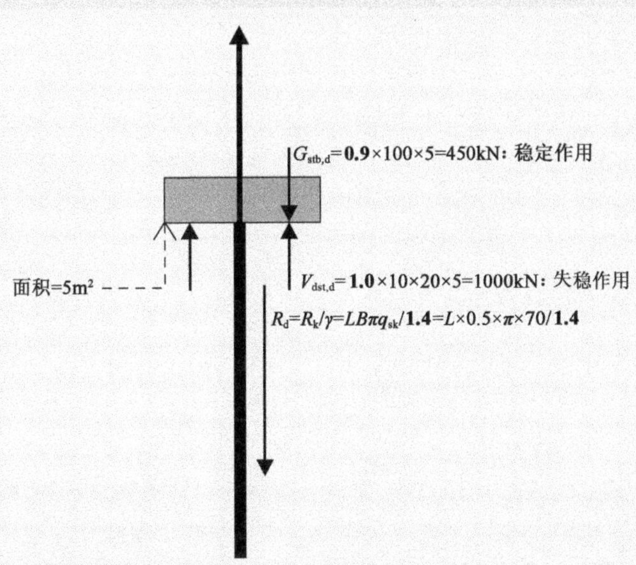

图 7.5　UPL 条件下每 5m^2 单桩的平衡方程

因此,$L \geqslant 7.0\text{m}$;即,要满足 UPL 要求所需的单桩的最小长度为 7.0m。

注意:先前的计算中忽略了桩的自重。如果计入桩的浸水重量,则 $L = 6.85\text{m}$。

结构与桩及桩间土体的整体破坏

条款7.6.3.1(4)P
条款2.4.7.4(1)P

应验算桩长和桩间距,从而保证不超过整体破坏(即结构和桩周土体的上浮破坏)的承载能力极限状态(ULS)。*条款7.6.3.1(4)P* 和 *条款2.4.7.4(1)P* 指出,应根据总应力表示整体破坏不等式。下文中,为了对比,进行了总应力和有效应力分析。

(a)总应力分析

- 在总应力分析中,每平方米地向下力等于结构重量(100kN)加上每平方米桩周土体的总重量:

$$g_k + \gamma_{soil} L$$

式中,L 为桩长(m);γ_{soil} 为土体的重度(kN/m^3)。计算中忽略了比土体重量更大的桩重量,因为这样偏保守并对结果的影响较小。

- 桩端平面上每平方米的向上力为水压力:

$$\gamma_{water}(H + L)$$

条款A.4(1)P

将分项系数 $\gamma_{G,stb}$ 和 $\gamma_{G,dst}$ 应用于土体和结构整体上的稳定作用和失稳作用。UPL 承载能力极限状态(ULS)设计不等式变为:

$$\gamma_{G,dst}\gamma_{water}(H + L) \leqslant \gamma_{G,stb}(g_k + \gamma_{soil} L)$$

带入表 *A.15* 中分项系数的推荐值 $\gamma_{G,stb} = \mathbf{0.9}$ 和 $\gamma_{G,dst} = \mathbf{1.0}$,重新整理后:

$$L \geqslant (\mathbf{1.0} \times 10 \times 20 - \mathbf{0.9} \times 100)/(\mathbf{0.9} \times 20 - \mathbf{1.0} \times 10) = 13.75(\text{m})$$

(b)有效应力分析

- 使用有效应力分析时,单位面积上向下力为每平方米结构重量加上每平方米桩周土体的浸水(有效)重量:

$$g_k + \gamma'_{soil} L$$

- 每平方米向上力为作用于筏板的水压力:

$$\gamma_{water} H$$

应用分项系数 $\gamma_{G,stb}$ 和 $\gamma_{G,dst}$ 后,设计不等式变为:

$$\gamma_{G,dst}\gamma_{water} H \leqslant \gamma_{G,stb}(g_k + \gamma'_{soil} L)$$

带入分项系数的推荐值 $\gamma_{G,stb} = \mathbf{0.9}$ 和 $\gamma_{G,dst} = \mathbf{1.0}$,得出:

$$L \geqslant (\mathbf{1.0} \times 10 \times 20 - \mathbf{0.9} \times 100)/(\mathbf{0.9} \times 10) = 12.2(\text{m})$$

总应力和有效应力分析对比

相比有效应力分析,总应力分析得出了更为保守的结果(总应力分析:$L \geqslant 13.75\text{m}$;有效应力分析:$L \geqslant 12.2\text{m}$)。要注意的是,如果按照同一种方式处理不等式两边的水压力,即对不等式两边的水压力应用同一个(不利)分项系数 $\gamma_{G,dst}$,总应力分析可能得出与有效应力分析相同的结果(根据"单-源"原则)。

下文采用更为保守的结果(总应力分析的结果):$L \geq 13.75$m。原因在于:

- 按照*条款7.6.3.1(4)P*的规定,*表A.15*的推荐值旨在与总应力方法一起使用。 *条款7.6.3.1(4)P*
- 使用*表A.15*中针对$\gamma_{G,stb}$和$\gamma_{G,dst}$的分项系数推荐值得出的等效整体安全系数已经非常小($\gamma_{G,dst}/\gamma_{G,stb}=1.1$)。 *条款2.4.7.4(1)P*

由于桩长大于之前得出的桩长$L=7$m。论证得出,本示例中,桩长由桩周土体的上浮破坏准则确定,而非由单桩抗拔承载力的总和确定。

桩间距优化

为保证不超过单桩抗拔破坏引起的上拔力的承载能力极限状态(ULS),所需桩长为7m(每5m²一根桩),而保证抵抗结构周围土体上拔力的安全性所需的桩长为13.75m,现可以确定刚好不超过两种失效机理时的最优桩间距。

由于设计桩长为13.75m,且每单位长度的抗拔承载力特征值为110kN/m,抗拔承载力设计值变为:

$$R_d = 13.75 \times 110 / \mathbf{1.4} = 1080(\text{kN})$$

由于每平方米要承担的设计荷载为110kN,每1080/110=9.8m² 需要一根桩。这是刚好不超过单桩破坏和整体破坏时的最优桩间距。

用于桩身结构承载能力极限状态(ULS)设计的拉力设计值

应采用最严格的UPL和STR作用系数进行桩身结构设计。显然,STR系数比UPL系数更严格,因此,只需采用STR作用系数进行STR检查。

因结构的永久重量为有利作用,采用针对STR和GEO承载能力极限状态(ULS)状况下的永久有利荷载的作用系数(*表A.3*)计算其设计值:

$$G_d = \mathbf{1.0} \times 100 \times 9.8 = 980(\text{kN})$$

由于200kN/m²的水压力引起的向上力为不利作用,因此,采用针对STR和GEO承载能力极限状态(ULS)状况下的永久不利荷载的作用系数(*表A.3*)计算桩基向上力的设计值:

$$W_d = \mathbf{1.35} \times 200 \times 9.8 = 2646(\text{kN})$$

因此,用于桩身结构设计的作用设计值(因其为拉力,其值为负)为:

$$F_d = G_d - W_d = 980 - 2646 = -1666(\text{kN})$$

讨论

(1)上述示例,为了方便起见,抵抗土体的形状为简化形状。可使用更为精确的形状,考虑桩端和边桩周围稳定土体为圆锥形状。

(2)UPL状况下单桩的等效整体安全系数约为1.55ξ[即$(\mathbf{1.4}/\mathbf{0.9})\xi$],$\xi$为用于得到桩侧阻力特征值的相关系数。这是一个相当小的值,可使用模型系数增大。表面摩擦力的特征值宜考虑抗拔桩相互作用的不利影响。

(3)用于UPL状况下整体破坏的等效整体安全系数的推荐值约为1.1($\gamma_{G,dst}/\gamma_{G,stb}$)。这是一个相当小的值,必要时,可增大模型系数。

第 8 章 锚杆

本章论述了临时性和永久性锚杆的岩土工程设计,见 EN 1997-1 的 *第8 章*。本章大体沿用了 EN 1997-1 *第8 章*的结构:

8.1 一般规定 *条款8.1*

8.2 承载能力极限状态设计 *条款8.5*

8.3 锚杆结构设计 *条款8.5.4*

8.4 岩土锚杆的载荷试验 *条款8.7* 和 *条款8.8*

和 EN 1997-1 的其他章节相同,*第8 章*仅给出了锚杆设计的基本要求,没有描述或规定具体方法。为了对设计人员有所帮助,本章说明如何从与锚杆相连的结构的计算中确定锚杆荷载的设计值,以及解释如何评估其设计承载力。用从示例 9.2 中计算的锚固反力,以实例说明从挡墙设计中得到的计算锚固反力到通过适宜性试验和验收试验证明的锚固抗力具体要求(其适用性和验收试验需经试验验证)的全过程。

8.1 一般规定

条款8.1.1(2)P

锚杆为具有一定自由段并将拉力传递到岩土体的系统。锚杆可以是预应力的(例如灌浆锚),也可是非预应力的(例如锚碇)。锚杆全长为锚固段的系统例如土钉或桩,不包含在 EN 1997-1 *第8 章*中。

*第8 章*与*第9 章(支挡结构)*、*第10 章(水力破坏)*、*第11 章(整体稳定性)*、*第12 章(堤坝)*相关,因为承载能力极限状态(ULS)和正常使用极限状态(SLS)的锚杆承担的作用设计值都根据这些章节中的要求(一章或几章)确定。群锚整体上拔破坏验算方法与本指南第 7 章中群桩 UPL 情况下上拔破坏的验算原理相同。

条款8.1.2
条款8.4
条款8.5.4
条款8.7

*第8 章*可参考《EN 1537:1999,岩土锚杆:注浆锚杆的定义、施工及检测指南》。宜注意,EN 1537 与 EN 1997-1 内容并不完全相同。EN 1997-1 中的岩土工程设计要求替代了 EN 1537 中的要求。本指南 8.4 节给出了锚杆载荷试验。

条款8.4(9)P

锚索的倾斜角度应使得潜在破坏机理引起的变形可提供其自加预应力。通常平锚以小于 90°的角度穿过破裂面时可以满足这个要求。

8.2　承载能力极限状态设计

8.2.1　锚杆设计

锚杆承载能力极限状态(ULS)设计的基本要求为：

$$P_d \leq R_{a,d} \qquad (8.1)$$ 条款8.5.1(1)P

式中，$R_{a,d}$为锚杆抗拔承载力设计值；P_d为锚杆荷载设计值(例如，锚杆承担的荷载设计值)。锚杆荷载值由结构设计的"反力"得出(例如锚杆抵抗土压力的挡墙，锚杆抵抗土体滑动的边坡，锚杆抵抗上浮力的地下结构)。对于预应力锚杆，P_d由预应力P_0(锁定时)、施工阶段(后续开挖)以及结构使用期限内(荷载)的可变力组成。锚杆预应力P_0(锁定时)在岩土工程结构设计中一般为有利作用(例如挡墙、边坡或承受上浮作用的筏基)(图8.1)。

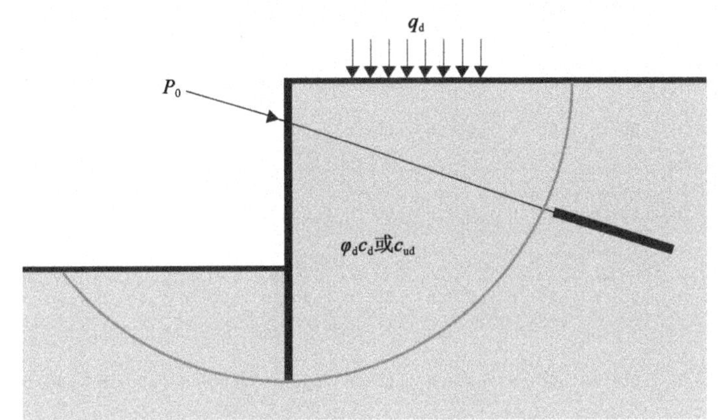

图8.1　挡墙设计[预应力P_0(锁定)在挡墙设计以及整体稳定性分析时为有利作用]

锚杆的设计必须使其承受锚杆荷载P_d以防止(图8.2)： 条款8.2(1)P

- 岩土破坏：对于注浆锚杆，注浆体与岩土体间界面的破坏，或锚头位移过大、蠕变造成的破坏；对于地锚，锚碇前的地基承载力不足造成的破坏。
- 结构破坏：锚索或锚头的破坏；对于注浆锚杆，锚索与注浆体间的粘结破坏。

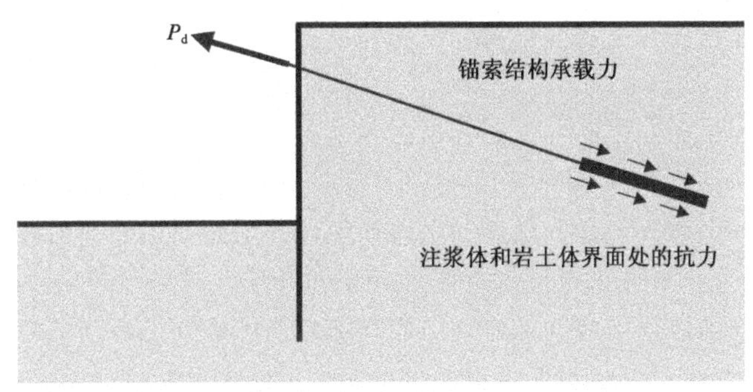

图8.2　从挡墙设计中得到的锚杆需承担的设计值P_d：锚杆作用设计值

锚固荷载P_d对锚杆岩土工程设计和结构设计为不利作用。 条款8.3(2)P

宜注意，施加预应力时，对锚杆施加的力可能大于结构设计需要的力，例如在验收试验中。 条款8.3(1)P

8.2.2 锚杆荷载的设计值

条款8.5.5(1)P 锚杆荷载设计值 P_d 来自:

- 被支撑结构的承载能力极限状态(ULS)设计,相关时;
- 被支撑结构的正常使用极限状态(SLS)设计。

当采用被支撑结构的计算模型时,如果土压力作为已知作用(如第9章讨论的采用平衡法或等效梁法设计埋入式挡墙),常常将锚杆模拟为支撑。在这些模型中,计算时未引入锁定力 P_0。支撑的计算反力就是所考虑设计状况[承载能力极限状态(ULS)或正常使用极限状态(SLS)]下的锚杆的荷载设计值 P_d。预应(锁定)力可表示为分位数,例如正常使用极限状态(SLS)反力的50% ~70%甚至更高。

当使用(数值)计算模型模拟土体与被支撑结构间的相互作用时,锚杆常作为拥有一定刚度(线性的)的弹簧被引入(例如,见第9章,设计埋入式挡墙时,采用的非线性弹簧以及有限元方法);在这种模型中,土压力在计算开始时是未知的。预应力 P_0 为有利作用($\gamma_G = 1.0$)。锚杆的计算反力即为所考虑设计状况(承载能力极限状态或正常使用极限状态)下的锚杆荷载设计值。

计算模型的选择取决于计算结果要求的精度。土压力作为已知作用引入的模型通常在简支墙的承载能力极限状态设计中适用性较好。有时使用合适的应力(例如静止土压力)和应力分布用于正常使用极限状态验算的简化方法中。由多排锚杆支撑的埋入式挡墙的承载能力极限状态设计或当挡墙长度与相应自由土支承条件的长度相差较多时,以及当正常使用极限状态(SLS)验算需要计算位移值时,常使用相互作用模型。本指南第9章将提供更多相关内容。

被支撑结构的承载能力极限状态设计计算会给出锚杆荷载设计值 P_d,无论采用的是三种设计方法中的哪一种。岩土/结构承载能力极限状态设计验算时,分项系数可从*表A.3*和*表A.4*中取值。对于上浮设计状况,分项系数可从*表A.15*和*表A.16*中取值。

正常使用极限状态设计计算会给出符合正常使用准则的锚杆荷载值 P_{SLS},此值(P_{SLS})对于锚杆设计可能比承载能力极限状态设计中获得的值更为严格,尤其是在超固结黏性土中的刚性墙,或刚性锚杆,或使用非常严格的正常使用准则时。在这种情况下,土压力可能未降至主动土压力值,且锚杆设计由挡墙的正常使用准则控制。锚杆荷载设计值 P_d 应由正常使用设计条件下的锚杆荷载评估。

下文给出了被支撑结构在承载能力极限状态及正常使用极限状态设计时,估算承载能力极限状态锚杆荷载的示例。

从结构的承载能力极限状态验算开始确定锚杆荷载设计值

当采用**非预应力**锚杆或当正常使用要求不严格时,设计的第一步常常是岩土工程结构(挡墙、加筋边坡、带锚杆筏基等)的承载能力极限状态验算。对于结构/岩土承载能力极限状态设计验算,分项系数根据所采用的设计方法从*表A.3*和*表A.4*中取值;对于上浮设计状况,分项系数从*表A.15*和*表A.16*中取值。根据条款

8.5，承载能力极限状态计算提供的锚杆荷载设计值 P_d（被支撑结构的“反力”设计值），将会作为验算锚杆承载能力极限状态的作用。

对于**预应力**锚杆，在计算中引入预应（锁定）力作为作用，采用有利作用的分项系数（$\gamma_F = 1.0$）。土-结构相互作用模型计算出的是反力（例如约束埋入式挡墙或拉住筏基的锚杆荷载），因为锚杆预应力对于岩土工程结构是一种有利作用。对于非预应力锚杆，承载能力极限状态计算提供的锚杆荷载设计值需确保结构在承载能力极限状态设计条件下的稳定性。

图 8.3 说明了此设计方法。

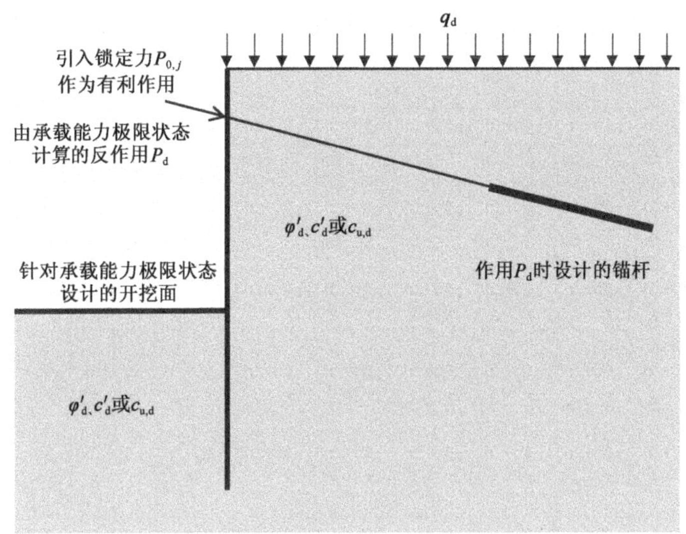

图 8.3　埋入式挡墙的承载能力极限状态设计模型（结构加岩土）（其中引入预应力作为有利作用；计算结果提供锚杆荷载的设计值）

在图 8.4 所示类型的承载能力极限状态整体稳定性计算中，当使用“假定破裂面法”（见本指南 11.5 节）时，在稳定性计算中引入锚杆抗力设计值（或破裂面外的锚杆部分的抗力设计值）作为有利作用。

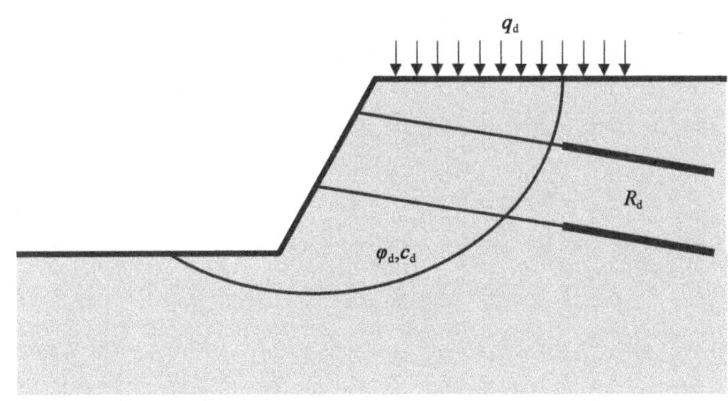

图 8.4　使用假定破裂面法的整体稳定性设计模型（锚杆抗力设计值 R_d 被带入计算中）

从结构的正常使用极限状态验算开始确定承载能力极限状态锚杆荷载设计值

当使用预应力锚杆时，最小预应（锁定）力 P_0 以及相应的正常使用极限状态锚杆反力常常通过正常使用极限状态计算确定，以避免支撑结构产生过大的位移。这种情况下，锚杆的承载能力极限状态验算按以下步骤进行。 *条款8.5.5(1)P*

(1)当采用土-结构相互作用模型时,例如针对锚杆的预应力的弹簧模型,以及针对支挡结构与土相互作用的非线性弹簧模型(见第 9 章),第一步,通过反复试验计算锁定力 $P_{0,SLS}$,直到满足正常使用极限状态位移标准。第二步,使用承载能力极限状态设计的分项系数进行结构的承载能力极限状态验算。在承载能力极限状态计算中,预应(锁定)力 $P_{0,SLS}$ 为结构上的有利作用,宜据此处理(作用分项系数 $\gamma_F = 1.0$)。承载能力极限状态计算将提供锚杆荷载设计值 P_d。图 8.5 说明了两步法计算步骤。

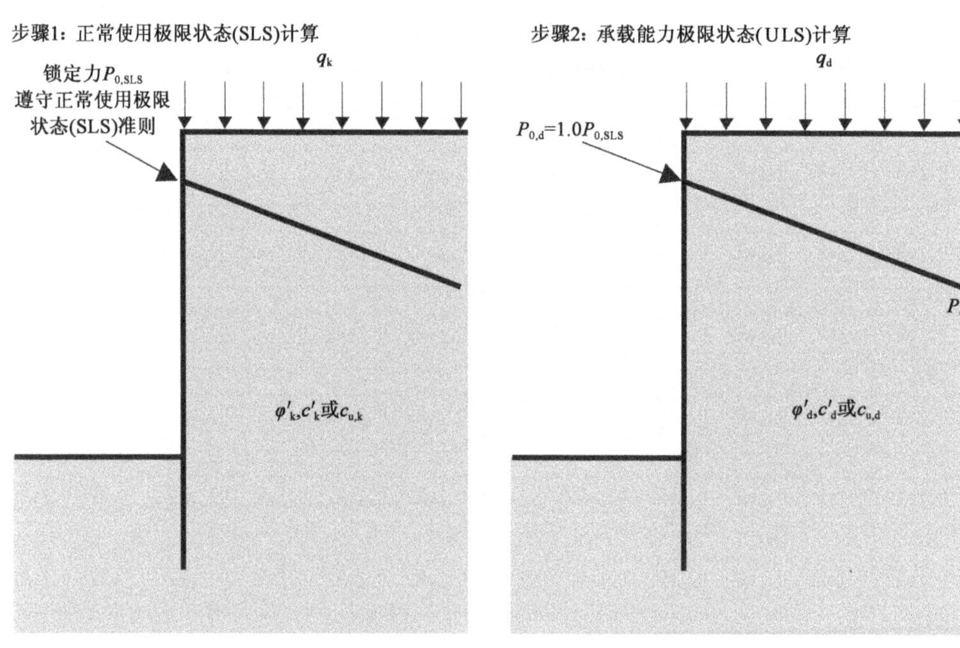

图 8.5　获取承载能力极限状态(ULS)锚杆荷载设计值的计算步骤示例,使用土体-结构相互作用模型,先进行结构正常使用极限状态(SLS)验算。承载能力极限状态(ULS)的锚杆设计基于 $1.35P_k$ 和 P_d 中的较大值

宜非常注意的是,在设计方法 1 (DA-1)和设计方法 2 (DA-2)中,由于 DA-1 组合 1 与 DA-2 中应用的分项系数 γ_G 取自 *表A.3*(γ_G 建议值为 1.35),P_d 至少等于 $\gamma_G P_k$(详见本指南第 9 章)。在设计方法 3 (DA-3)中,能发现 P_d/P_k 的比值低至 1.1 或 1.2,例如,刚性墙或高预应力锚杆。对锚杆承载能力极限状态设计应用的抗力分项系数 γ_a 的建议值,基于 $P_d \geqslant 1.35P_k$ 的假定确定,因此建议锚杆承载能力极限状态设计中的锚杆荷载设计值等于 P_d 以及 $\gamma_{model} P_k$ 中更严格的那个值,其中,P_d 来自结构承载能力极限状态设计,P_k 来自结构正常使用极限状态设计,
条款8.6(4) γ_{model} 为 *条款8.6(4)* 中的允许模型系数。本指南建议 γ_{model} 值等于不利作用时的 γ_G 值(EN 1997-1 建议 $\gamma_G = 1.35$)。

条款8.6(3) 当使用弹簧模型计算时,宜选择锚杆弹簧常数高值和低值与预应力(锁定力)的最不利组合。锚杆最大刚度的估计值可为锚杆总长减去锚索粘结长度;锚杆最

小刚度的估计值可为锚杆总长减去锚索粘结长度的一半。

(2)当使用极限平衡法或等效梁法(挡墙上的土压力在计算前假定为已知的方法)进行正常使用极限状态计算时,计算出的正常使用极限状态反力宜乘以模型系数以得到锚杆荷载设计值。模型系数值可由国家附件设定。建议使用的值不小于不利作用时的 γ_G 值(EN 1997-1 建议 $\gamma_G = 1.35$)。 *条款8.6(4)*

8.2.3 锚杆承载力设计值

抗拔承载力设计值可根据试验结果或通过计算确定。 *条款8.5.1(2)*

根据试验结果确定抗拔承载力 *条款8.5.2*

对于注浆锚杆和螺旋锚杆,抗拔承载力特征值 $R_{a,k}$ 应根据适用性试验确定。锚杆承载力设计值 $R_{a,d}$ 由特征值除以分项系数 γ_a 得出: *条款8.4(10)P*

$$R_{a,d} = R_{a,k}/\gamma_a \qquad (8.2)$$

结构/岩土的 γ_a 建议值可见 *表A.12*,并可在国家附件中修改。DA-3 中建议值 $\gamma_a = 1.0$(第三列 *R3*)不适用于根据抗拔试验计算锚杆承载力设计值,因为在 DA-3 中,计算锚杆承载力使用的是岩土体抗剪强度参数。此条也适用于根据载荷试验确定桩基承载力的情况(见第7章)。对于上浮设计状况,γ_a 的建议值见表 *A.16*。 *条款8.5.2(2)*

特征值 $R_{a,k}$ 宜通过相关系数 ξ_a 与试验联系起来,相关系数 ξ_a 考虑了试验数量及试验结果的变异性。如果引入一个 ξ_a 值,ξ_a 可将如实测承载力最小值 $R_{a,measured,min}$ 以及实测试验承载力平均值 $R_{a,measured,mean}$ 与特征值 $R_{a,k}$ 联系起来,通过类似于桩基中引入的关系式: *条款8.5.2(3)*

$$R_{a,k} = \text{Min}\{R_{a,measured,mean}/\xi_{a,1}; R_{a,measured,min}/\xi_{a,2}\}$$

EN 1997-1 中未给出相关系数 ξ_a 的建议值,可由国家附件设定。$\xi_{a,1}$ 值的范围为 1.2(一个试验)到 1.1(三个或更多试验);$\xi_{a,2}$ 值的范围为 1.2(一个试验)到 1.05(三个或更多试验)。

结合不等式(*8.1*)和等式(*8.2*)可得出:

$$P_d \leq R_{a,d} = R_{a,k}/\gamma_a \quad 或 \quad R_{a,k} \geq P_d\gamma_a \qquad (D8.1)$$

条款8.5.2(1)P

如果锚杆荷载 P_d 已知,如从挡墙计算中得到,要求就变为:锚杆抗拔承载力比下式要求的更严格。

$$R_{a,measured,min} \geq P_d\gamma_a\xi_{a,1}$$

$$R_{a,measured,mean} \geq P_d\gamma_a\xi_{a,2}$$

根据计算确定抗拔承载力 *条款8.5.3*

抗拔承载力设计计算值必须根据 *条款2.4.7* 及 *条款2.4.8* 的原则确定。 *条款8.5.3(1)P*

地锚(锚碇锚)

地锚利用的是其前面土的被动抗力。被动抗力的设计值由土体抗剪强度参数 c'_k 和 φ'_k(或 c_{uk})(通过应用 *表A.4* 和 *表A.13* 中的分项系数)确定。如下:

- DA-1 和 DA-3:通过应用 *表A.4* 中集合 *M*1(DA-1 组合1)或集合 *M*2(DA-1 组合2及DA-3)中的分项系数得到土体抗剪强度参数设计值。两种方法中 $\gamma_{R,e}$ 都等于 1.0。

- DA-2:地锚承载力特征值(使用土体抗剪强度参数特征值计算)除以表*A.13*中集合 *R*2 的分项系数 $\gamma_{R,e}$。

注浆锚杆或螺旋锚杆

注浆锚杆承载力特征值可通过图表或其他经验规定和相关性估算。这些图表已经根据试验数据确定,且提供了锚杆抗拔承载力特征值。EN 1997-1 未明确给出使用图表估算抗拔承载力设计值的方法。由于图表与载荷试验结果直接相关,因此可以根据式(*8.2*)计算抗拔承载力设计值:

$$R_d = R_{a,k}/\gamma_a$$

其中,γ_a 按表*A.12*(结构/岩土设计状况)或表*A.16*(上浮状况)取值。鉴于图表的不确定性,可使用补充的模型系数。

预应力锚杆的锁定力

EN 1997-1 没有给出关于锁定力的建议,但建议选取一个比承载力特征值 $R_{a,k}$小很多的值以避免蠕变变形。EN 1537 建议锁定力宜不大于 0.65 倍的注浆锚杆承载力特征值 $R_{a,k}$。

条款8.5.4

8.3 锚杆结构设计

条款8.5.4(2)P 锚杆结构设计可参考 EN 1992、EN 1993 和 EN 1537 进行,采用上节得出的锚杆荷载设计值 P_d。

设计要求是锚杆材料达到承载能力极限状态前先在土中达到承载能力极限状态(如注浆材料与土体间的粘结破坏和锚碇的被动破坏)。原因是为了避免锚杆材料的脆性破坏,而在土中的破坏常常是延性破坏且有预警。对于注浆锚杆,
条款8.5.4(1)P 不等式(*8.3*)还可表达为:

$$R_{t,d} = R_{t,k}/\gamma_{structural,a} \geqslant R_{a,c} = R_{a,k}/\gamma_a \qquad (D8.2)$$

或

$$R_{t,k} \geqslant R_{a,k}(\gamma_{structural,a}/\gamma_a)$$

式中,$R_{t,k}$为锚杆材料承载力特征值;$\gamma_{structural,a}$为锚杆材料的分项系数。

与 EN 1997-1 相反,EN 1537 在附录 D(资料性)的条款 D.5.3 中建议 $R_{a,k} > R_{t,k}$。只有 $\gamma_{structural,a}/\gamma_a < 1.0$ 时,EN 1997-1 和 EN 1537 的要求才能同时满足。EN 1537的要求其实是为了保证首先发生锚索的正常使用极限状态(SLS)破坏,然后发生注浆体与土间的粘结破坏。两者要求矛盾时,EN 1997-1 替代 EN 1537。

8.4 岩土锚杆的载荷试验

8.4.1 验收试验

条款8.8

条款8.1.2.3 在所有锚杆上进行验收试验是为了保证每个锚杆都能满足设计要求。条款
条款8.4(10) *8.4(10)P*,第二句,要求承载力设计值根据 EN 1537 中的验收试验验算。EN 1537

在附录 E(资料性)中说明当锚杆采用逐步加载(试验方法 3)时验证荷载 P_P 大于 1.25 P_0 和 $R_{a,d}$,当锚杆从基准荷载到试验荷载循环加载(试验方法 1 和 2)时 P_P = 1.25 P_0;P_0 为计算得出的预应(锁定)力,$R_{a,d}$为锚杆承载力设计值。在逐步加载中采用试验荷载为最常见的方法。验收标准表达为每对数时间单位内的最大变形。

由于注浆锚杆的承载力设计值 $R_{a,d}$接近其承载力特征值 $R_{a,k}$(分项系数建议值 γ_a =1.1,见 *附录A* 中*表A.12*)和破坏荷载,将 EN 1997-1 和 EN 1537 的要求结合,会产生一个比锚杆工作荷载大很多的验收荷载值;平均来看,验收荷载P_P = $R_{a,d}$(当 $R_{a,d} \geqslant P_d$ 时)将会是工作荷载 P_k(正常使用情况)的 1.4 ~ 1.7 倍,因为承载能力极限状态与正常使用极限状态的锚杆荷载比值 P_d/P_k 通常为 1.4 ~ 1.7。当施加的验收荷载等于 $R_{a,d}$(方法 3)时,EN 1537 规定的验收标准可能很严格。应注意的是,这种情况下,EN 1537 采用的 $\gamma_a \geqslant 1.35$(EN 1537,附录 D),而 EN 1997-1 的建议值是 1.1。因此本指南建议广义地理解这些语句——"*应符合 EN 1537*"和"*满足设计要求*";宜仔细评估进行验收试验达到锚杆承载力设计值 R_d 时的后果。验收试验方案宜是验收荷载远小于破坏荷载以避免对锚杆的不利影响,但足以证明已建锚杆满足设计要求。验收荷载宜优先采用 1.1 ~ 1.3 倍的正常使用工况下的荷载(即工作荷载)或 1.25 倍的锁定力,且以在一定的时间间隔内量测的变形作为验收标准。

8.4.2　适用性试验　*条款8.7*

在选定的锚杆上进行适用性试验,以确认其设计合适或确定锚杆的承载力特征值。适用性试验最好先加载至破坏以通过实测抗拔承载力值 R_a 估算锚杆的抗拔承载力特征值 $R_{a,k}$。针对施加荷载绘制蠕变曲线图,抗拔承载力 R_a 为在每个对数循环时间(单位:min),蠕变斜率曲线的竖直渐近线 α(mm)对应的荷载。如果渐近线无法确定,R_a 取 α = 5mm 对应的荷载[见 EN 1537,附录 E.4.4(资料性),图 E5]。　*条款8.1.2.4*　*条款8.4(10)P*

抗拔承载力特征值可通过应用系数 ξ 与适用性试验结果相关(上述见 8.2.3 节)。　*条款8.5.2(3)*

如果必须证明某一承载力设计值 $R_{a,d} \geqslant P_d$,则验证荷载宜至少等于预计的锚杆承载力,即:

$$P_P \geqslant \xi_a R_{a,k} = \xi_a R_{a,d} \gamma_a \geqslant P_d \gamma_a \xi_a \qquad (D8.3)$$

式中,P_d 为锚杆荷载设计计算值。

如上文定义,基于此验证荷载值 P_P,如果未达到注浆体与土体之间的破坏状态,锚杆足以满足要求,例如,$\alpha < 5$mm。

锚杆试验标准的编制是 CEN/TC 341 关于岩土勘察和试验的工作之一。

8.4.3　勘察试验　*条款8.1.2.5*

对于新型锚杆或对于所考虑锚固系统没有关于岩土或荷载情况的经验时,勘　*条款8.4(8)P*

察试验是必要的。此类试验要求进行至注浆体与土间粘结破坏状态或进行蠕变试验。

8.4.4 验证荷载作为结构作用时

验证荷载是施加在结构上的不利(特征的,单调的)作用。因此,结构(挡墙、腰梁等)必须根据条款*2.4.7*的原理验算其不利作用。

示例 8.1 针对适用性试验和验收试验的验证荷载估算

挡墙正常使用极限状态和承载能力极限状态的每延米锚杆锁定力及荷载设计值见第 9 章[见示例 9.2:表 9.6,DA-1、DA-2、DA-3 采用极限平衡模型(LEM);表 9.7 DA-2 采用弹簧模型;表 9.9 的正常使用极限状态]。锚杆间距为 2.4m,与水平的倾角为 10°。锚杆承担的作用设计值 P_d(承载能力极限状态与正常使用极限状态),是通过锚杆力 F_h 的水平分量设计值乘以锚杆间距 2.4m 以及 $1/\cos 10° = 1.015$(锚杆倾斜修正系数)得出的,详见表 8.1。

使用 DA-1、DA-2 和 DA-3 从挡墙的正常使用极限状态和承载能力极限状态设计中得出的锚杆荷载设计值 表 8.1

锁定力(kN/m)	从挡墙设计中得到的锚杆水平荷载的 ULS 和 SLS 设计值 F_h(kN/m)					锁定力(kN)	锚杆荷载的 ULS 与 SLS 设计值 P_d(kN/锚杆)				
	SLS	DA-1 极限平衡模型	DA-2(L) 极限平衡模型	DA-2(S) 弹簧模型	DA-3 极限平衡模型		SLS	DA-1 极限平衡模型	DA-2(L) 极限平衡模型	DA-2(S) 弹簧模型	DA-3 极限平衡模型
100	112	172	228	157	172	244	273	419	557	383	419

本例中,将评估锚杆适用性试验和验收试验中施加在锚杆上的验证荷载。至少进行三次适用性试验。

承载能力极限状态下锚杆荷载设计值大于正常使用极限状态下锚杆荷载的 **1.35** 倍;因此,锚杆的承载能力极限状态设计始于承载能力极限状态锚杆荷载。

表 8.2 表明:

- 所需锚杆承载力特征值为:

$$R_{a,k} = R_{a,d}\gamma_a \geqslant P_d\gamma_a$$

- 通过适用性试验证明的所需承载力,即

$$R_{a,\text{measured},\min} \geqslant R_{a,k}\xi_{a,2}$$

$\xi_{a,2} = \mathbf{1.05}$ 或 $\xi_{a,1} = \mathbf{1.10}$(三次试验),$R_{a,\text{measured},\text{mean}} \geqslant R_{a,k}\xi_{a,1}$。$\xi_{a,1}$ 和 $\xi_{a,2}$ 是为本例而选取的值。不能使用 DA-3 的分项系数。从载荷试验结果中检查锚杆的适用性,而使用 DA-2 的分项系数可满足适用性试验中验证荷载的要求。使用从 DA-3 挡墙计算中得到的值 P_d;单根锚杆验收试验所需的验证荷载根据 EN 1537 的要求确定,即 $\mathbf{1.25}P_0$ 和 $R_{a,d}$ 中的较大值(见验收试验验证荷载的第一行)。

所需锚杆承载力特征值与适用性试验和验收试验的验证荷载汇总　表8.2

(所有荷载都为锚杆的轴向力)(单位:kN)

锁定力 P_0	正常使用极限状态锚杆荷载 P_{SLS}	所需锚杆承载力特征值 $R_{a,k}(\gamma_a=1.1)$				适用性试验所需验证荷载 $(\xi_a=1.1$ 和 $1.05)$					验收试验所需验证荷载 P_b				
		DA-1	DA-2(L)	DA-2(S)	DA-3[a]		DA-1	DA-2(L)	DA-2(S)	DA-3[a]		DA-1	DA-2(L)	DA-2(S)	DA-3
244	273	461	611	421	461	平均值	484	642	442	484	EN 1537	419	557	383	419
						最小值	507	672	463	507	**实测值**	**313**	**313**	**313**	**313**

注：[a]DA-3 计算得出的 P_d 通过使用 DA-2 的分项系数进行适用性试验验证。

表8.2表明,在所有的设计方法中,针对验收试验的验证荷载与锁定力和正常使用极限状态锚杆荷载相比,非常大。这些较大的针对验收试验的验证荷载 P_P,可能会导致锚杆在试验中产生蠕变,因为验证荷载和锚杆承载力之间安全裕度很小(对比适用性试验的验证荷载,应注意适用性试验的验证荷载为破坏荷载)。表8.2建议使用从下式中得到的更真实的验证荷载(第二行,黑体):

$$P_P = \max\{\mathbf{1.25}P_0, \mathbf{1.15}R_{SLS}\}$$

第 9 章　支挡结构

本章论述了支挡(土体、岩石和填土)结构和挡水结构的设计。内容包含 EN 1997-1 *第9章*和*附录C*("*确定竖直墙上土压力极限值的程序示例*")。本章沿用了 EN 1997-1 *第9章*的结构:

9.1　一般规定　*条款9.1*

9.2　极限状态　*条款9.2*

9.3　作用、几何参数和设计状况　*条款9.3*

9.4　设计和施工注意事项　*条款9.4*

9.5　土压力的确定　*条款9.5*

9.6　水压力　*条款9.6*

9.7　承载能力极限状态设计　*条款9.7*

9.8　正常使用极限状态设计　*条款9.8*

条款 *9.1.2(1)*　支挡结构主要分为以下三种类型:

- 重力式挡墙。挡墙重量有时包括稳定的岩土体(立板墙),在支撑支挡材料中起到重要作用。
- 埋入式挡墙,为相对较薄的钢墙、钢筋混凝土墙或木墙。这类墙体或仅靠墙前被动土压力(悬臂墙)形成的土抗力保持稳定,或靠锚杆或内支撑以及其墙趾范围内的抗力(支撑墙)支撑。相对于墙体自重,埋入式挡墙的抗弯承载力在支撑支挡材料中起到非常重要的作用。
- 组合支挡结构,包括上述两种类型支挡构件的组合。典型示例为围堰、加筋土及土钉结构。

*第 9 章*重力式挡墙和埋入式挡墙设计及施工的内容应用了*第1 ~4 章*的原理。尽管很多基本的设计原理仍然适用,但并未对组合支挡结构进行论述。

*第 9 章*重力式挡墙承载力破坏设计依赖于 *第 6 章*,锚杆抗拔破坏设计依赖于*第8 章*,抗水力破坏设计依赖于 *第 10 章*,挡土结构抗整体失稳破坏设计依赖于 *第11 章*。当检验埋入式挡墙竖向稳定性时,*第 7 章*的一些原理,如果相关,也可用到。

与 EN 1997-1 的其他章节一样,*第 9 章*仅给出了支挡结构设计的基本要求,而没有描述或指定具体计算方法。为了帮助设计人员,本章描述了承载能力极限状态(ULS)和正常使用极限状态(SLS)设计条件下(见 *9.7 节*和 *9.8 节*)的典型计算方法,并包含以下示例:

示例 9.1：重力式挡墙（基墙）基础抵抗滑移破坏和承载力破坏的承载能力极限状态设计。

示例 9.2：单排锚杆支撑的埋入式挡墙的极限状态及正常使用极限状态设计，包括抗隆起破坏设计。锚杆设计见第 8 章（见示例 8.1）。

9.1　一般规定

*第 9 章*适用于支挡岩土体材料和水的结构。如果岩土体要保持的坡面坡度比其在无支挡结构时所能维持的坡度大，就需要对其进行支挡。受支挡的岩土体会对支挡结构产生作用（土压力）。作用于重力式和埋入式挡墙的土压力包含在*第 9 章*内容范围内。本节没有讨论组合支挡结构的土压力，但 EN 1991-4（*筒仓和储罐中的作用*）中论述了筒仓中颗粒材料的压力。 *条款9.1.1(1)P* *条款9.1.1(2)P*

常规尺寸的支挡结构通常属于岩土工程类型 2。*条款2.1（19）*注释中给出了相应示例。 *条款2.1(19)*

9.2　极限状态

当设计支挡结构时，应考虑所有可能的极限状态。典型极限状态包括以下几种。 *条款9.2(1)P*

承载能力极限状态（SLS）

（1）整体失稳（GEO ULS）。应证明整体失稳破坏发生的可能极小。至少应当考虑*图9.1*所列的几种极限模式，应考虑渐进破坏和可能的强度降低（如由于产生超静孔压导致）。

（2）重力式和组合式挡墙的基础破坏，如过大的滑移或超出其承载力（GEO ULS）。*图9.2*列举了基础破坏的示例。应恰当的应用*第6 章*的原理，特别是针对大偏心和倾斜荷载作用下墙底进行抗地基失稳设计和抗滑移破坏设计时。分析中还应包括由渗流引起的作用于基底的浮托力。 *条款6.5.4* *条款6.5.3*

（3）重力式和组合式挡墙的倾覆破坏（EQU ULS）。EQU 类型破坏（例如按刚体考虑墙体失去平衡）仅限于建于岩石上或墙趾有支撑的重力式挡墙。

（4）埋入式挡墙的转动破坏、水平平移破坏或竖向不平衡破坏（GEO ULS）。以上破坏形式的示例见*图9.3*和*图9.4*。

（5）结构构件的破坏，如墙体、锚杆、腰梁或内支撑，包括这些构件间连接的破坏（STR ULS）。锚杆破坏包括结构破坏（STR ULS）和拔出破坏（GEO ULS）。这类破坏的示例见*图9.5*（结构失效）和*图9.6*（岩土破坏）。

（6）支挡结构隆起破坏、内部侵蚀破坏或管涌、渗漏水破坏，或墙下土颗粒转移破坏，均由过大水力坡度导致（HYD ULS）。这种情况可能发生在挡墙两侧地下水水位有显著差异的深基坑底部（见*第10 章*）。

正常使用极限状态（SLS）

（1）不可接受的支挡结构位移，可能影响结构本身的外观或功能，或对其他结构或设施产生影响。

(2)不可接受的地下水动态变化。

9.3 作用、几何参数和设计状况

条款2.4.2(4)

9.3.1 作用

支挡结构主动侧的土压力为不利岩土作用,其大小依赖于岩土体的性质,即重度、黏聚力、内摩擦角和墙-地基界面抗力(见 EN 1990,条款 1.5.3.7)。地下水压力同样也是岩土作用。

尽管*条款2.4.2(4)*规定"*土压力应全按作用考虑*",而不区分主动侧和被动侧的土压力,但在进行埋入式挡墙 GEO ULS 和 STR ULS 设计时其被动侧的土压力:

- 在设计方法 1(DA-1)和方法 3(DA-3)中可视为有利岩土作用或者土抗力,其结果是相等的(因为在两种情况下有利作用和抗力的分项系数均为 1.0)。
- 在设计方法 2(DA-2)中应作为"土抗力",因为该方法包含了不为 1 的土抗力分项系数(推荐值 $\gamma_R = 1.4$,见*表A.13*)。

条款6.5.2.1(3)P
条款6.5.3(2)P

在进行承载能力破坏设计[见*不等式(6.1)*和*条款6.5.2.1(3)P*]时,重力式挡墙被动侧的土压力应视为有利作用,而进行基底抗滑移[见*不等式(6.2)*——$R_{p,d}$项]设计时,应视为抗力。实际上在 DA-1 和 DA-3 中重力式挡墙被动侧的土压力可被视为有利岩土作用或土抗力作用,其结果相等;但在 DA-2 中结果不同。

支撑式挡墙中支撑构件的作用力应按以下考虑(进一步论述见第 8 章):

(1)内支撑通常模拟为自由度约束(固支点),因此相应的支撑力按约束引起的反力计算。

(2)在某些 GEO ULS 设计中,墙体的位移足够大以充分发挥锚杆、预应力锚杆或锚定锚杆的抗力,可按永久有利作用考虑,其设计值等于锚杆抗力设计值(如等于抗拔力,根据第 *8* 章,其值应当低于钢筋束的结构抗力)。

(3)在正常使用极限状态(SLS)和某些承载能力极限状态(ULS)设计中,墙体位移可能不足以充分调动锚杆的抗力。这类情况包括刚性桩或横隔墙,墙体不足以导致锚杆拔出或结构破坏的小变形可引起混凝土截面(SRT ULS)形成塑性铰(特别是锚杆长且柔时)。这种情况下预应力或锚定锚杆的作用力是墙和岩土体相互作用的结果,如下:

(a)内支撑、锚定锚杆(及其他非预应力锚杆)的作用力按具有适当刚度的弹簧的反力计算(根据钢筋束刚度和土抗力发挥时锚定锚杆的变形能力估算)。

(b)预应力锚杆的作用力由作用(等于设计人员选择的预张拉锁定力)和弹簧反作用组成(其刚度根据锚索刚度计算出)。实践中,许多预应力体系具有相当的伸长性,因此与张拉作用力相比,"反作用"分量可以忽略。

通常,计算开始时施加在支挡结构上假定值已知的力视为"作用",而刚开始力值未知,根据支挡结构与支撑构件(土弹簧、锚杆、内支撑等)相互作用而确定的力为"反作用"。

9.3.2 几何参数

*条款9.3.2*论述几何参数的不确定性(开挖和水位)。大多数情况下,几何参数的较小差异可由包含在计算中的安全要素来调整(主要是几何参数特征值和分项系数)。但是由于支挡结构的设计可能对地基和水位非常敏感(尤其是在具有高抗剪强度或大摩擦角的土体中的埋入式挡墙),本条包含了一些特殊要求,主要是针对墙前不可预见的超挖和墙体两侧地下水位的情况。 *条款9.3.2*

墙前不可预见的超挖

在承载能力极限状态(ULS)设计计算中,墙体的稳定性取决于墙体前方的土体抗力,提供抗力的土体标高应比名义上预期标高低 Δa,这取决于开挖标高的控制程度。对于常规控制程度,Δa 应: *条款9.3.2.2(2)*

- 对于悬臂墙,应等于开挖标高以上墙体高度的10%(不大于0.5m)。
- 对于支撑式挡墙,等于最低一层支撑和开挖底面间距的10%(不大于0.5m)。

施工过程中当表面标高得到可靠控制时,可采用较小的超挖值(甚至是0),但当表面标高非常不确定时,可采用较大值。

设计中*条款9.3.2.2(2)*推荐的地面高度折减是非常关键的,忽略时应非常谨慎,特别是在埋入式挡墙严重依靠在约束地层中较浅埋深的情况下。Simpson和Driscoll(1998)表示不可预见的超挖会对被动破坏安全性和计算弯矩产生较大影响。

墙前后地下水位

墙前后自由水面线的选择须考虑地下水动态的长期变化和/或岩土体的渗透性,上层滞水层或承压水层的存在,以及墙后排水随时间停止运行的可能性。 *条款9.3.2.3*

9.4 设计和施工注意事项

根据*条款9.4.1(1)P*,支挡结构设计需要考虑所有相关的承载能力极限状态(ULS)和正常使用极限状态(SLS)。 *条款9.4.1(1)P*

当进行ULS验算时,应对所有相关的设计工况进行两类计算:

(1)结构的承载能力极限状态(ULS)计算,包括一组极限平衡计算来确定结构的比例和几何尺寸(重力式挡墙的基底宽度,埋入式挡墙的埋入深度,支撑式挡墙的锚杆或支撑的数量和位置等)。这些计算应检验在主动侧侧向土压力(和被动侧,如相关)、其他外部作用(如墙体自重,水力作用,锚杆和支撑力)和抗力(如重力式挡墙基底的抗滑力)作用下墙体水平和竖向力的平衡和弯矩平衡。

(2)结构承载能力极限状态(ULS)计算,包含一组结构设计计算,以确定极限平衡计算中抵抗弯矩和剪力所必需的结构构件尺寸和性能。

条款9.5
条款9.7

条款9.5 论述了承载能力极限状态(ULS)设计中相应土压力确定方法,*条款9.7* 论述了承载能力极限状态设计方法。

正常使用极限状态(SLS)设计需要估计(某些情况下需要进行严格的计算)墙体和被支挡岩土体的位移,目标是确保其不超过受其影响的结构和设施的正常使用要求。对于正常使用要求不严格的支挡结构,几何尺寸通常由承载能力极限状态(ULS)设计计算决定,并通过正常使用极限状态(SLS)计算校核(如需要)。对于有严格正常使用要求的支挡结构,通常按正常使用极限状态(SLS)要求控制

条款9.5
条款9.8

设计。*条款9.5* 论述了正常使用极限状态(SLS)设计的相应土压力确定方法,*条款9.8* 论述了设计方法。

9.5 土压力的确定

条款9.5.1

对相应土压力的确定是支挡结构设计的关键因素,因为土压力不仅取决于岩土体参数值,还取决于因自由度约束或使用要求,墙体能够容许的位移或挠度。不同墙体位移和/或挠度导致的自由度约束,因而产生不同土压力的例子包括与基础结构刚性连接的墙体,悬臂或锚拉的埋入式挡墙,基础位于表层或建于桩基上的重力式挡墙。正常使用要求的示例是建在被挡土体上的结构需要避免开裂。对于在相应极限状态和设计状况下预期的墙体位移/挠度,根据EN 1997-1,设计中所用的土压力值对墙体主动侧和被动侧土压力的估计值倾向于保守(分别会高估和低估)。

条款9.5.1(10)

根据*条款9.5.1(10)*,在正常使用极限状态(SLS)和承载能力极限状态(ULS)计算中,相应土压力数值不同。

原则上,如果墙体施工时不扰动土体,且不发生后期位移,两侧的土压力相当

条款9.5.2

于静止土压力状态。*条款9.5.2* 给出了正常固结土、超固结土和墙后斜坡土体的静止土压力系数(K_0)估算方程。然而,在大多数支挡结构中不会出现相应于静止条件的土压力,因为墙体施工及土体开挖过程肯定会产生足以改变静止状态的位移。

条款9.5.3
条款9.5.4

条款9.5.3 和 *条款9.5.4* 论述了土压力对墙体位移的依赖关系。当墙移动和/或挠曲时,被动侧土压力增大,最大值(极限被动土压力)通常发生在承载能力极限状态(ULS)设计计算中。墙体的主动侧土压力常常随墙体位移而减小,但在正常使用极限状态(SLS)和承载能力极限状态(ULS)设计中使用的实际产生的土压力值取决于墙体刚度、支撑构件的刚度(内支撑、锚杆等),以及土的应力应变特征。*附录C* 对产生极限主动土压力和被动土压力所需的墙体位移大小提供了参考。

确定承载能力极限状态(ULS)和正常使用极限状态(SLS)设计所用土压力的方法如下:

承载能力极限状态(ULS)设计

由于承载能力极限状态(ULS)设计通常包含较大的墙体位移/挠度,这会导致系统破坏,墙体主动侧和被动侧的极限土压力值可以通过塑性分析方法进行估计,利用*附录C*给出的土压力方程,根据情况,按总应力或有效应力来应用方程。对10°~45°范围内的内摩擦角φ',不同的墙-岩土体界面参数以及地层倾角,对应的极限土压力系数值见*附录C*的图表(根据Caquot等,1973)。必须考虑由压实、可能的充水张力和干缩裂缝引起的土压力增大。 *条款C.1(1)* *条款9.5.5(1)P* *条款9.6(5)P*

在墙体位移不足以导致极限土压力发生的情况下,即使处在承载能力极限状态(ULS)(如由于固定约束),承载能力极限状态(ULS)设计计算应采用与自由度约束相配的中间土压力值,即在主动侧采用比极限主动土压力更大的值,以及在被动侧采用比极限被动土压力更小的值。合适的土压力值可通过数值分析计算,如有限元分析、由线性弹簧(温克尔型)或非线性弹簧(弹塑性)支持的一维墙体模型分析,或其他考虑土压力重新分布的方法来计算,甚至还可采用经验土压力分布方法,如Terzaghi与Peck(1967)和EAU(1980)所描述的方法。此类情况下使用极限土压力偏于不安全,特别是对于算出的内支撑和锚杆力。 *条款9.5.4*

正常使用极限状态(SLS)设计

如果进行分析时墙-岩土体间相互作用包含在内(如,采用非线性弹簧模型或有限元方法),就不需要*预先*确定土压力,因为在数值模型中会自动形成相应的土压力。如果认为此类分析不切实际,可采用简化梁模型验证正常使用要求,该模型中墙体受相应的土压力作用,并得到线性(温克尔模型)弹簧或非线性弹簧的支撑(详述见9.7节)。这种情况下,相应的土压力应通过与正常使用要求相匹配的应变所调动的土体强度分值确定。

墙-岩土体间摩擦力与黏聚力

墙-岩土体界面能发挥的最大剪应力(τ)可通过以下公式确定: *条款9.5.1(5)*

$$\tau = a + \sigma_n' \tan\delta$$

式中,a为墙-岩土体间的黏聚力;σ_n'为作用于墙体的法向有效应力;δ为墙-岩土体界面参数(内摩擦角)。

*条款9.5.1(5)至条款9.5.1(8)*推荐ULS设计中墙-岩土体间黏聚力设计值a和墙-岩土体界面参数δ值采用如下: *条款9.5.1(5)至条款9.5.1(8)*

- 对完全光滑墙体,$\delta=0$,$a=0$。对于完全粗糙墙体,$a=c'$及$\delta=\varphi'$可能是合适的。
- 对黏土中的钢板桩,刚打完时$\delta=0$。过一段时间,该值可能增加。
- 对砂或卵石中的现浇混凝土墙:$\delta=\varphi_{cv}'$。 *条款9.5.1(7)*
- 对砂或卵石中的预制混凝土墙,或打入钢板桩墙:$\delta=2/3\varphi_{cv}'$。

式中,c'、φ'和φ_{cv}'分别为有效黏聚力,内摩擦角和墙-岩土体界面临界内摩擦角设计值。

上述墙-岩土体界面参数(a、δ)为最大(极限)值,因为其相对应于墙-岩土体界面可产生的最大剪应力。实际中可能产生小一些的界面参数,取决于岩土体相对于墙体位移的竖向分量(两侧的任一侧)和确保墙体竖向平衡的要求。这意味着为达到竖向平衡,墙体两侧可能需要不同的界面参数值。例如,对于有多道预应力锚杆(特别是锚杆竖向倾角较大时)的较高埋入式挡墙,如按上文推荐,在主动侧采用参数 δ 的最大值,则可能导致墙体竖向平衡不满足。这种情况下实际的 δ 值不应被假定,而应通过墙体竖向平衡计算得出;该值随后可用于水平平衡计算。

竖向平衡要求意味着在考虑到墙体全部的竖向力(例如锚拉力的竖向分量)的情况下,被动侧的墙体摩擦力(作用方向向上)可能不会超过墙体主动侧的摩擦力(作用方向向下)。这一要求可能引起墙体主动侧或被动侧的假定最大(极限)摩擦力的折减,这取决于需要减小竖向力是向上力还是向下力。

条款 *9.5.5*

条款9.5.5 论述了具有压实填土墙体的土压力确定方法。Ingold (1979)提出了一种因压实而生的土压力计算方法。压实压力仅应包含在 STR ULS 设计计算(墙体结构设计)和正常使用极限状态(SLS)设计计算中。在 GEO ULS 设计计算中,不应考虑压实压力,因其随墙体发生极小的水平位移而消散。

9.6 水压力

支挡结构上水压力的确定非常重要,因为水压力大小通常超过土压力。如果平衡水位能够明确,并采取措施防止暴雨或洪水期间水位波动,水压力设计值可通过平衡水位计算,同时对可能的季节性变动作适当修正;否则,设计中应采用最不利的水压力工况。当墙体两侧的水压力有差别时,应考虑结构周围产生的渗流。一种计算稳定渗流时墙体水压力的简化方法是基于沿墙体周边弱渗透地层中渗流路径的水头损失是均匀的假定。

由于从水压力得到的作用被视为岩土作用,故亦采用相应作用的分项系数。这在 DA-3 尤其重要,其结构作用分项系数和岩土作用分项系数不同。作用的分项系数用于墙体的净水压力,即用于墙体两侧水压力的差值。

9.7 承载能力极限状态设计

条款*9.7*
条款*2.4.7.1(2)P*

条款9.7 的规定涉及永久和临时支挡结构。根据*条款2.4.7.1(2)P*,持久和短暂状况下支挡结构承载能力极限状态(ULS)设计采用的分项系数应为*附录A*所给数值。这些分项系数包含在以下表格中:

- *表A.3*——作用分项系数或作用效应;
- *表A.4*——土体参数的分项系数;
- *表A.12*——预应力锚杆的抗力分项系数;
- *表A.13*——支挡结构的抗力分项系数。

表9.1 总结了 *附录A* 推荐的分项系数值。

持久和短暂设计状况下支挡结构的承载能力极限状态(ULS)设计应采用相

应的土压力(见条款9.5),并确保作用效应设计值不超过相应的抗力设计值:$E_d \leq R_d$。可采用条款2.4.7.3.4中描述的三种设计方法(DA)中的任意一种。 条款2.4.7.3.4

依据附录A确定的作用和作用效应分项系数的推荐值 表9.1(a)

(持久和短暂状况)

设计方法(分项系数集合)	作用分项系数	
	不利永久 γ_G[a]	不利可变 γ_Q[b]
DA-1 组合1(A1'+'M1'+'R1)	1.35	1.5
DA-1 组合2(A2'+'M2'+'R1)	1.0	1.3
DA-2(A1'+'M1'+'R2)	1.35	1.5
DA-3(A2或A1'+'M2'+'R3) 岩土作用[c] 结构作用[d]	 1.0 1.35	 1.3 1.5

注:[a]对于有利永久作用:$\gamma_G = 1.0$。

[b]对于有利可变作用:$\gamma_Q = 0.0$。

[c]岩土作用:通过岩土体传递给墙体的作用。

[d]结构作用:被支撑结构直接作用于墙体的作用。

依据附录A确定的土体参数和抗力分项系数的推荐值 表9.1(b)

(持久和短暂状况)

设计方法(分项系数集合)	土参数 γ_M				抗力	
	重度	$\tan\varphi':\gamma_\varphi$	$c':\gamma_c$	$c_u:\gamma_{cu}$	被动,$\gamma_{R,e}$	锚杆,γ_a
DA-1 组合1(A1'+'M1'+'R1)	1.0	1.0	1.0	1.0	1.0	1.1
DA-1 组合2(A2'+'M2'+'R1)	1.0	1.25	1.25	1.4	1.0	1.1
DA-2(A1'+'M1'+'R2)	1.0	1.0	1.0	1.0	1.4	1.1
DA-3(A2或A1'+'M2'+'R3)	1.0	1.25	1.25	1.4	1.0	1.0

作用设计值按如下计算(见第2章):

(1)在DA-1(组合1)和DA-2中,采用相应的分项系数:

(a)作用特征值,对非岩土作用(如挡墙自重),$F_d = \gamma_F F_k$;

(b)按岩土体参数的特征值计算的作用值,对岩土作用(如土压力),$F_d = \gamma_F F(X_k)$。

另外,作用设计值可通过给算出的作用效应添加相应的分项系数计算得到,即,$E_d = \gamma_E E(F_k, X_k, a_d)$,例如墙体受到的弯矩($M$),其由作用特征值和岩土体参数计算得到。

(2)在DA-1(组合2)和DA-3中,非岩土作用设计值通过公式$F_d = \gamma_F F_k$计算得到,而岩土作用设计值由土体参数设计值(加了系数的)计算得到,即$F_d = \gamma_F F(X_k/\gamma_M)$。对这两种情况,$\gamma_F = 1.0$,除非有不利可变作用(此时推荐值为$\gamma_F = 1.3$,见表A.3)。

根据条款2.4.7.3.2(2),在一些设计状况下岩土作用(即主动侧土压力和净水压力)的分项系数的应用可能导致不合理或不可能的作用效应设计值。一个 条款2.4.7.3.2(2)

典型的例子是较高地下水水位(接近地面)时"主动"侧水压力设计值的计算,应用作用相对分项系数(持久和短暂状况下,$\gamma_F = 1.35$)可能导致不切实际的设计水压力,相当于地下水水位高于墙体顶面。在这种情况下,作用分项系数可直接用于由作用特征值导出的作用效应,即以下方程计算:

$$E_d = \gamma_E E(F_k, X_k, a_d)$$

例如,相应的作用分项系数(γ_F)可直接施加于悬臂挡墙关键截面处的剪力和弯矩,以及其他关键设计值(作用效应),这些值由作用特征值和岩土体参数(主动土压力、水压力、附加荷载等)计算。

重力式挡墙的承载能力极限状态(ULS)设计

条款9.2 *条款9.7.3* *条款9.2* 给出了重力式挡墙需考虑的承载能力极限状态(ULS)列表,最重要的是基础(GEO ULS)的承载力破坏和滑动破坏以及基墙(和国内基础梁类似)(STR ULS)关键截面中结构抗力的超出。

重力式挡墙基础通常是扩展基础,常承受较大偏心荷载。EN 1997-1 没有采
条款6.5.4 用"中心三分之一准则"来限制作用在重力式挡墙基础上的大偏心荷载,但要求有抵抗偏心荷载下承载力破坏的设计(见条款*6.5.4*)。建在地下水位以下的墙体,设计时应包含水压力引起的基础上浮力。

在具有较大踵部的基墙内,通常假定土压力作用于墙体的"虚拟后背"上(即从墙踵最底端直到地面的竖直面),前提是墙踵长度足够大以允许墙踵以上的土体内形成结合(关于竖直面对称)"破坏面"。在这种情况下,可以看出主动土压力与墙后地表面平行,而与土体的内摩擦角无关(例如,如果地表面是水平的,主动土压力也是水平的)。

当进行基础抗滑设计时,作用在墙体抗力侧的被动土压力(P_p)应视为一种土体抗力(分项系数从表*A.13* 中确定),而当进行基础承载力破坏设计时(见9.3.1),应视为一种有利的岩土作用(分项系数从 表*A.3* 中选定)。

示例9.1 给出了根据三种设计方法进行重力式挡墙承载能力极限状态(ULS)设计的方法说明。

埋入式挡墙的承载能力极限状态(ULS)设计

条款9.7.4 埋入式挡墙承载能力极限状态(ULS)设计的目的是确定防止转动破坏和保
条款9.7.5 证竖向平衡所需的最小墙体埋深,以及对于给定埋深时确定沿墙体高度上的作用效应(例如,弯矩和剪力)的分布以及支撑墙情况下支撑反作用(锚杆或撑杆力)的大小。

通常埋入式挡墙的承载能力极限状态(ULS)设计比其他岩土结构设计要复杂,不仅因为埋入式挡墙需要进行相互作用分析,更主要的是,由于施加在墙底和支撑处的约束,在对墙体有影响的土体中的不同位置,任何岩土工程承载能力极限状态(ULS)设计(即出现在土体中的极限状态)基本假定常常不能同时满足。因此,极限土压力在墙体的主动侧和被动侧同时产生,这种简单承载能力极限状态(ULS)假定并不总是切合实际的,并且不能用于墙底埋深较深的墙体以及在多

个标高处被支撑的墙体。这些情况下，计算模型应包含土压力产生分析中的墙-岩土体间相互作用，这样使分项系数在三种设计方法（主要因为刚度控制墙-岩土体间相互作用和由相互作用产生的强度控制土压力之间的交互影响）中的应用变得显著复杂化。下文中论述此类计算模型。

一般来说，根据埋深，埋入式挡墙可被设计用于任何条件，即墙底约束可介于“自由”和“固定端”之间。在自由土支撑条件下，墙体埋深是确保墙底稳定性要求的最小值，允许底端向前移动和转动的程度足以调动极限被动土压力作用于墙体的抵抗侧。在固端土支撑条件下，墙体埋深应大于最小值并具有足够深度，以确保完全的墙底固定（零位移，零转动）。自由土支承条件下设计的墙体长度明显最短，但是与固定土支撑条件下设计的类似墙体相比，承受更大的弯矩、锚杆力和挠度。

埋入式挡墙承载能力极限状态（ULS）设计通常由以下步骤组成：

（1）考虑到开挖底部不可预见的超挖，根据*条款9.3.2.2*确定了模型的几何特征。 *条款9.3.2.2*

（2）当墙体两侧之间存在水头差时，按照9.6论述的方法确定主动侧和被动侧上孔隙水压力的分布。两者的差等于作用于墙体的净水压力。

（3）GEO ULS分析，通常包含水平力和力矩平衡，一般用于确定最小墙体埋深；竖向平衡一般用于确定墙体主动侧和被动侧上墙-岩土体界面参数（δ）的适当值。对于支撑式挡墙，自由土支撑条件提供最小埋深，以满足转动稳定性的承载能力极限状态（ULS）要求，即充分的安全度以抵抗被动区破坏。

（4）墙体埋深可增加，超过必需的最小值，以降低弯矩或某些支撑反作用，或减小被支撑土体中的位移，或出于水力原因（例如，减少渗流或防止上浮/隆起）。这些状况下，通过使用新的墙体埋深以及与施加在墙底和支撑处的运动约束相适的土压力（通常不同于极限值）来重复进行以上分析。以下推荐用于这些分析的计算模型。

（5）使用作用效应（弯矩、剪力）的设计值和运用前面分析算得的锚杆力进行墙体的结构设计和锚杆设计。

（6）分析其他相关的承载能力极限状态（ULS）。这些极限状态可能包含整体稳定性破坏，较低破坏面处的锚杆稳定性［例如，使用 EAU（1996）描述的 Kranz 型方法］，墙体竖向破坏、水力破坏等。这些分析可能会使墙体埋深更深，墙体和支撑构件承载能力更高，和/或锚杆系统的长度增加。

可使用几种计算模型进行埋入式挡墙承载能力极限状态（ULS）设计，包括：

- 假定土压力模型，例如，极限平衡模型（LEM）以及带有其他假定土压力的模型（例如，Terzaghi 和 Peck 土压力）。
- 墙-岩土体相互作用模型，如土体弹簧支撑的地基梁模型和有限元模型。

各类模型对作用在墙体上的土压力的大小有不同假定，因此对于那些假定已被证实的情况，其应用性受到限制。以下介绍了如何运用以上模型将三种设计方法应用于持久和短暂状况下的埋入式挡墙承载能力极限状态(ULS)设计。并指出,墙-岩土体相互作用模型也可用于正常使用极限状态(SLS)设计计算。

极限平衡模型

极限平衡模型(LEM)假定极限土压力会沿着墙体的整个高度产生(墙体背面的极限主动土压力和墙体前面即抗力侧的极限被动土压力)。由于这个假定,LEM 可用于确定悬臂墙和单支点墙体的倾覆稳定性所需要的最小墙体埋深。这些分析也给出了所有墙体上作用效应(弯矩和剪力)和这个最小墙体埋深下锚杆力的值。LEM 并不适用于埋深超过以上最小值的墙体和具有多支点的墙体,因为在这些情况下,产生的土压力(主动侧或抗力侧)会严重偏离极限值。

运用极限土压力设计值进行持久和短暂状况下 LEM 的承载能力极限状态(ULS)计算,在三种设计方法中,其计算分别按如下方法进行:

- 在 DA-1 组合 2 和 DA-3 中,运用表*A.4*(集合 *M2*)土体参数的分项系数 γ_M 获取主动和被动土压力的设计值。

- 在 DA-2 和 DA-1 组合 1 中,将主动土压力分量的特征值乘以相应的作用分项系数(表*A.3* 集合 *A1* 中 γ_G 或 γ_Q)得到主动土压力的设计值。将该特征值除以表*A.13* 中土抗力的分项系数 $\gamma_{R,e}$ 得到被动土压力的设计值,对于表*A.13* 中的 $\gamma_{R,e}$,DA-1 组合 1 取集合 *R1*(推荐值:1.0)和 DA-2 取集合 *R2*(推荐值:1.4)。

图 9.1 说明承受主动土压力(σ_a)、被动土压力(σ_p)和净水压力(σ_w)的简支墙 LEM 的实施过程。

DA-2 中,计算的末尾使用了所有的分项系数(见第 20 页),即总推动作用(主动土压力加上净水压力减去所有的支撑反作用)乘以作用分项系数,将其结果与除以抗力分项系数后的抗力合力(被动土压力)进行比较,即

$$F_k\gamma_F \leq R_k/\gamma_{Re}$$

由于推动作用(有利作用、不利作用、永久作用、可变作用)的各种分量需要不同的作用分项系数 γ_F,因此实现这个过程是复杂的,并且把推动作用的各种分量分离开来是复杂的(并且会在非线性问题中导致不精确)。

如果墙体性状是线性的(即不会产生塑性铰),则 DA-2 可采用以下等效替代方法,为简便起见,称作 DA-2*:

- 输入计算中的墙体主动侧作用(主动土压力、净水压力和其他永久作用)的值等于它们的特征值。输入计算中的地面可变荷载的值 $q=q_k(\gamma_Q/\gamma_G)$,其中,q_k 是特征值(为了反映可变和永久作用分项系数的差)。

- 输入计算中墙体被动侧的土抗力的特征值乘以 $1/(\gamma_{Re}\gamma_G)$ 系数,以反映墙体主动侧作用所遗漏的土压力分项系数 γ_{Re} 和永久作用分项系数 γ_G。

- 其他任一设计方法中,平衡计算的算法相同,以求出最小墙体埋深、作用效应(例如,弯矩)和支撑反作用。将计算值乘以分项系数 γ_G(因为这个系数没有应用到主动侧的作用上)得到作用效应和支撑反作用的设计值。

如果墙体性状是线性的,DA-2* 给出的结果与 DA-2 完全相同。

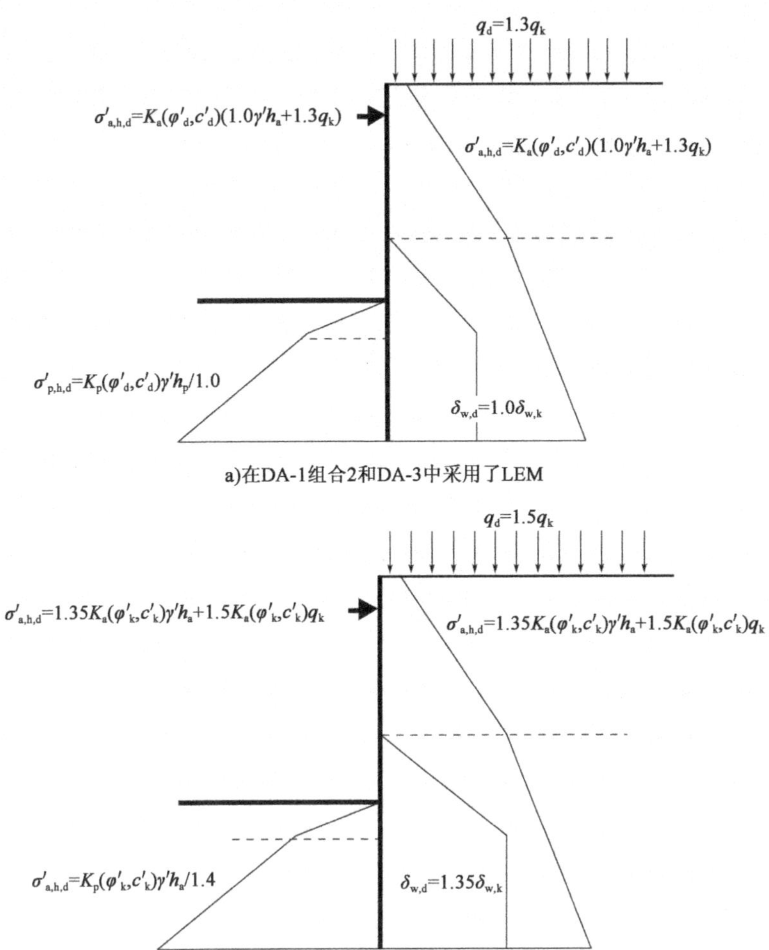

a)在DA-1组合2和DA-3中采用了LEM

b)在DA-2中采用了LEM；同样的模型可被用于DA-1组合1中，$\gamma_{R,e}$=1（而非1.4）

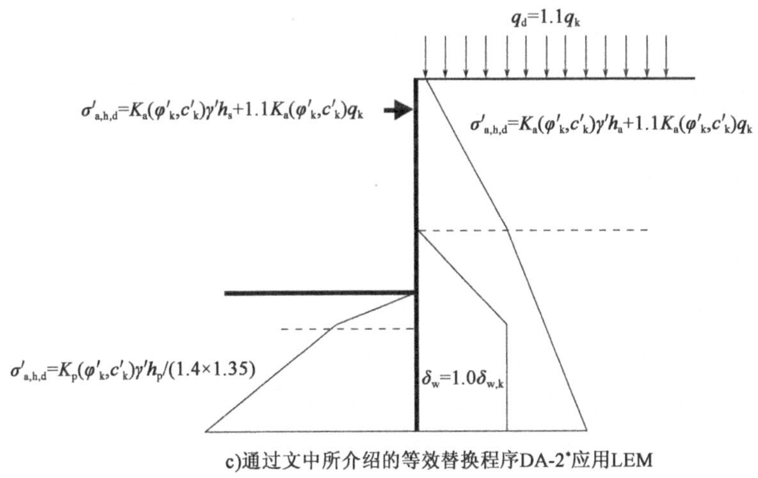

c)通过文中所介绍的等效替换程序DA-2*应用LEM

图 9.1

图 9.1c）说明了简支墙使用 DA-2*（如上文所述）的（LEM）计算过程。

假定土压力荷载下的梁模型

在假定土压力荷载的梁模型中，墙体被模拟为在锚杆（或内支撑）位置处以及在被动侧土抗力合力作用点处受支撑的梁。梁承受净水压力和主动侧 *已知* 土压力分布的荷载(例如,多支点挡墙的 Terzaghi 和 Peck 土压力)。通常,事先假定抗力侧土压力分布的形状,以估算土抗力合力作用点的位置。对于给定的墙体埋深,静力平衡计算给出墙体上作用效应、支撑反作用、被动侧平衡所需的土抗力这些设计值。通过验算被动侧上平衡计算所得的土压力的设计值不超过极限土抗力的设计值(极限被动土压力),以确保墙体埋深是足够的。由于 LEM 中的土压力是*推定值*(等于极限值),因此,LEM 属于假定土压力模型一类。

图 9.2 说明有假定土压力荷载的多支点墙的梁模型。在有假定土压力的梁模型中,三种设计方法的应用完全与 LEM 方式相同(见上文)。

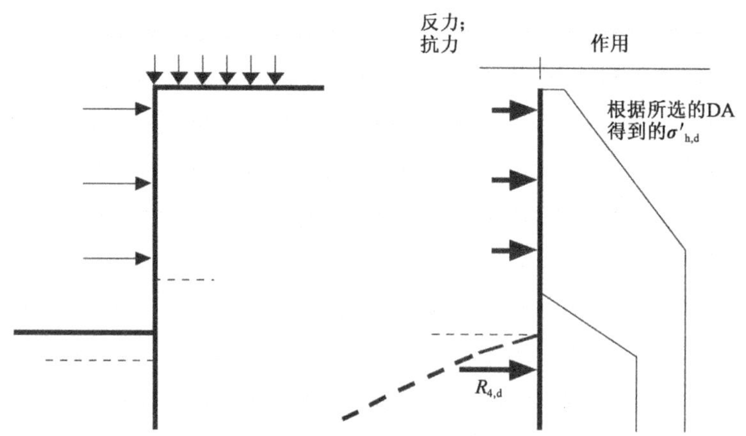

图 9.2　假定土压力荷载下的多支点墙体的梁模型

假定土压力的地基梁模型的精度取决于假定土压力分布的精确性。因为这些压力分布在很大程度上取决于墙体的侧向变形(即土体、墙体和支撑的刚度,以及详细的施工顺序),所以一般考虑墙-岩土体相互作用的更复杂的模型则更合适。下文介绍基于弹性地基梁和有限元的此类模型。

土体弹簧支撑的地基梁模型(弹簧模型)

在弹簧模型中,墙被模拟为一维梁。墙-岩土体间相互作用按一种简化方式进行处理,即分布在墙体主动侧和被动侧的非线性弹簧支撑,或连续分布,或在墙体的特定位置集中分布。弹簧模型适用于墙-岩土体间相互作用影响非常显著的情况,即对于多支点墙体,埋深超过墙底稳定性所需最小值的墙体,支撑超固结土体和/或埋置在刚度较大地基中(例如,岩石)的刚性墙体,以及对于由提前施工的、高预应力的大刚度构件(内支撑或锚杆)支撑的墙体(见*图9.5*)。弹簧模型也适合于分阶段开挖情况和涉及锚杆逐级(多阶段)预加应力的情况。

弹簧应力应变性状尽可能模拟从最初的 K_0条件转变到极限条件(主动或被动)的岩土体作用。对应于极限主动和被动土压力的条件,土体弹簧产生屈服,其屈服前刚度可能是常量或多级线性的。因此,可以从土体弹簧反作用中计算墙体主动侧和抗力侧产生的土压力。产生的土压力也与墙体挠度相适应,而挠度受墙体刚度和支撑控制。

弹簧模型可以按下述方法与三种设计方法一起使用:

（1）**DA-1 组合 2 和 DA-3**。岩土体强度参数的设计值（从 *表A.4* 中集合 *M2* 的分项系数 γ_M 中得到）用于确定土体弹簧的屈服（极限）压力。因此，计算用来保证墙体被动侧的修正土压力（即墙体被动侧算得的土体弹簧反作用之和）不会超过极限土抗力。计算直接给出了墙体上所有作用效应的设计值（例如，支撑反作用的设计值）。如果墙体性状被视为是弹-塑性的，则计算中输入的墙体弯矩屈服值（M_u）应等于墙体极限（塑性）弯矩承载力的设计值，即 $M_u = M_{u,d} = M_{u,k}/\gamma_M$，其中，$M_{u,k}$是墙截面的弯矩承载力特征值，$\gamma_M$是墙体材料的分项系数。

（2）**DA-2 和 DA-1 组合 1**。DA-2 和 DA-1 组合 1 通常需要将墙体主动侧的作用（土压力和净水压力）乘以分项系数，分项系数大于 1（γ_G和 γ_Q取自 *表A.3*，集合 *A1*）。因在土体弹簧中引入了模拟屈服，从而导致墙体应力分布不切实际，因此，这种乘以分项系数的做法不适合墙-岩土体间相互作用分析。可采用以下方法：

（a）所有输入计算中的岩土体参数、净水压力和其他永久作用的值等于它们的特征值。计算中的地表可变作用的值按 $q = q_k(\gamma_Q/\gamma_G)$ 输入，式中，q_k是特征值，以反映可变作用和永久作用分项系数之间的差异。如果墙体性状被视为是弹-塑性的，则输入计算中的墙体弯矩的屈服值（M_u）应等于墙体极限（塑性）弯矩承载力的设计值除以 γ_G，即

$$M_u = M_{u,d}/\gamma_G = M_{u,k}/(\gamma_M\gamma_G)$$

（b）平衡计算提供墙体被动侧支撑反作用、作用效应（例如，弯矩）和修正土压力（R_{mob}）“没有乘以系数”的值。这些量的设计值通过计算值乘以不利永久作用的分项系数（γ_G取自 *表A.3* 中集合 *A1*，推荐值为 1.35）得到。例如，修正土压力的设计值为：

$$R_{mob,d} = \gamma_G R_{mob}$$

（c）通过确保产生的土压力算得的设计值（$R_{mob,d}$）不超过极限土抗力的设计值（$R_{p,d}$），可检验墙基础的圆弧滑动破坏稳定性，即

$$R_{mob,d} \leq R_{p,d}$$

$$\Rightarrow \gamma_G R_{mob} \leq R_{p,k}/\gamma_{R,e}$$

$$\Rightarrow R_{mob} \leq R_{p,k}/\gamma_G\gamma_{R,e}$$

式中，土压力的分项系数 $\gamma_{R,e}$从*表A.13* 中 DA-1 组合 1 的集合 *R1*（推荐值为 1.0）和 DA-2 的集合 *R2*（推荐值为 1.4）中取值。

DA-2 这个方法确保实际产生的土压力（R_{mob}）不会超过极限土抗力（$R_{p,k}$）的 50%，因为

$$1/\gamma_G\gamma_{R,e} = 1/(\mathbf{1.35} \times 1.4) = 1/1.89 = 0.53$$

即该做法保证墙体基础圆弧滑动破坏的整体安全系数（OFS）的最小值≥1.89。DA-1 组合 1 可得到的 OFS 较低（≥1.35），但是，组合 2 通常对于防止墙体基础圆弧滑动破坏的安全性要求更严格（因此，提供了更大的 OFS 值）。

除了土压力的极限值，弹簧模型也需要静止土压力系数（K_0），因为它影响到

墙体任何偏移之前的最初荷载,以及其他参数,诸如土体弹簧刚度、墙抗弯刚度(EI)和支撑(内支撑或锚杆)轴向刚度。已确定了经验性规则,以便从岩土体试验结果(旁压仪和锥体贯入试验)中导出土体弹簧刚度。要指出的是,*附录 C2* 所包含的信息与在墙体全长度上产生极限土压力所需的位移相关,它不适用于估算弹簧模型的岩土体刚度。

岩土体位移在使用弹簧模型进行承载能力极限状态(ULS)计算时非常重要,相互作用参数包括初始岩土体应力、岩土体从最初的 K_0 条件到极限压力(主动和被动)的应力应变关系、墙体和支撑的刚度,以及具体的施工顺序。尽管 EN 1997-1 没有给出这些参数设计值的参考,但建议将土体弹簧刚度的设计值、系数 K_0 和其他非强度相关的模型参数取特征值。通常,使用一个较小的弹簧刚度特征值和一个较大的 K_0 特征值会使设计安全。然而,由于很难获得可靠的弹簧刚度值和 K_0 系数值,因此,建议对参数变化引起的设计灵敏度进行验算。同时还建议,必要时,运用墙体和支撑刚度的上限值和下限值对设计进行验算。

有限元模型

将地基视为与墙体接触的连续体,墙-岩土体界面采用位移协调条件,有限元模型考虑了墙-岩土体的相互作用。这样,有限元适合于任意类型埋入式挡墙的设计,而且,在墙-岩土体相互作用影响很大的时候,即当弹簧模型也适合的时候(见上文所述),有限元模型尤其有用。

对比弹簧模型,有限元模型的好处在于,有限元模型避免了对压力-位移关系中(弹簧模型所要求)岩土体应力-应变曲线进行解释,这样也避免了解释所带来的明显不确定性。

有限元模型可以按下述方法与三种设计方法一起使用:

(1)**DA-1 组合 2 和 DA-3**。对 DA-1 组合 1 和 DA-2 使用弹簧模型来确定墙体长度的上述程序也可用于有限元模型,其实 DA-1 组合 1 和 DA-2 的岩土体强度参数的设计值已存在。或者,可用岩土体强度参数的特征值进行数值计算。这种情况下,当承载能力极限状态(ULS)条件需复核时(即在各开挖阶段具有适当的防止墙底破坏的安全裕度),岩土体强度参数的值逐步折减至设计值(通过 *表 A.4*,集合 $M2$ 的分项系数 γ_M 得出),同时保证不降低模型的稳定性。在第 11 章"整体稳定性"中更详细地讨论了强度折减方法。

这两种方法都可以提供墙体上作用效应的设计值和支撑反作用,但是,当岩土体应力-应变关系很大程度上取决于加载时程时,第二种方法更为可取。

(2)**DA-2 和 DA-1 组合 1**。按上文所述,可使用针对对应弹簧模型而描述的 DA-2 和 DA-1 组合 1 的步骤,即所有岩土体参数、净水压力和其他永久作用的值等于它们的特征值并代入计算。

将 DA-1 应用于所有计算模型的具体说明

在需要两种计算的 DA-1 中,墙体稳定性所要求的最小墙体埋深通常由组合 2 分析所控制。因此,建议在第一种计算中,首先进行组合 2 分析,以确定必需的墙体埋深,然后,在第二种计算中,进行组合1分析,以检验埋深是否大于组合1计算所要求的最小深度。弹簧(或有限元)模型更适合第二种计算(组合1分析),因为运用组合2计算的墙体埋深很可能大于组合1所要求深度,因此,组合1分析中墙体抗力侧上产生的土压力将比极限值小。第二种计算中墙体弯矩承载力可从第一种计算中得到的最大弯矩推算。应使用从两种组合中所得到的最大弯矩设计值和锚杆力中的较大值进行DA-1中墙截面和锚杆的设计,两种组合使用相同的墙体设计高度,即根据前面两种分析得到较大高度。

示例9.2介绍了单排锚杆支撑的埋入式挡墙承载能力极限状态(ULS)设计方法,该例运用了Eurocode中的三种设计方法。这个例子也提供了抗隆起破坏的检验计算。

9.8 正常使用极限状态设计

9.8.1 一般规定

在正常使用条件下,墙体位移通常不会大到足以产生极限土压力,特别是当被支撑土体为超固结或紧密压实状态,支挡结构及其基础刚性很大(例如,建在桩基上的重力式挡墙),或墙后结构的允许位移很小时。此时,适当的土压力一般大于墙体"主动"侧的极限土压力,小于墙体被动侧的极限土压力。关于正常使用极限状态(SLS)设计计算的适当土压力的确定,参见第9.5节。 *条款9.8.1(5)*

按照*条款2.4.8(2)*所述,在正常使用极限状态(SLS)设计计算中,一般分项系数的取值应等于1,以使所有作用的设计值、抗力和地基参数等于它们的特征值。因此,用于正常使用极限状态(SLS)计算的土压力设计值通常应运用所有岩土参数的设计值计算,这些设计值等于他们的特征值。 *条款2.4.8(2)*

9.8.2 位移

进行支挡结构正常使用极限状态(SLS)设计时,EN 1997-1要求采用以下方法: *条款9.8.2*

(1)确定墙体和任何被支撑结构和设施极限容许位移值。 *条款9.8.2(1)P*

(2)根据可比经验,保守估算墙体挠度和位移,以及它们对于被支撑结构和设施的影响。 *条款9.8.2(2)P*

(3)在以下任意一种情况下,应进行包含严格位移计算的更详细的勘察: *条款9.8.2(3)P*

(a)初始保守估算超过容许极限值; *条款9.8.2(5)P*

(b)无合适的可比经验;

(c)周边的结构和设施对位移非常敏感。

*条款9.8.2(6)*建议,当墙体用来支挡超过6m高的低塑性黏性土或3m高的高塑性土体时,或者当墙体高度范围内或基础以下存在软黏土层时,应考虑位移计算。 *条款9.8.2(6)*

正常使用极限状态(SLS)条件下墙体挠度和岩土体位移可采用岩土体-结构系统的数值分析(例如,有限元模型)进行计算,包含全部墙体施工以及支撑安装顺序(必要时)。这些分析中主要的不确定性在于合理的岩土体刚度估算,即与应变级别相应的刚度、变形模式、岩土体各向异性等。如果认为这些分析不可行,则按照承载能力极限状态(ULS)设计所述(见第9.7节),可将结构模拟为受到弹-塑性文克尔型弹簧支撑的梁,用于计算埋入式挡墙的变形。这些模型的局限性之一在于,被支撑土体中的位移(以及受到影响的结构和设施)不是计算所得,而须间接估算。

正常使用极限状态(SLS)设计中通常不引入超挖,而选择抗力特征值和岩土体参数值,作为控制所涉正常使用状态的保守估计值。根据《Eurocode:结构设计基础》(EN 1990)中条款4.2(8),刚度参数的特征值等于它们的平均值。对于结构刚度这是可以接受的,但根据EN 1997-1,对于岩土体刚度则不能接受,它要求选择岩土体刚度的特征值作为平均值的保守估计值(而不是平均值)。最后,要指出的是,由于岩土体刚度取决于应变,因此,正常使用极限状态(SLS)设计计算中所使用的岩土体刚度值可能不同于根据有限元[其中,应变通常大于正常使用极限状态(SLS)设计中的应变]进行的承载能力极限状态(ULS)设计计算中所使用的相应"弹性"值。

条款2.4.5.2(2)P

示例9.2介绍了受到单排锚杆支撑的埋入式挡墙的正常使用极限状态(SLS)设计方法。

示例9.1 重力式挡墙的承载能力极限状态(ULS)设计

这个示例介绍了根据EN 1997-1的三种设计方法进行的混凝土重力式挡墙的承载能力极限状态(ULS)设计,并将结果与传统OFS方法的结果进行比较。图9.3显示了支撑无黏性中密到密实的砂砾层的挡墙,墙后表面坡度$\beta = 20°$。提供土抗力的墙基础下方、前方岩土体与被支挡岩土体具有相同的性质。墙基础底面被视为是粗糙的(地基浇筑混凝土),而被动侧的墙基础的垂直面被视为光滑的(利用光滑模板浇筑的混凝土)。为简便起见,假定地下水位远低于墙体影响范围,不存在水力效应。

在设计中使用以下参数:

- 几何参数(见图9.3):

—挡墙高度:$h = 6\text{m}$。

—墙趾埋深:$h_1 = 0.80\text{m}$。按照条款*9.3.2.2*,包含某些突发性超挖。在这里,由于墙体稳定性对土体抗力依赖性较小,且被动侧的地基标高通常会得到很好的控制,因此,低于10%h的超挖是可以允许的。

—基础高度:$h_2 = 0.80\text{m}$。

—墙宽:顶部,$b_1 = 0.50\text{m}$;底部,$b_3 = 0.70\text{m}$。

—墙趾宽度:$b_2 = 0.95\text{m}$。

- 材料参数和作用的特征值:

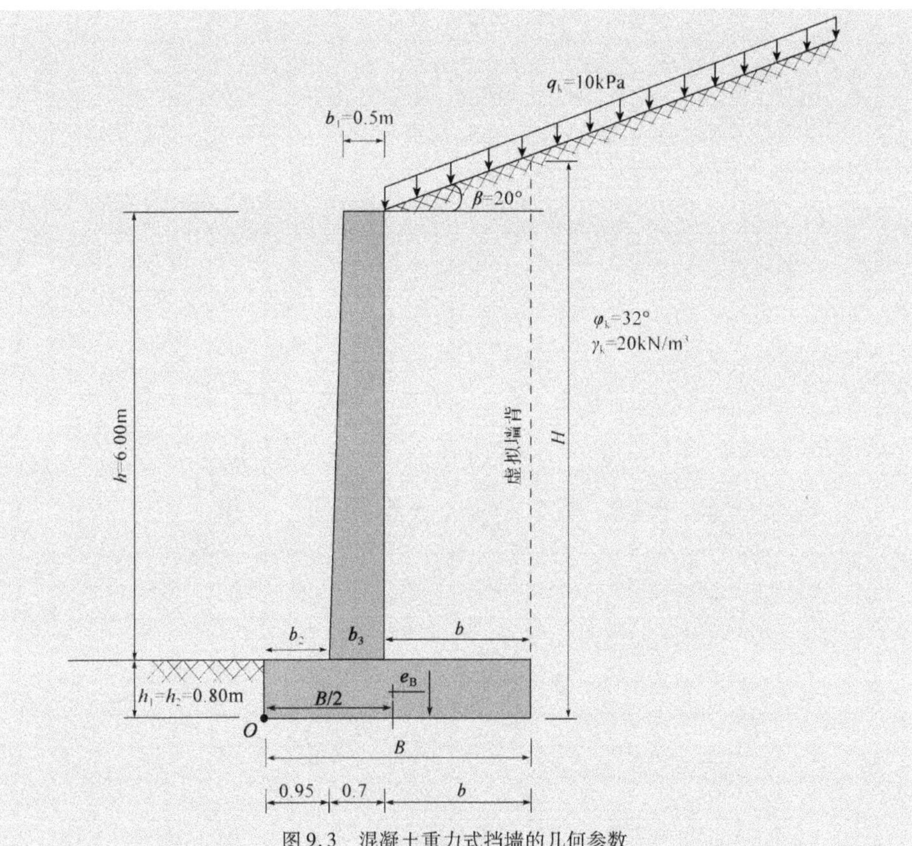

图 9.3　混凝土重力式挡墙的几何参数

—回填料和地基(墙基础以下和被动侧)内摩擦角的特征值:$\varphi'_k = 32°$。为简便起见,假定峰值强度值等于临界值。

—回填料和岩土体的重度:$\gamma_k = 20kN/m^3$。

—墙基础底面[假定为粗糙,混凝土直接浇筑于地基,见 *条款6.5.3(10)*]的墙-岩土体界面参数(摩擦角):$\delta_k = \varphi'_k = 32°$。

—被动侧(假定为光滑,利用光滑模板浇筑混凝土)墙-岩土体界面参数(摩擦角):$\delta_{pk} = 20°$。

—混凝土重度:$\gamma_{bk} = 24kN/m^3$。

—地面超载(可变作用):$q_k = 10kPa$。

设计目标是确定达到稳定所要求的挡墙墙踵最小宽度 b 以及计算墙体临界截面处的弯矩和剪力。通过检验地基中的 GEO ULS,即墙基础抗滑力和基础的承载能力失效,来确定墙踵最小宽度。通过仅检验挡墙底部的 STR ULS 进行墙体的结构设计(计算临界截面的弯矩和剪力),其他临界截面的设计可采用类似的步骤(见图 9.4)。

为简便起见,在这个示例中没有进行正常使用极限状态(SLS)设计检验。正常使用要求与墙体和墙后岩土体的位移以及混凝土截面的性能有关(尤其是断裂)。正常使用极限状态(SLS)设计步骤在 9.8.2 中有介绍,它包括:首先在可比经验基础上对墙体变形以及由此产生的岩土体位移进行保守估算,如果超出了极限值,则运用精度更高的计算方法(如有限元)进行更详细的分析。在这个示例中,墙后和墙底岩土体相对密实,墙后没有重要建筑。因此,根据可比经验,墙和墙后岩土体的预测位移是可容许的。

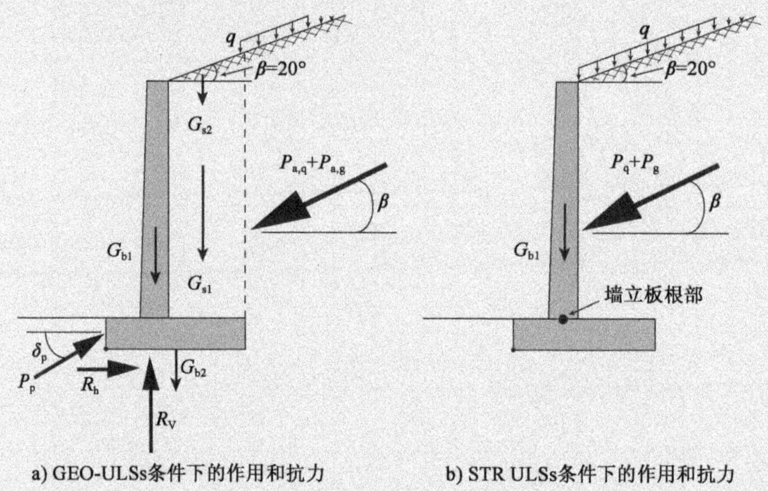

图 9.4

在 GEO ULS 中,地基中出现破坏,因此,墙体位移足够大以使沿着墙体"虚拟背面"发挥主动土压力(P_a)(见图 9.4)。这个压力倾斜角度等于地表的倾角($\beta=20°$),与岩土体的内摩擦角无关(见第 9.7 节)。请注意采用墙体虚拟背面上主动土压力意味着墙踵宽度足够大以使挡墙墙踵以上的土体中产生共轭库仑型"破坏面"(与水平成 $45°+\varphi'_k/2$ 倾角),即挡墙墙踵长度不应小于下值过多:

$$b_{min}=h\tan(45°+\varphi'_k/2)=3.32(\text{m})$$

在 GEO ULS 中,墙体位移也足以调动极限土抗力,即墙基础前的极限被动土压力(P_p)。通常,由作用效应的设计值不超过相应抗力的设计值,即 $E_d\leqslant R_d$,来检验这些承载能力极限状态(ULS)。墙上的作用和抗力如图 9.4a)所示。注意,在以下公式中,下标"d"(代表设计值)省略。

检验基础滑动:$E_h\leqslant R_h$

其中,

$$E_h=P_{ah}=(P_{a,q}+P_{a,g})\cos\beta$$

是墙体虚拟背面上的水平作用($=R_h$),且

$$R_h=P_{ph}=(G_b+G_s+P_{a,v}-P_{p,v})\tan\beta$$

是墙基础水平抗滑力。此时,在设计计算中,墙体前方的极限被动土压力(P_{ph})被视为土抗力[见第 9.3.1 节和 *条款6.5.3(5)*]。

检验基础承载力破坏:$E_v\leqslant R_v$

其中,

$$E_v=G_b+G_s+P_{av}-P_{pv}$$

是基础的竖向作用；

$$E_h = P_{ah} - P_{ph}$$

是基础的水平作用，R_v是基础倾斜和偏心荷载的极限承载力（采用*附录D*中介绍的方法进行计算）。请注意，在这个设计计算中，墙前极限被动土压力(P_p)被视为有利作用[见第9.3.1节和*条款6.5.2.1(3)P*]。

其中，P_{ah}和P_{av}分别是作用在墙体虚拟背面上的主动土压力的水平分量和竖向分量（高度$H = h_2 + h + b\tan\beta$）：

$$P_{ah} = P_{ah,q} + P_{ah,g} \quad P_{ah,q} = K_{ah} q_H \quad P_{ah,g} = 1/2 K_{ah} \gamma H^2$$

$$P_{av} = P_{av,q} + P_{av,g} \quad P_{av,q} = P_{ah,q}\tan\beta \quad P_{av,g} = P_{ah,g}\tan\beta$$

注：地面超载(q)，作为一种可变作用，仅在墙体虚拟背面之外的坡面上的那些须计入，属于不利影响，不计墙踵底部正上方的超载，属于有利影响。

P_{ph}和P_{pv}分别是作用在墙体基础（高度h_1）前面的极限被动土压力的水平分量和竖向分量：

$$P_{ph} = \frac{1}{2} K_{ph} \gamma H_1^2 \qquad P_{pv} = P_{ph}\tan\delta_p$$

此例中，假定在GEO ULS中会产生极限被动土压力（倾角δ_p），因为墙体被认为能充分移动以使极限被动土压力发挥作用。通常，对重力式挡墙被动侧的被动土压力大小进行保守假定[考虑到墙体移动受限，例如，见*条款6.5.3(5)*]，像$\delta_p = 0$或$K_p = 1$，甚至完全忽略被动土压力。

G_b是混凝土墙重：

$$G_b = G_{b1} + G_{b1} \qquad G_{b1} = \frac{1}{2}(b_1 + b_3) h \gamma_b \qquad G_{b2} = (b_2 + b_3 + b) h_2 \gamma_b$$

G_s是墙踵以上（墙体和“虚拟背面”之间）的回填土重：

$$G_s = G_{s1} + G_{s2} \qquad G_{s1} = bh\gamma \qquad G_{s2} = \frac{1}{2} b^2 \gamma \tan\beta$$

当进行基础承载力设计时，竖向作用E_v的偏心距e_B计算方式如下（见图9.3和图9.4）：

(1)计算绕墙趾前侧（O点）的作用倾覆弯矩(M_o)，逆时针为正（见图9.3）：

$$M_o = \sum F_h Y_o - \sum F_v X_o$$

采用以下作用(F)和相应力臂：

—作用$P_{ah,q}$，力臂$Y = H/2$；作用$P_{ah,g}$，力臂$Y = H/3$。

—作用$P_{av,q}$和$P_{av,g}$，力臂$X = b_2 + b_3 + b$。

—作用G_{b1}，力臂$X = b_2 + b_3/2$；作用G_{b2}，力臂$X = (b_2 + b_3 + b)/2$，假定墙立板前后呈对称倾斜。在计算STR型承载能力极限状态（ULS）中的土压力时，忽略墙体背面的微小倾斜（与竖向成0.95°）。

—作用 G_{s1},力臂 $X = b_2 + b_3 + b/2$。

—作用 G_{s2},力臂 $X = b_2 + b_3 + (2/3)b$。

—作用($-P_{ph}$),力臂 $Y = h_1/3$。

(2)竖直作用(E_v)偏心距(e_B)的计算:

$$e_b = -\left(\frac{B}{2} + \frac{M_o}{E_v}\right)$$

式中,$B = b_2 + b_3 + b$ 是墙基础的总宽度。如果竖向作用施加在墙基础中心的右侧,则偏心距为正(见图9.3)。

在 STR ULS 中,由于某位置产生塑性铰,结构构件(例如,墙立板根部)出现破坏。墙立板根部截面的结构设计需要计算由作用于墙体整个高度 h 的极限主动土压力导出的适当作用力(P_h)产生的水平分量在此处引起的设计弯矩和剪力(见图9.4b):

$$P_h = P_{h,q} + P_{h,g} \qquad P_{h,q} = K_h q h \qquad P_{h,g} = \frac{1}{2} K_h \gamma H^2$$

由于地面超载(q)对墙立板是一种不利(岩土)作用,因此,认为其在地表满布。

在 STR ULSs 中,在墙立板根部处产生塑性铰时,相应土压力系数(K_h)应与墙体转动相协调。由于在这个条件下墙立板根部转动可能不足以充分调动回填土中的主动土压力,因此,此例中,提出了土压力的两个备选值(其他假定也可能是合理的,取决于墙的自变约束):

(1)当墙体位移大到足以在被支挡岩土体中产生 ULS 条件时,主动土压力需考虑计入,当承载能力极限状态(ULS)发生在结构(墙立板根部)中时,$K_h = K_{ah}$。

(2)中值土压力,对应于土压力系数 $K_h = 0.5(K_{ah} + K_0)$,即水平向静止土压力系数(K_0)和水平向主动土压力系数(K_{ah})的平均值。如果墙和基础为刚性,在被支挡土体中产生承载能力极限状态(ULS)条件之前,于混凝土部分产生承载能力极限状态(ULS)条件,则该量值的土压力可考虑计入(按照经验规则)(见条款9.5.4)。

采用下式计算岩土体内摩擦角的设计值(φ'_d):

$$\varphi'_d = \arctan\left(\frac{1}{\gamma_{\varphi'}} \tan\varphi'_k\right)$$

式中,φ'_k是岩土体内摩擦角特征值,分项系数 γ'_φ从 *表A.4* 中选取。

在 DA-1 组合1 和 DA-2 中,$\gamma'_\varphi = 1$(*表A.4*),因而,$\varphi'_d = \varphi'_k = 32°$,在墙前,$\delta_d = \delta_k = 20°$,而在墙体虚拟背面,$\delta_d = \beta = 20°$。回填土主动土压力系数($K_{ah}$)的设计(和特征)值根据*图 C.1.3* 确定,$\varphi'_d = 32°$,$\beta = 20°$,且 $\delta_d/\varphi'_d = \beta/\varphi'_d = 0.625$。因此,$K_{ah} = 0.35$。请注意,假定作用于墙体虚拟背面的土压力倾角等于地表倾角,而与

岩土体参数无关(见第 9.7 节)。回填土的静止水平土压力系数的设计值从式(*9.2*)中导出,其中,OCR = 1:

$$K_0 = (1 - \sin\varphi'_d)(1 + \sin\beta) = 0.631$$

极限被动土压力系数的设计(和特征)值从 *图 C.2.1* 中得到,$\varphi'_d = 32°$,$\beta = 0°$,且 $\delta_d/\varphi'_d = 20/32 = 0.625$。因此,$K_{ph} = 5.5$。

在 DA-1 组合 2 和 DA-3 中,$\gamma_{\varphi'} = 1.25$(*表 A.4*),故 $\varphi'_d = 26.6°$。在墙前,$\delta_d = \tan^{-1}(\tan\varphi'_k/1.25) = 16.2°$,而在墙体虚拟背面,$\delta_d = \beta = 20°$。回填土主动土压力系数的设计值($K_{ah}$)从 *附录 C* 的 *图 C.1.3* 中按 $\varphi'_d = 26.6°$,$\beta = 20°$ 得出,且 $\delta_d/\varphi'_d = \beta/\varphi'_d = 0.75$,因此,$K_{ah} = 0.48$。回填土的静止水平土压力系数的设计值从式(*9.2*)中导出,其中,OCR = 1:

$$K_0 = (1 - \sin\varphi')(1 + \sin\beta) = 0.741$$

极限被动土压力系数的设计值从*附录 C* 的 *图 C.2.1* 按 $\varphi'_d = 26.6°$,$\beta = 0°$ 得出,并且 $\delta_d/\varphi'_d = 16.2/26.6 = 0.62$,因此,$K_{ph} = 3.9$。

三种设计方法和传统 OFS 方法的计算顺序和主要结果都列于表 9.2。为便于参考,表中也包含了相应分项系数(从*附录 A* 中选取)。请注意,在 DA-1 中,基础的宽度由两种组合中更关键的一种来确定(此例中,为组合 2)。在 OFS 方法中,各量的"设计值"与它们的"特征值"相同,由于这个方法不含分项系数,因此,采用 Eurocode 中设计方法的岩土体参数特征值计算"特征值"。

岩土作用($P_{a,g}$、$P_{a,q}$)和非岩土作用(G_b、G_s)的特征值和设计值见表 9.2,表中还有 GEO ULS 计算中作用效应(基础上的净竖向和水平作用)的设计值。用于计算作用设计值的分项系数的应用,参见第 9.7 节。例如,采用以下公式计算不利可变岩土作用的设计值 $P_{ah,q}$:

$$F_d = \gamma_F F(X_k/\gamma_M)$$

即

$$P_{ah,q} = K_{ah}(\gamma_F q)H$$

分项系数在表 9.2 中给出,如下:

- DA-1 组合 1:

$$P_{ah,q} = 0.35 \times (\mathbf{1.5} \times 10) \times 7.70 = 40.43(\mathrm{kN/m})$$

- DA-1 组合 2 和 DA-3:

$$P_{ah,q} = 0.48 \times (\mathbf{1.3} \times 10) \times 8.21 = 51.23(\mathrm{kN/m})$$

- DA-2:

$$P_{ah,q} = 0.35 \times (\mathbf{1.5} \times 10) \times 7.84 = 41.16(\mathrm{kN/m})$$

在每个设计方法中,高度 H(见图 9.3)的不同值对应于不同的挡墙墙踵宽度 b。请注意,墙体被动侧的土压力(P_p),在进行承载力破坏设计时,被视为有利岩土作用,在进行基底抗滑设计时,被视为土体抗力(见 9.3.1 论述)。

示例 9.1—混凝土重力式挡墙的设计参数　　表 9.2

		DA-1		DA-2	DA-2 *	DA-3	OFS[a]
		组合 1	组合 2				
所需的墙踵部宽度,b(m)		**2.47**	**3.87**	**2.86**	**2.17**	**3.87**	**2.79**
墙基础总宽度,B(m)		**4.12**	**5.52**	**4.51**	**3.82**	**5.52**	**4.44**
虚拟墙体高度,H(m)		7.70	8.21	7.84	7.59	8.21	7.82
I. GEO ULS							
土重的特征值,$G_{s1}+G_{s2}$(kN/m)		318.61	518.91	372.97	277.54	518.91	363.13
混凝土重的特征值,$G_{b1}+G_{b2}$(kN/m)		165.50	192.38	172.99	159.74	192.38	171.65
$P_{ah,q}$(kN/m)的特征值		26.95	—	27.44	26.56	—	27.35
$P_{ah,g}$(kN/m)的特征值		207.46	—	215.18	201.62	—	213.79
$P_{av,q}$(kN/m)的特征值		9.81	—	9.99	9.67	—	9.96
$P_{av,g}$(kN/m)的特征值		75.51	—	78.32	73.38	—	77.81
P_{ph}(kN/m)的特征值		35.20	—	35.20	35.20	—	35.20
P_{pv}(kN/m)的特征值		12.81	—	12.81	12.81	—	12.81
土体抗剪承载力的分项系数		**1.0**	**1.25**	**1.0**	**1.0**	**1.25**	**1.0**
内摩擦角设计值 φ(°)	回填料	32	26.6	32	32	26.6	32
	基础被动侧	32	26.6	32	32	26.6	32
	基础以下	32	26.6	32	32	26.6	32
墙-岩土体界面参数设计值 δ(°)	回填料(等于地面坡度 $\delta=\beta$)	20	20	20	20	20	20
	基础被动侧,δ_p	20	16.23	20	20	16.23	20
	基础以下(粗糙基础),$\delta=\varphi$	32	26.6	32	32	26.6	32
水平主动土压力系数设计值,K_{ah}		0.35	0.48	0.35	0.35	0.48	0.35
水平静止土压力系数设计值,K_0		0.631	0.741	0.631	0.631	0.741	0.631
中间土压力系数设计值,K_h		0.49	0.61	0.49	0.49	0.61	0.49
水平被动土压力系数设计值,K_{ph}		5.50	3.90	5.50	5.50	3.90	5.50
竖向作用分项系数,G_s+G_s	对基底滑动有利的永久作用	**1.0**	**1.0**	**1.0**	**1.0**	**1.0**	**1.0**
	对承载力破坏有利的永久作用	**1.0**	**1.0**	**1.0**	**1.0**	**1.0**	**1.0**
岩土作用 $P_{av,q}$ 和 $P_{ah,q}$ 分项系数:不利可变		**1.5**	**1.3**	**1.5**	**1.5**	**1.3**	**1.0**
岩土作用 $P_{av,g}$ 和 $P_{ah,g}$ 分项系数:不利永久		**1.35**	**1.0**	**1.35**	**1.35**	**1.0**	**1.0**
岩土作用 P_{pv} 和 P_{ph} 分项系数(被动土压力为有利永久作用)		**1.0**	**1.0**	**1.0**	**1.0**	**1.0**	**1.0**
水平作用设计值,P_{ah}(kN/m)		320.49	374.65	331.66	312.03	374.65	241.14
竖向被动土压力设计值,P_{pv}(kN/m)		12.81	7.27	12.81	12.81	7.27	12.80
水平被动土压力设计值,P_{ph}(kN/m)		35.20	24.96	35.20	35.20	24.96	35.20
竖向作用合力设计值	对于基底滑动,$G_s+G_b+P_{av}$(kN/m)	600.76	847.66	666.68	520.33	847.66	622.55
	对于承载力破坏,$G_s+G_b+P_{av}-P_{pv}$(kN/m)	587.95	840.39	653.87	538.04	840.39	609.74

续上表

		DA-1		DA-2	DA-2*	DA-3	OFS[a]
		组合1	组合2				
水平作用合力设计值	对于基底滑动，P_{ah}(kN/m)	320.49	374.65	331.66	312.03	374.65	241.10
	对于承载力破坏，$P_{ah}-P_{ph}$(kN/m)	285.29	349.69	296.46	276.83	349.69	205.94

注：[a] 在OFS方法中，所有值是"名义"(特征)值。

作用效应的设计值从相关作用设计值中根据以下公式(为简便起见，省去下标"d")计算：

- 基底滑动(净水平作用)：

$$E_h = P_{ah} = (P_{a,q} + P_{a,g})\cos\beta = P_{ah,q} + P_{ah,g}$$

- 承载力失效(竖向合力作用)：

$$E_v = G_b + G_s + P_{av} - P_{pv}$$

最后注意，在DA-1和DA-3中，墙踵的宽度 b 的计算值大于最小值，在DA-2中，这个宽度不过于小于最小值。

$$b_{min} = h/\tan(45° + \varphi_k'/2) = 3.32(m)$$

它允许共轭库仑型"破坏面"在挡墙踵部以上的土体中发生(与水平成 $45° + \varphi_k'/2$ 倾角)。因此，这些计算出的宽度使主动土压力作用于墙体虚拟背面的假定成立。

注意，此例中，墙体和土体重量($G_b + G_s$)在进行承载力破坏设计时是一种有利作用，因为其对于承载力的有利效应——减小基础上的荷载偏心距(有利效应)，比其由于增加了竖向荷载而产生的不利效应更为显著。在不同的墙体形状中，这些效应的意义可能会完全不同。因此，建议进行两次计算，一次使用视墙体和土体的重量为有利作用的分项系数，另一次使用视为不利作用的分项系数。

墙体承载能力极限状态(ULS)分析中针对基底滑动和承载力破坏所需的抗力设计值见表9.3。根据以下公式计算基础水平抗滑力：

$$R_h = P_{ph} + (G_b + G_s + P_{av} - P_{pv})\tan\delta'$$

示例9.1—混凝土重力式挡墙GEO设计的计算结果 表9.3

	DA-1		DA-2	DA-2*	DA-3	OFS[a]
	组合1	组合2				
墙踵部宽度，b(m)	**2.47**	**3.87**	**2.86**	**2.17**	**3.87**	**2.79**
墙基总宽度，B(m)	**4.12**	**5.52**	**4.51**	**3.82**	**5.52**	**4.44**
A. 抗滑移设计(GEO ULS)						
水平抗滑力特征值，$R_{h,k}$(kN/m)	—	—	—	352.3	—	416.2
抗滑力分项系数($R_v\tan\delta$)	**1.0**	**1.0**	**1.1**	**1.1**	**1.0**	**1.0**
土抗力分项系数(P_{ph})	**1.0**	**1.0**	**1.4**	**1.4**	**1.0**	**1.0**

续上表

	DA-1		DA-2	DA-2*	DA-3	OFS[a]
	组合 1	组合 2				
水平抗滑力设计值,$R_{h,d}$(kN/m)	402.6	445.1	396.6	313.4	445.1	416.2
作用效应水平净分量设计值,$E_{h,d}$(kN/m)	320.5	374.6	331.7	312.0	374.6	241.1
设计方法或 OFS 的过度设计系数,$R_{h,d}/E_{h,d}$	1.26	1.19	1.20	1.00	1.19	1.73
对稳定性方法所需 $R_{h,d}/E_{h,d}$ 的最小值	**1.0**	**1.0**	**1.0**	**1.0**	**1.0**	**1.0**
设计结果:CR,关键;NCR,不关键	NCR	NCR	NCR	CR	NCR	NCR
B. 抵抗承载力破坏的设计(GEO ULS)						
关于 O 的倾覆力矩设计值,M_{do}(kN·m/m)(逆时针为正,见图 9.3)	-840.8	-1986.1	-1125.3	-755.0	-1986.1	-1177.3
总竖向作用效应的设计值,$E_{v,d}$(kN/m)	587.9	840.4	653.9	538.0	840.4	609.7
总水平作用效应的设计值,$E_{h,d}$(kN/m)	285.3	349.7	296.5	193.0	349.7	205.9
关于墙基中心的倾覆力矩设计值,M_d(kN·m/m),(逆时针为正,见图 9.3)	370.4	333.4	349.2	214.3	333.4	176.3
E_v 关于基底中心的偏心设计值 e_B(m),(作用位于中心右侧为正,见图 9.3)	-0.63	-0.40	-0.53	-0.42	-0.40	-0.29
有效基础宽度,$B' = B - 2 \times \mathrm{abs}(e_B)$(m)	2.86	4.73	3.44	2.98	4.73	3.86
埋置压力(p)分项系数:有利永久作用	**1.0**	**1.0**	**1.0**	**1.0**	**1.0**	**1.0**
埋置压力设计值,$p = \gamma h_1$(kPa)	16.00	16.00	16.00	16.00	16.00	16.00
承载力系数						
N_q	23.18	12.59	23.18	23.18	12.59	23.18
N_γ	27.72	11.59	27.72	27.72	11.59	27.72
i_q	0.265	0.341	0.299	0.384	0.341	0.439
i_γ	0.136	0.199	0.163	0.238	0.199	0.290
承载力特征值,R_{vk}(kN/m)	—	—	—	1007.8	—	1828.5
承载力分项系数,γ_R	**1.0**	**1.0**	**1.4**	**1.4**	**1.0**	**1.0**
承载力设计值,R_{vd}(kN/m)	590.3	839.8	655.4	719.9	839.8	1828.5
总竖向作用设计值 $E_{v,d}$(kN/m)	588.0	840.0	653.9	538.0	840.0	609.7
设计方法或 OFS 的过度设计系数 $R_{vd}/E_{v,d}$	1.00	1.00	1.00	1.34	1.00	3.00
稳定性所需最小值 $R_{vd}/E_{v,d}$	1.00	1.00	1.00	1.00	1.00	3.00
设计后果:C_R,关键;NCR,不关键	NCR	CR	CR	NCR	CR	CR

注:[a] 在 OFS 方法中,所有值是"名义"(特征)值。

根据*附录 D* 所推荐的浅基础程序,计算承载力的竖向分量(R_v)。一般来说,根据以下公式计算抗力设计值:

$$R_d = R[\gamma_F F(X_k/\gamma_M)]/\gamma_R$$

如下(见以下示例):

(1)在DA-1组合1中,使用作用设计值和等于特征值(因为$\gamma_M=1$)的土体参数(φ'、δ')设计值,且$\gamma_R=1$。

(2)在DA-1组合2和DA-3中,使用土体参数和作用的设计值,且$\gamma_R=1$。

(3)在DA-2中,使用等于特征值(因为$\gamma_M=1$)的土体参数(φ'、δ')设计值,以及作用设计值和抗力的适当分项系数(对抗滑力,$\gamma_R=1.1$和1.4,对承载力,$\gamma_R=1.4$)。备选计算(DA-2*)也要进行,它与DA-2类似,但是,在抗力设计计算中采用作用特征值(而不是设计值)。

在任何Eurocode设计方法(DA-2*的变化除外)中都不要求抗力的特征值。仅在OFS方法中计算抗力特征值。例如,基底水平抗滑力的设计值($R_{h,d}$)按如下计算:

- DA-1组合1:

$$R_{h,d}=35.20/\mathbf{1.0}+[(484.11+116.65-12.81)\tan32°]/\mathbf{1.0}=402.6(\text{kN/m})$$

- DA-1组合2和DA-3:

$$R_{h,d}=24.96/\mathbf{1.0}+[(711.3+136.36-7.27)\tan26.6°]/\mathbf{1.0}=445.1(\text{kN/m})$$

- DA-2:

$$R_{h,d}=35.20/\mathbf{1.4}+[(545.96+120.71-12.8)\tan32°]/\mathbf{1.1}=396.6(\text{kN/m})$$

- DA-2*,使用墙踵的宽度,其在DA-2中是很关键的($b=2.86$m),作为比较:

$$R_{h,d}=P_{ph,d}+[(G_b+G_s+P_{av}-P_{pv})\tan\delta']_d$$

$$\Rightarrow R_{h,d}=P_{ph,k}/\gamma_{R,e}+[(G_{b,k}+G_{s,k}+P_{av,k}-P_{pv,k})\tan\delta'_k]/\gamma_{R,h}$$

$$\Rightarrow R_{h,d}=35.20/1.4+[(172.99+372.97+88.31-12.81)\tan32°]/\mathbf{1.1}$$
$$=378.2(\text{kN/m})$$

相应的作用效应是:

$$E_d=P_{ah,d}=P_{agh,d}+P_{aqh,d}=\gamma_G P_{agh,d}+\gamma_Q P_{aqh,d}$$
$$\Rightarrow E_d=\mathbf{1.35}\times215.18+\mathbf{1.5}\times27.44=331.66$$

墙体在基底抗滑动方面非常安全,因为

$$E_d=331.66\leqslant378.2=R_{h,d}$$

过度设计系数是:

$$R_{h,d}/E_d=378.2/331.66=1.14\geqslant1$$

- 在OFS方法中:

$$R_{h,d}=35.20+(534.78+87.77-12.8)\tan32°=416.2(\text{kN/m})$$

请注意,当使用相同墙踵宽度b时,DA-2和DA-2*给出的$R_{h,d}$计算结果稍有不同(分别为396.6kN/m 和378.2kN/m)。该不同是因为不利作用 P_{av},在 DA-2 中,P_{av}乘以系数$\gamma_F > 1$(P_{av} = 120.71kN/m),在 DA-2* 中,P_{av}乘以系数 $\gamma_F = 1$(P_{av} =88.31kN/m)。所有抗滑力计算中所涉及的其他作用都是有利永久作用,因此,在两种 DA-2 变化中均乘以系数 $\gamma_F = 1$。

表9.3 中表示 CR(关键)或 NCR(非关键)的单元格指出该计算对于确定墙基础宽度很关键。此例中,承载力破坏在所有设计方法中都是很关键的。在 DA-1 中,组合 2 确定墙基础的宽度。

通过将 DA-2 与备选方法 DA-2* 相比较,显示 DA-2* 偏于不安全,因为 DA-2* 所要求的基础宽度(3.82m)小于 DA-2 所要求的宽度(4.51m)。事实上,DA-2* 在所有设计方法中(包括 OFS 方法,其所需的最小整体安全系数,抗滑为 1.5,抗承载能力失效为 3.0)最偏于不安全。

表9.4 给出了结构(STR)ULSs 在挡墙立板底部的弯矩和剪力设计值,以及土压力系数、作用分项系数和用来计算弯矩和剪力的土压力。对于两种备选的土压力大小进行计算:主动值以及介于 K_0与主动值之间的土压力,以说明墙体相对于被支挡岩土体的相对柔性效应,即先于被支挡岩土体中出现承载能力极限状态(ULS)或与之同时出现结构承载能力极限状态(ULS)(见第 9.5 节关于承载能力极限状态(ULS)设计计算的中间土压力论述)。

示例 9.1—混凝土重力式挡墙 STR 设计的计算结果 表 9.4

	DA-1		DA-2	DA-2*	DA-3	OFS[a]
	组合 1	组合 2				
墙踵部宽度,b(m)	**3.87**		**2.86**	**2.17**	**3.87**	**2.79**
墙基总宽度,B(m)	**5.52**		**4.51**	**3.82**	**5.52**	**4.44**
Ⅱ. STR ULS						
挡土墙结构设计(立板底部)						
(a)采用极限主动土压力设计						
系数 K_{ah}的特征值	0.35	—	0.35	0.35	—	0.35
系数 K_{ah}的设计值	0.35	0.48	0.35	0.35	0.48	0.35
作用 $P_{ah,q}$的分项系数	**1.5**	**1.3**	**1.5**	**1.5**	**1.3**	**1.0**
作用 $P_{ah,g}$的分项系数	**1.35**	**1.0**	**1.35**	**1.35**	**1.0**	**1.0**
$P_{ah,q}$的设计值(kN/m)	31.5	37.4	31.5	31.5	37.4	21.0
$P_{ah,g}$的设计值(kN/m)	170.1	172.8	170.1	170.1	172.8	126.0
弯矩设计值,M_d(kNm/m)	434.7	457.9	434.7	434.7	457.9	315.0
剪力设计值,V_d(kN/m)	201.6	210.2	201.6	201.6	210.2	147.0
(b)采用中间主动土压力设计:$K=0.5(K_a+K_0)$						
系数 K_h 的特征值	0.49	—	0.49	0.49	—	0.49
系数 K_h 的设计值	0.49	0.61	0.49	0.49	0.61	0.49
作用 $P_{h,q}$分项系数	**1.5**	**1.3**	**1.5**	**1.5**	**1.3**	**1.0**
作用 $P_{h,g}$分项系数	**1.35**	**1.0**	**1.35**	**1.35**	**1.0**	**1.0**
$P_{h,q}$的设计值(kN/m)	44.1	47.7	44.1	44.1	47.7	29.4

续上表

	DA-1		DA-2	DA-2*	DA-3	OFS[a]
	组合 1	组合 2				
$P_{h,g}$的设计值(kN/m)	238.3	220.0	238.3	238.3	220.0	176.6
弯矩设计值,M_d(kN·m/m)	609.1	582.9	609.1	609.1	582.9	441.4
剪力设计值,V_d(kN/m)	282.4	267.6	282.4	282.4	267.6	206.0

注:[a] 在 OFS 方法中,所有值是"名义"(特征)值。

弯矩和剪力为作用效应,因此,它们的设计值根据相关作用(对挡墙立板底部作用效应,为土压力)的设计值计算,即按照公式 $E_d = E(F_d)$。在 DA-1 中,使用了临界墙基础宽度(从组合 2 中得到)。

Eurocode 设计方法中的弯矩和剪力乘以系数,然而,传统 OFS 方法中的弯矩和剪力未乘以系数,因此不可直接与 Eurocode 7 结果相比较。特别是,Eurocode 7结果是直接用于混凝土截面结构设计的作用效应的承载能力极限状态(ULS)设计值(根据 Eurocode 2)。在采用相应作用分项系数之后,根据 OFS 方法计算的弯矩可在混凝土截面的结构设计中使用(根据 Eurocode 2)。例如,弯矩可乘以 **1.4** 的系数,作为近似等效分项系数的加权值,分别相当于结构承载能力极限状态(ULS)结构设计中 Eurocode 分项系数(永久作用为 **1.35**,可变作用为 **1.5**)。

从以上分析结果中可得出以下结论:

(1)对 GEO ULSs,DA-1 和 DA-3 给出的结果相同,因为:

(a)在 DA-1 设计中,组合 2 是关键的,这个组合使用了与 DA-3 相同的材料分项系数。

(b)系统中的所有作用都是岩土作用(没有结构作用),DA-1 组合 2 和 DA-3 中的岩土作用有相同的分项系数。

(2)对 GEO ULSs,由于墙基础的要求宽度(DA-2 中,B = 4.51m;DA-2* 中,B = 3.82m)比 DA-1 和 DA-3(B = 5.52m)中的要求宽度小 18% ~31%,因此,DA-2 和 DA-2* 没有 DA-1 和 DA-3 保守。

(3)对墙身结构设计(STR ULS),与 DA-1 和 DA-3 相比(两者具有相同结果:M_d = 457.9kNm/m),DA-2 和 DA-2* 稍微偏于不安全,约低 5%(M_d = 434.7kNm/m)。

(4)对于 STR 型极限状态,挡墙立板底部的作用效应(弯矩和剪力)设计值很大程度上取决于土压力的假定大小。例如,在 DA-1 和 DA-3 中,采用假定中间土压力计算的作用效应比根据主动土压力计算的作用效应大 27%(582.9和 457.9kNm/m)。这个结论说明了为确保墙体结构设计容许一些侧向位移的重要性。

(5)在 DA-1 组合 2 中,分项系数集合在 GEO ULS 中是关键的。在墙身结构设计(STR ULS)中,如果使用了主动土压力,则组合 2 是关键的,如果使用中间土压力,则组合 1 是关键的。

(6)根据墙基础的所需宽度,OFS 方法最偏于不安全(对 DA-1 和 DA-3 分别为 $B=5.52\text{m}$ 和 $B=4.44\text{m}$,对 DA-2,$B=4.51\text{m}$),DA-2* 为例外(其中,$B=3.82\text{m}$)。一个可能的原因是,OFS 方法没有考虑墙体虚拟背面主动力的不确定性,不过,对这种说法还是存有疑问。

(7)墙身的结构设计,通过运用 1.4 的扩大系数(如上所述),OFS 方法给出的结果与 Eurocode 设计方法中的结果大致相同,因为,使用 1.4 的放大系数,可比的传统方法的弯矩"设计"值为 315.0 × 1.4 = 441.0(kNm/m),即大约与所有 Eurocode 设计方法的设计值相同(457.9 ~ 434.7kNm/m)。

应指出的是,以上结论仅适用于这个特定示例。在其他含有不同的墙体几何形状和岩土体参数的示例中,相应的结论可能不同。

示例 9.2 埋入式板桩墙的承载能力极限状态(ULS)和正常使用极限状态(SLS)设计

此例介绍了埋入式板桩墙的承载能力极限状态(ULS)和正常使用极限状态(SLS)设计。图 9.5 所示墙体的名义开挖深度为 5.0m,另外加上允许的偶发超挖深度(见第 9.3.2 节)等于 10% × 4.0m = 0.40m,开挖深度的设计值 $H=5.40\text{m}$。墙体在标高 -1.0m(锚杆倾角 $\beta=10°$)处受到单排锚杆的支撑。对硬黏土中的开挖,排水条件通常对稳定性是关键的,因此,使用有效应力岩土体参数和稳定状态水力条件来进行有效应力分析。

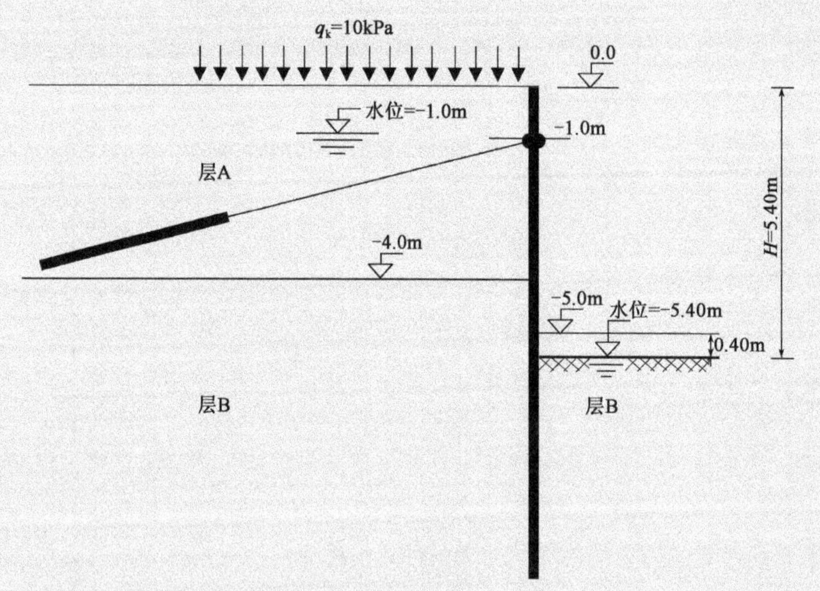

图 9.5 埋入式墙的几何参数

地基剖面由两层组成(界面在标高 -4.0m 处),所有以下参数在承载能力极限状态(ULS)设计中使用(所有值均为特征值):

- 层A(中密至密实砾砂):

  —水位以上的重度:$\gamma_k = 18kN/m^3$。

  —水位以下的饱和重度:$\gamma_{sk} = 20kN/m^3$。

  —内摩擦角:$\varphi'_k = 35°$。

  —主动侧所使用的墙-岩土体界面参数的最大值[*条款9.5.1(6)*]:$\delta_k = (2/3)\ \varphi'_k = 23°$。

- 层B(硬黏土):

  —水位以下的饱和重度:$\gamma_{sk} = 20kN/m^3$。

  —内摩擦角:$\varphi'_k = 24°$。

  —黏聚力:$c'_k = 5kPa$。

  —墙-岩土体界面参数的最大值[长期条件下所用的指示值,其他值可能也是合适的——见*条款9.5.1(8)*]:

主动侧:$\delta_{ak} = \frac{2}{3}\varphi'_k = 16°$。

被动侧:$\delta_{pk} = \frac{1}{2}\varphi'_k = 12°$。

假定砂层的水位标高保持在-1.0m,墙后地基标高为0.0m。由于开挖,坑底的地下水位降至标高-5.4m处。假定砾砂(层A)维持在流体静力环境,而在硬黏土中产生总水头差(等于4.4m),假定从标高-4.0m处(墙后)算起的理想渗流路径上有线性水头损失,绕过墙趾,在墙体前面标高-5.4m处终止(路径总长度:$2L+1.4m$,其中,L是开挖底面以下的墙体埋深)。这个方法保证了墙趾两侧的水压力和预计的一样处于平衡状态。因此,墙体主动侧的水压力低于静水压力(对应于标高-1.0m处的水位),而在墙体被动侧,水压高于静水压力(对应于标高-5.4m处的水位)。使用这些水压力(u)按照公式$\sigma'_v = \sigma_v - u$计算墙体两侧的竖向有效应力(σ'_v),式中,$\sigma_v = \gamma z$是总竖向(地压)应力(z从墙后地面开始量起,一直到墙前开挖底部)。根据*第10章*的原理检验由隆起引起的开挖底部的水力破坏。

其他输入参数有:

- 水的重度:$\gamma_k = 10kN/m^3$。
- 地面的超载(可变作用):$q_k = 10kPa$。
- 钢板桩(Frodingham 3N):$W_{el} = 1688cm^3/m$,$W_{pl} \approx 1900cm^3/m$,钢材等级S355GP,屈服强度355MPa。

按照EN 1993-5计算板桩(Frodingham 3N)极限抗力的力矩设计值($M_{u,d}$):

$$M_{u,d} = W_{pl} f_y / \mathbf{1.0} = 613\ kN \cdot m/m$$

钢材材料分项系数值(**1.0**)从 EN 1993-5 中选取,而且可由各国自行设定。

除了传统的 LEM,以下 DA-1 组合 1 和 DA-2 的承载能力极限状态(ULS)设计以及正常使用极限状态(SLS)设计中,也使用了弹簧模型。根据第 9.7 节的建议,弹簧模型可被用于 DA-1 组合 2 和 DA-3 设计中。在弹簧模型中,计算采用所有刚度参数(土体、锚杆和墙体)的特征值。这个模型需要土体刚度参数、墙抗弯刚度(EI)、锚杆轴向刚度和预应力。土体用弹性-理想塑性弹簧模拟在极限土压力(主动和被动)时屈服。假定屈服前弹簧刚度(水平基床模量)的特征值在砂层中为 $k=10000\text{kN/m}^3$,在黏土层中为 $k=6000\text{kN/m}^3$。砂层中静止土压力系数的特征值在砂层中为 $K_{0,k}=0.50$,在黏土层中为 $K_{0,k}=0.95$。根据锚杆自由段长度($L=11\text{m}$)、横截面($A=1\text{cm}^2/\text{m}$)和钢的弹性模量($E=210\text{GPa}$)计算锚杆屈服前轴向特征刚度特征值 $K=EA/L$。通过试验算得锚杆预应力(锁定力)$P_0=100\text{kN/m}$。钢板桩墙屈服前抗弯刚度为 $EI=5\times10^4\ \text{kNm}^2/\text{m}$。

极限平衡模型中,岩土体参数的设计值和对应极限主动(K_{ah})和被动(K_{ph})条件下算得的水平土压力系数见表 9.5。K_{ah} 和 K_{ph} 的设计值从*图 C.1.1* 和*图 C.2.1*中得到。

示例 9.2——LEM　　表 9.5

	DA-1		DA-2	DA-3	OFS[a]
	组合 1	组合 2			
岩土体强度参数分项系数 γ_M	**1.0**	**1.25**	**1.0**	**1.25**	**1.0**
内摩擦角设计值,φ'(°)					
层 A	35	29.3	35	29.3	35
层 B	24	19.6	24	19.6	24
黏聚力设计值,c'(kPa)					
层 B	5	4	5	4	5
墙-岩土体界面参数最大设计值,$\delta=\frac{2}{3}\varphi'$(°)					
层 A-主动侧	23	19.6	23	19.6	23
层 B-主动侧	16	13.1	16	13.1	16
层 B-被动侧	12	9.8	12	9.8	12
水平主动土压力系数设计值,K_{ah}					
层 A	0.23	0.30	0.23	0.30	0.23
层 B	0.37	0.45	0.37	0.45	0.37
水平被动土压力系数设计值,K_{ph}					
层 B	3.20	2.50	3.20	2.50	3.20
作用分项系数,γ_F					
不利永久	**1.35**	**1.0**	**1.35**	**1.0**	**1.0**
不利可变	**1.5**	**1.3**	**1.5**	**1.3**	**1.0**
有利永久	**1.0**	**1.0**	**1.0**	**1.0**	**1.0**
被动侧土抗力分项系数,γ_R	**1.0**	**1.0**	**1.4**	**1.0**	**1.0**

注:[a] 在 OFS 方法中,所有值是"名义"(特征)值。

墙的承载能力极限状态(ULS)设计

埋入式挡墙承载能力极限状态(ULS)设计的目的是确定:

(1)最小埋深。它通过假定墙趾处的自由土支撑条件来计算,即假定墙可以充分移动,足以发挥被支挡侧和抵抗侧上的极限主动和被动土压力(LEM)。

(2)墙上的弯矩分布和锚杆力。这些可通过下列两种方法确定:

(a)使用已知的墙上土压力分布,即极限土压力(即采用没有土压力重新分布的 LEM)。

(b)采用弹簧模型,即有相应刚度的土体弹簧支撑墙的梁模型。这个模型包括墙-岩土体间相互作用和土压力重新分布。关于弹簧模型应用的说明,参见第 9.7 节。

LEM 中,以下水平作用施加于墙上:

(1)被支挡侧主动土压力的水平分量:

$$p'_{\mathrm{ah}} = p'_{\mathrm{ah,g}} + p'_{\mathrm{ah,q}}$$

地面以下深度 z 处,其中,

$$p'_{\mathrm{ah,g}} = K'_{\mathrm{ah}}\sigma'_{\mathrm{v}} - 2c'\sqrt{K_{\mathrm{ah}}}$$

是一种不利永久岩土作用,σ'_{v} 是在深度 z 处的竖向有效应力,且

$$p'_{\mathrm{ah,q}} = K_{\mathrm{ah}}q$$

是一种不利可变岩土作用。

(2)净水压力(被支挡侧压力减去抵抗侧压力)是一种不利永久岩土作用。由于墙趾处,两侧的水压力处于平衡状态,净水压力为 0。因此,净水压力的特征值从标高 -1.0m 处的 0 值线性增加到标高 -4.0m 处的 30kPa,最后在标高 -5.40m处达到最大值(根据墙体埋深),然后线性减少,在墙趾达到 0(见表 9.6)。

示例 9.2——LEM 的承载能力极限状态(ULS)设计 表 9.6

(DA-1 组合 1 的第 2 步除外)

	DA-1			DA-2	DA-3	OFS[b]
	组合 1[a]		组合 2			
	步骤 1	步骤 2				
最大开挖深度下要求的墙体埋深(m)	5.89	6.62	6.62	7.89	6.62	8.27
要求的板桩墙长度(m)	11.29	12.02	12.02	13.29	12.02	13.67
孔隙水压力特征值(kPa)						
标高 -1.0m(主动侧)和 -5.40m(主动侧)	0	0	0	0	0	0
标高 -4.0m(主动侧)	30	30	30	30	30	30
标高 -5.4m(主动侧)	39.3	39.3	39.8	40.4	39.8	40.6
墙趾(两侧)	78.6	78.6	86.1	99.1	86.1	103.0
净水压力特征值(kPa)						
标高 0.0 ~ -1.0m	0	0	0	0	0	0
标高 -4.0m	30	30	30	30	30	30
标高 -5.4m	39.3	39.3	39.8	40.4	39.8	40.6

续上表

	DA-1			DA-2	DA-3	OFS[b]
	组合 1[a]		组合 2			
	步骤 1	步骤 2				
墙趾	0	0	0	0	0	0
主动侧总水平推力设计值 $P'_{ah}+P_w$(kN/m)	662.4		638.9	858.6	638.9	660.3
被动侧总水平抗力设计值 P'_{ph}(kN/m)	475.1		466.9	630.1	466.9	486.9
锚杆力水平分量设计值 P_{0h}(kN/m)		167.0	172.0	228.5	172.0	173.4
锚杆力的设计值 $P_0=P_{0h}/\cos b$(kN/m)		169.6	174.6	232.1	174.6	176.1
关于锚固标准的倾覆（抵抗）力矩设计值(kNm/m)			4021.1	5951.9	4021.1	4722.8
主动侧总竖向推力设计值 P'_{av}(kN/m)			42.3	83.2	42.3	65.2
被动侧总竖向抗力设计值 P'_{pv}(kN/m)			72.3	123.2	72.3	95.6
墙体最大弯矩						
设计值 $M_{max,d}$(kNm/m)		347.0	446.7	649.5	446.7	706.4
标高(m)		-5.40	-5.40	-5.40	-5.40	-6.04
墙体最大剪力						
设计值 S_d(kN/m)			159.1	215.7	159.1	164.2
标高(m)			-1.00	-1.00	-1.00	-1.00

注：[a] DA-1 组合 1 的两个计算步骤，首先是确定墙体最小埋深，然后，独立计算（运用土体弹簧模型）确定内力和锚杆力。

[b] OFS 方法中，所有值都是“名义（特征）”值。

以上水平作用受到锚杆力水平分量和被支挡侧极限被动土压力水平分量的抵抗。开挖基底以下深度 z' 处的极限被动土压力按下式计算：

$$p'_{ph}=K_{ph}\sigma'_v+2c'\sqrt{K_{ph}}$$

式中，σ'_v是相应的竖向有效应力。极限被动土压力被作为抗力处理（见 9.3.1 论述）。

按照第 9.7 节介绍的方法计算作用设计值。例如，根据下式计算不利可变岩土作用的设计值 $p'_{ah,q}$：

$$F_d=\gamma_F F(X_k/\gamma_M)$$

即

$$p'_{ah,q}=\gamma_F K_{ah} q$$

分项系数从表 9.5 中选取：

- 在 DA-1 组合 1 第 1 步，以及 DA-2 中：

$$p'_{ah,q}=\mathbf{1.5}\times 0.23\times 10=3.45(\text{kPa})$$

- 在 DA-1 组合 2 和 DA-3 中：

$$p'_{ah,q} = \mathbf{1.3} \times 0.30 \times 10 = 3.90(\text{kPa})$$

根据下式计算极限被动土压力(抗力)的设计值：

$$R_d = R[F(X_k/\gamma_M)]\gamma_R$$

即

$$p_{ph} = [K_{ph}\sigma'_v + 2c'\sqrt{K_{ph}}]/\gamma_R$$

分项系数从表 9.5 中选取。例如,在挖方基底以下深度 $z' = 3\text{m}$ 处,竖向有效应力特征值 $\sigma'_v = 30\text{kPa}$,并且假定为孔隙静水压力,极限被动土压力的设计值为：

- 在 DA-1 组合 1,第 1 步中：

$$p'_{ph} = [3.2 \times (\mathbf{1.0} \times 30) + 2 \times 5 \times \sqrt{3.2}]/\mathbf{1.0} = 113.9(\text{kPa})$$

- 在 DA-2 中：

$$p'_{ph} = [3.2 \times (\mathbf{1.0} \times 30) + 2 \times 5 \times \sqrt{3.2}]/\mathbf{1.4} = 81.3(\text{kPa})$$

- 在 DA-1 组合 2 和 DA-3 中：

$$p'_{ph} = [2.5 \times (\mathbf{1.0} \times 30) + 2 \times 4 \times \sqrt{2.5}]/\mathbf{1.0} = 87.6(\text{kPa})$$

事实上,由于向上的渗流,实际的竖向有效应力(σ'_v)略低于上述获得的值,因其假定为静水压力。请注意,由于墙体埋深不同,每种设计方法中,在某特定深度处的竖向有效应力也随之变化。在工程实例中,使用的是竖向有效应力的正确值(见表 9.6),而在以上计算中,使用的是相同的静止孔隙水压力,为的是比较三种设计方法。

LEM 中,以锚固点为支点,确保作用和抗力设计值的弯矩平衡,计算所需的墙体埋深(由于选定了自由土支撑条件)。然后,通过确保水平作用和抗力设计值的平衡,以计算锚杆力水平分量的设计值(P_{0h})。

最后,通过调整主动侧墙-岩土体界面参数的设计值(δ_a)来最终检验墙的竖向平衡,即通过计算一个系数(m),以使：

$$P'_{ah}\tan m\delta_a + F_h\tan\beta = P'_{ph}\tan\delta_p$$

式中,P'_{ah}和 P'_{ph}是墙体水平方向上的主动土压力合力和被动土压力合力(式中带入值为其设计值)。应注意到,由于墙体趋于下沉,只会趋于降低主动侧的摩擦力,所以被动侧的墙-岩土体界面参数(δ_p)不做调整。算得的 m 值不大可能大于 1,因此,设 m 等于 1,并且参数 δ_p 折减,直到平衡得到满足(因为在这种情况下,墙体向上移动,并降低被动侧的摩擦力)。

表 9.6 列出了根据 Eurocode 设计方法和 OFS 方法的承载能力极限状态(ULS)计算的主要结果,被动土压力上的 OFS 为 2.0(即被动土压力折减到特征值的 50%)。表中所列出的弯矩和剪力设计值通过土压力和水压力以及支撑反作用的设计值确定。

DA-1 组合 1——第 2 步

DA-1 中,由于组合 2 所得到的墙体埋深大于组合 1(通常情况是这样),根据组合 1 分项系数和墙体埋深 $d=6.62\text{m}$(其由表 9.6 所示的组合 2 分项系数确定),独立进行步骤 2 计算。由于现在的墙体埋深大于使用组合 1 分项系数($d=6.62\text{m}>5.89\text{m}$)条件下极限土压力完全发挥所需的墙体埋深,因此,需要一个墙-岩土体相互作用模型,以计算极限土压力的修正部分。如第 9.7 节所述,此例中所使用的相互作用模型是一个弹簧模型。弹簧模型给出的计算结果如下:

- 锚杆力水平分量的设计值:

$$P_{0h}=\mathbf{1.35}\times123.7=167.0(\text{kN/m})$$

- DA-1 组合 1,墙体的最大弯矩设计值:

$$M_{\max,d}=\mathbf{1.35}\times257=347(\text{kNm/m})<M_{u,d}=613(\text{kNm/m})$$

请注意,当 DA-1 的步骤 1 要求墙体埋深明显小于 DA-1 组合 2 时,在采用 DA-1 组合 2 计算墙体埋深之后,步骤 2 会很容易进行。

从表 9.6 得出以下结论:

(1)在 DA-1 中,组合 2 提供墙体埋深(6.62m)。组合 2 对于墙体结构设计也是很关键的(最大弯矩 =446.7kNm/m)。

(2)DA-3 给出的结果与 DA-1 组合 2 相同。

(3)由于 DA-2 提供的墙体埋深(7.89m)和弯矩设计值(649.5kNm/m)最大,因此,它是 Eurocode 设计方法中最为保守的。OFS 方法要求的墙体埋深更深(8.27m),以及略大于可比弯矩设计值($1.4\times504.6=706.4\text{kNm/m}$)。

(4)DA-1 和 DA-3 中,Frodingham 3N 板桩截面具有充分的极限抗力的力矩($M_{u,d}=613$ kNm/m),以抵抗计算设计弯矩,在 DA-2 和 OFS 方法中,要求稍大一点的板桩截面(分别为 $M_{u,d}\geq649.5\text{kNm/m}$ 和 $M_{u,d}\geq\mathbf{1.4}\times504.6=707\text{kNm/m}$)。

DA-2——采用 LEM

在以上 DA-2 使用 LEM 的应用中,作用分项系数应用于力源,即极限主动土压力和净水压力。

可使用以下等效备选方法(称之为 DA-2*):

(1)永久作用(例如,土体重量和净水压力产生的极限主动土压力)输入计算中的值等于它们的特征值(即使用单位分项系数)。对于 DA-2,通常输入计算的土体参数(即抗剪强度)值也等于它们的特征值。

(2)不利可变作用值(例如,由地表超载产生的极限主动土压力)乘以 $\mathbf{1.5}/\mathbf{1.35}=1.11$ 输入到计算中,即 $q_d=1.11\text{kPa}$ 和 $q_k=11.1\text{kPa}$。

(3)计算倾覆力矩(M_E),它是关于锚固点的主动土压力和净水压力的力矩之和(总和 $=E_k$)。然后将相应的设计值计算出来:$M_{Ed}=1.35M_E$。这是作用效应的设计值,用于承载能力极限状态(ULS)设计。

(4)计算极限土抗力水平分量($R_{p,k}$),它是 $R_{p,k}$ 关于锚定点的稳定力矩(M_R)。然后计算相应的设计值:$M_{Rd}=M_R/\mathbf{1.4}$。这是稳定弯矩的设计值,用于承载能力极限状态(ULS)设计计算。

(5)墙体埋深通过承载能力极限状态(ULS)要求确定,即 $M_{Ed}\leqslant M_{Rd}$,或等效于 $M_E\leqslant M_R/(\mathbf{1.35}\times\mathbf{1.4})=M_R/1.89$。

(6)在计算所需墙体埋深后,通过检验作用和抗力的水平平衡来确定锚杆力的特征值。

(7)最后,根据已知作用、锚杆力和土压力计算沿墙的弯矩特征值。通过将相应的特征值乘以 **1.35**,得到锚杆力和弯矩的设计值。

此例中,由 DA-2* 得出以下计算结果:

- 埋深:$d=7.89$m。
- 主动土压力和净水压力合力:$E_k=636.0$kN/m。
- E_k 关于锚固点的倾覆力矩:$M_E=4408.8$kNm/m。
- 倾覆力矩的设计值:$M_{Ed}=\mathbf{1.35}\times4408.8=5951.9$(kNm/m)。
- 土抗力水平分量的特征值:$R_k=882.1$kN/m。
- 由土抗力产生的稳定力矩:$M_R=8335.3$kNm/m。
- 稳定弯矩的设计值:$M_{Rd}=8335.3/\mathbf{1.4}=5953.8$(kNm/m)。
- 因此,$M_{Ed}=5952$kNm/m$\leqslant M_{Rd}=5954$kNm/m。

计算锚杆力的水平分量(P_{0h}):

—设计值 $P_{0h}=\mathbf{1.35}\times E_k-R_k/\mathbf{1.4}=\mathbf{1.35}\times636.0-882.1/\mathbf{1.4}=228.5$(kN/m)。

—特征值 $F_h=228.5/\mathbf{1.35}=169.3$(kN/m)。

- 最大弯矩的特征值 $M_k=481.14$kNm/m。
- 最大弯矩的设计值 $M_d=1.35\times481.14=649.5$(kNm/m)。

因此,当使用 LEM 时,DA-2 和 DA-2* 给出相同的弯矩值(见表9.6)。

总之,在这个工程示例中,由于计算是线性的,DA-2 和 DA-2* 给出的计算结果完全相同。

先前分析(DA-1 组合2、DA-2、DA-2* 和 DA-3)中,使用 LEM 计算要求的墙体最小埋深、沿墙的弯矩和剪力,即从墙体主动侧的极限土压力中计算得出,不考虑任何应力重新分布,此种考虑可反映墙体挠度,可能不足以完全产生极限土压力。如第9.7节所述,可使用相互作用模型(有限元或弹簧梁模型)来分析此类应力重分布情况。

如第9.7节所述,弹簧模型可用于所有三种设计方法。此例解释了弹簧模型在 DA-2 和 DA-1 组合1 的应用,如下所述。

DA-2——弹簧模型的使用

(1)根据上述使用极限土压力的标准计算方法确定墙体最小埋深(LEM)。基于墙体被动侧计算得出的设计值对于抗破坏是安全的。DA-2 的计算最小埋深为 $d=7.89$m(见上文)。另外,可通过试算确定使特征土体抗力的53%发挥作用的墙体埋深(由于采用推荐值,$1/\gamma_G\gamma_{Re}=1/(\mathbf{1.35}\times\mathbf{1.4})=0.53$)。

(2)采用弹簧模型分析具有以上埋深的墙体,并确定内力和锚固力,以及检验调动的特征土抗力不超过53%[$1/(\mathbf{1.35}\times\mathbf{1.4})=0.53$]。应指出的是,在这个分析中,也可使用更大的墙体埋深(例如,当墙体需要置入不透水层时)。在分析中使用了岩土体和墙体的刚度和强度参数的特征值。地面荷载(q)使用$q=\mathbf{1.5}\times10/\mathbf{1.35}=11.1$(kPa)值输入。然后,将计算弯矩和锚杆力乘以永久不利作用的分项系数(**1.35**),以确定它们的设计值。主要计算结果见表9.7。

示例9.2——承载能力极限状态(ULS)设计:DA-2 采用弹簧模型的计算结果 表9.7

	计 算 值	设计值 = **1.35** × 计算值
埋深	从步骤1:$d=7.89$m	—
调动的土抗力	$0.53^a \leqslant 1/(\mathbf{1.35}\times\mathbf{1.4})=0.53$	—
弯矩	209.5kNm/m	**1.35** × 209.5 = 283(kNm/m)
锚杆力	116.0kN/m	**1.35** × 116.0 = 157(kNm/m)

注:[a]考虑墙后主动土压力的修正锚杆力。

DA-2 使用弹簧模型得到的弯矩和锚固反作用的设计值远远低于使用 LEM 得到的值(见表9.6)。这是因为弹簧模型使用了土体抗力的特征值,土体抗力分项系数仅在最后检验土体抗力发挥程度时引入。

DA-1 组合1——弹簧模型的使用

(1)DA-2 组合2 使用标准计算方法(LEM)确定墙体的最小埋深。DA-1 组合2 的计算最小埋深为 $d=6.62$m(见上文)。

(2)采用弹簧模型分析具有以上埋深的墙体,并确定内力和锚杆力,以及检验特征土体抗力的发挥是否超过 $0.74=1/\mathbf{1.35}$。地面荷载(q)采用 $q=\mathbf{1.5}\times10/\mathbf{1.35}=11.1$(kPa)。然后,将计算弯矩和锚杆力乘以不利永久作用分项系数(**1.35**),以确定它们的设计值。主要计算结果见表9.8。

示例9.2——承载能力极限状态(ULS)设计: DA-1 组合1 采用弹簧模型(墙体长度从 DA-2 组合2 得到)的结果 表9.8

	计 算 值	设计值 = **1.35** × 计算值
埋深	从步骤1:$d=6.62$m	—
调动的土抗力	$0.60^a < 1/\mathbf{1.35}=0.74$	—
弯矩	257kNm/m	**1.35** × 257 = 347(kNm/m)
锚杆力	126kN/m	**1.35** × 126 = 170(kNm/m)

注:[a] 考虑墙背主动土压力的修正。

DA-1 中防止被动破坏的等效 OFS 约为1.6,在 DA-2 中,约为1.9。采用弹簧模型计算的 DA-1 组合1的弯矩和锚固反作用比 DA-2 大,因为在 DA-2 中,墙体稍长一些。

注意,在所有相互作用模型中,计算弯矩和支撑反作用取决于与相对于墙和锚杆刚度的土体刚度(弹簧刚度)的选定值。由于土体刚度具有相当的不确定性,因此,应检验设计对于刚度参数变化的敏感性。对于给定的墙体长度,土体弹簧刚度的较低值和较高墙体刚度值组合使墙的弯矩更大。

应指出的是,以上结论仅适用于本特定示例。在其他有不同的墙体几何形状和岩土体参数的示例中,相应的结论可能不同。

抵抗隆起破坏的开挖承载能力极限状态(ULS)设计

深开挖底部的地下水向上渗流可能会在渗透性相对均匀的土体中产生隆起破坏,也会在当一个低渗透性土层覆盖在一个高透性土层上时造成破坏。尽管隆起破坏更多出现在高渗透性土体中,但是,由于稳态渗流的形成相当快,因此,在此例(硬黏土)中进行了抗隆起设计,主要是为示例之目的。关于抗隆起设计方法,参见第10章。

隆起计算模型通常需要检验开挖底部和墙趾标高之间的细土柱,侧向摩擦力忽略不计(保守的假定)。此例中,按照 DA-1 和 DA-3 确定的最小埋深($d=6.62\text{m}$)进行了抗隆起破坏设计。

根据条款*2.4.7.5*,一个抗隆起破坏设计不等式需要检验任一土柱的底部,失稳孔隙水压力的设计值 $u_{\text{dst,d}}$ 小于稳定总竖向应力的设计值 $\sigma_{\text{stb,d}}$(符号定义见图9.6),即

$$u_{\text{dst,d}} \leqslant \sigma_{\text{stb,d}} \qquad (2.9a)$$

另一个抗隆起破坏设计不等式要求检验土柱中失稳渗流力的设计值 $S_{\text{dst,d}}$ 小于起稳定作用的土柱的浮重度(即有效浮力)$G'_{\text{stb,d}}$ 设计值,即

$$S_{\text{dst,d}} \leqslant G'_{\text{stb,d}} \qquad (2.9b)$$

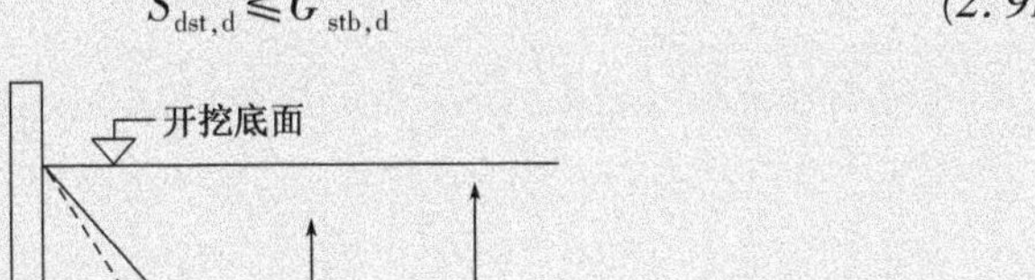

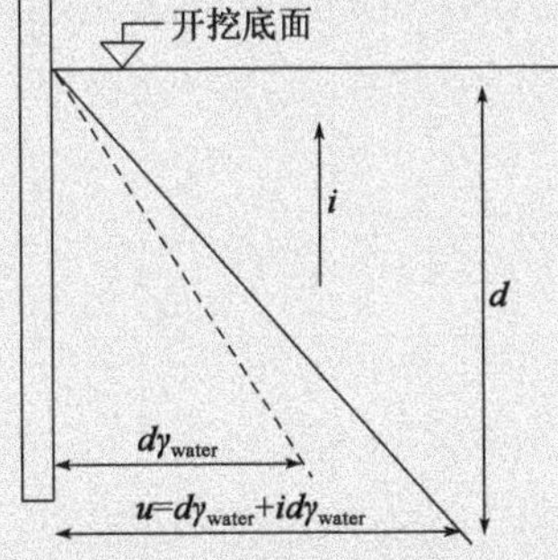

图9.6　抗隆起破坏设计中的符号定义

不等式(2.9*b*)给出:

$$S_{dst,d} = \gamma_{G,dst}\gamma_{water} id \leqslant \gamma_{G,stb}(\gamma_k - \gamma_{water})d = G'_{stb,d}$$

式中,i 是水力梯度的特征值;d 是至所检验隆起破坏处的土柱高度(图 9.6);γ_{water}是水重度的特征值;γ_k是层 B 土体总重度的特征值;$\gamma'_k = \gamma_k - \gamma_{water}$是层 B 土体浮(有效)重度的特征值;$\gamma_{G,stb}$和 $\gamma_{G,dst}$是稳定作用和失稳作用的相应分项系数(见表 *A.17*)。

如前所述(渗流路径长度:$L = 2d + 1.40 = 2\times6.62 + 1.40 = 14.64$(m)),假定层 B 中是线性静力水头损失,计算墙趾标高处的孔隙水压力[标高 $-5.40 - 6.62 = -12.02$(m)]。这个假定给出向上的水力梯度:

$$i = \Delta H/L = (-1.0 + 5.40)/14.64 = 0.30$$

隆起分项系数的推荐值为(表 *A.17*):

$$\gamma_{G,stb} = \mathbf{0.9} \quad \gamma_{G,dst} = \mathbf{1.35}$$

采用以上不等式(*2.9b*)得出:

$$\gamma_{G,dst}\gamma_{water} id \leqslant \gamma_{G,stb}(\gamma_k - \gamma_{water})d$$

$$\Rightarrow \mathbf{1.35}\times10\times0.30\times6.62 \leqslant \mathbf{0.90}\times(20-10)\times6.62$$

$$\Rightarrow 26.8\text{kPa} \leqslant 59.6\text{kPa}$$

表明抗隆起破坏的安全度是充分的。

注:不等式(*2.9a*)得出的结果与不等式(*2.9b*)得出的结果不同:

$$u_{dst,d} \leqslant \sigma_{stb,d} \Rightarrow \gamma_{G,dst}u_k \leqslant \gamma_{G,stb}\sigma_k d$$

$$\Rightarrow \gamma_{G,dst}(\gamma_{water}d + \gamma_{water}id) \leqslant \gamma_{G,stb}\gamma_k d$$

$$\Rightarrow \gamma_{G,dst}\gamma_{water}id \leqslant (\gamma_{G,stb}\gamma_k - \gamma_{G,dst}\gamma_{water})d$$

$$\Rightarrow \mathbf{1.35}\times10\times0.30\times6.62 \leqslant (\mathbf{0.9}\times20 - \mathbf{1.35}\times10)\times6.62$$

$$\Rightarrow 26.8\text{kPa} \leqslant 29.8\text{kPa}$$

此例中,不等式(*2.9a*)也说明了抗隆起破坏具有足够安全度(但安全度要更大,因为对于超孔隙水压设计值有更严格的要求,$\gamma_{G,dst}\gamma_{water}id = 26.8$kPa)。关于不等式(*2.9a*)和不等式(*2.9b*)之间差别的讨论,参见第 10 章。

针对墙体挠度的正常使用极限状态(SLS)设计

针对墙体挠度的正常使用极限状态(SLS)设计程序在条款 *9.8.2* 中做了简要描述。它包括:根据可比经验,获取墙体挠度的保守估计值以及由此引起的地基位移,如果超过了可接受限值,则通过严格的计算进行更详细的研究(同样见 9.8.2)。这意味着,在许多正常使用极限状态(SLS)设计中,如果有可比经验可以使用,则墙体挠度和地基位移的计算是可以避免的。

此例中,采用包括岩土体与墙体相互作用的一维分析模型,以计算正常使用极限状态(SLS)中的墙体挠度。墙视为竖向梁,具有板桩的特性,岩土体(墙两侧)被模拟为一系列弹-塑性弹簧,其会在如图 9.7 所示的主动和被动土压力下屈服。通过考虑发挥主动和被动土压力所需的墙体位移,获取土体弹簧的刚度(见附录 C 的条款 C.3)。所有作用、抗力、岩土体参数、墙和锚杆刚度的设计值都等于其特征值。由于模型包含主动侧的土弹簧，因此，主动侧的土压力分布不需要进行假定。净水压力差被视为一个已知作用。锚杆被模拟为一种预加应力弹簧，其刚度根据承载能力极限状态(ULS)设计确定。主要计算结果见表 9.9。

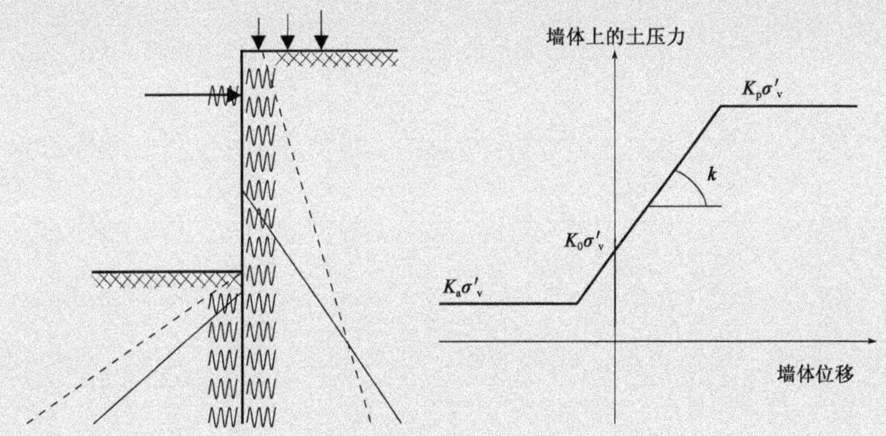

图 9.7　墙-岩土体相互作用的埋入式墙的正常使用极限状态(SLS)设计模型（由弹-塑性土体弹簧在主动侧产生的土压力分布）

示例 9.2——正常使用极限状态(SLS)设计(所有值等于特征值)　表 9.9

	DA-1 组合 2	DA-2	DA-3
最大开挖底面以下墙的埋深(m)	**6.62**	**7.89**	**6.62**
板桩墙总长度(m)	**12.02**	**13.29**	**12.02**
预应力(锁定力)水平分量(kN/m)	100	100	100
完成开挖以后锚杆力的水平合力分量(kN/m)	112	112	112
墙体计算挠度(mm)			
标高 0.0m	-2.6	2.6	-2.6
标高 -1.0m	6.1	5.8	6.1
标高 -3.0m	22	21	22
标高 -5.0m	27.7	26	27.7
标高 -7.0m	21	21	21
标高 -9.0m	13	13	13
墙趾	5.5	7	5.5
计算最大弯矩(kNm/m)	172	168	172

由于该模型是一维的，因此，它不允许直接计算墙后岩土体位移，用以检验所有被支撑结构和设施的正常使用条件。如 9.8.2 所述，此类估算可能需要一个二维或三维数值模型(例如，使用有限元)。或者，可使用间接法换算地表沉降中算出的墙体水平挠度而实现。

主要计算结果见表 9.9。

第 10 章　水力破坏

本章论述了防止各种水力破坏的设计。本章所述内容参见 EN 1997-1 *第10章*,以及*附录A* 中的分项系数。本章沿用了 EN 1997-1 中*第10章*的结构:

10.1　一般规定　*条款10.1*

10.2　上浮破坏(UPL)　*条款10.2*

10.3　隆起破坏(HYD)　*条款10.3*

10.4　内部侵蚀　*条款10.4*

10.5　管涌破坏　*条款10.5*

10.1　一般规定

条款10.1(1)P

Eurocode 7 *第10章*的开头部分列出了该标准涵盖的必须进行验算的水力破坏模式:

- 上浮破坏;
- 隆起破坏;
- 内部侵蚀破坏;
- 管涌破坏。

然后给出了这些水力破坏模式的定义,因为所使用的术语及其含义可能因国而异。

表 10.1 总结了破坏类型以及防止不同破坏类型的设计方法。

针对不同类型水力破坏的设计方法汇总　表 10.1

破坏类型	ULS	基本不等式	推荐分项系数值的表	等效整体安全系数
上浮	UPL	式(*2.8*)	*表A.15* 和 *表A.16*	1.10
隆起	HYD	式(*2.9*)	*表A.17*	1.50
内部侵蚀	—	过滤标准		
管涌	—	确定可能不利地基条件下的流网或水力梯度分布,并检查隆起破坏(水平地基)或边坡破坏(倾斜地基)		

水力梯度、孔隙水压力和渗流力是在防止水力破坏的设计中考虑的主要作用,因此,要特别注意对因水引起的作用有较大影响的参数,包括:

条款10.1(3)P

- 土体渗透性随时间和空间的变化;

- 水位和孔隙水压力随时间的变化；
- 几何形状的改变。

图 10.1 所示的示例说明了不同土体条件会导致不同的破坏机理。例如，当低渗透性的带状黏土层位于开挖标高以下时，实际上没有地下水流，此时，必须证实此低渗透性层有足够的安全度来抵抗上浮。相反，如果开挖深度以下的地基是透水的（例如，砂土），则地下水将向上流到开挖底部，此时必须检验是否可避免开挖以下地基隆起引起的破坏。

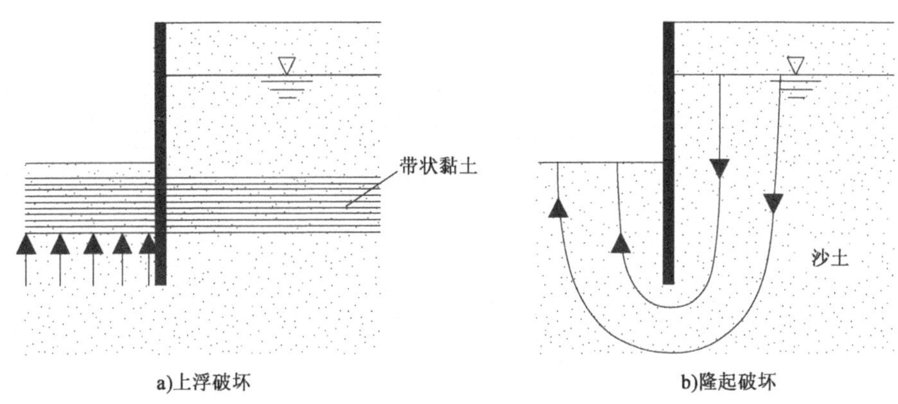

图 10.1　由不同土体条件引起的水力破坏机理示例

当没有渗流时，宜使用*附录A.4 表A.15 和表A.16* 中上浮破坏（UPL）承载能力极限状态的分项系数来分析涉及上浮的设计状况。当有水力梯度引起的渗流时，宜使用*附录A.5 中表A.17* 所列的隆起破坏（HYD）承载能力极限状态的分项系数来分析设计状况。

10.2　上浮破坏（UPL）

10.2.1　一般规定

通过比较永久失稳作用和可变竖向作用设计值 $G_{dst,d}$ 和 $Q_{dst,d}$ 的和，即结构下方的水压力（永久和可变部分）和任何其他向上力，与稳定永久竖向作用设计值和任何附加抗浮力（例如，抗拔桩、岩土锚杆或埋置结构侧面摩擦力）设计值 $G_{stb,d}$ 和 R_d 的和检查上浮破坏。 *条款10.2(1)P*

$$G_{dst,d} + Q_{dst,d} \leqslant G_{stb,d} + R_d \tag{2.8}$$

该广义不等式适用于检查防止浸水结构的上浮破坏稳定性以及基坑不透水层的上浮破坏稳定性。本指南在一个实际的例子中（见示例 7.5）给出了需要抗拔桩来提供附加抗浮力的结构设计方法。对于持久和短暂状况，稳定作用和失稳作用的分项系数值宜从表*A.15* 中选择，岩土体强度参数或岩土构件承载力的分项系数宜从表*A.16* 中选择。 *条款2.4.7.4(1)P* *条款2.4.7.4(3)P*

根据*条款2.4.7.4(2)*，由抗拔桩、岩土锚杆或摩擦力引起的附加抗浮力可被看作是永久稳定竖向作用，而不是抗力，因此，通过对其应用永久有利作用的分项系数（其推荐值为 0.9）来获取设计值。如果采用此方法并使用表*A.15* 推荐的作 *条款2.4.7.4(2)*

用分项系数值,则相比将表*A.16* 中的土体分项系数用于附加抗力,得出的 UPL 设计将偏不安全。这是因为,对附加抗拔桩承载力采用 表*A.16* 的分项系数相当于将承载力乘以 0.71 的系数(或者对于摩擦力,相当于岩土强度参数乘以 0.8)。显然,如果条款*2.4.7.4(2)*应用于抗拔桩、岩土锚杆或摩擦桩的抗力,则还宜验算 GEO ULS。

10.2.2　浸水结构

作为防止上浮破坏的设计示例,考虑完全在地下水位以下的隧道可能是有用的,如图 10.2 所示。通过水的失稳上浮作用设计值 U_d 和结构重量 $G_{str,d}$、结构顶部岩土体重量 $G_{soil,d}$ 和竖向墙侧面摩擦力 T_d 的稳定作用设计值,不等式(*2.8*)变成:

$$U_d \leqslant G_{str,d} + G_{soil,d} + T_d \tag{D10.1}$$

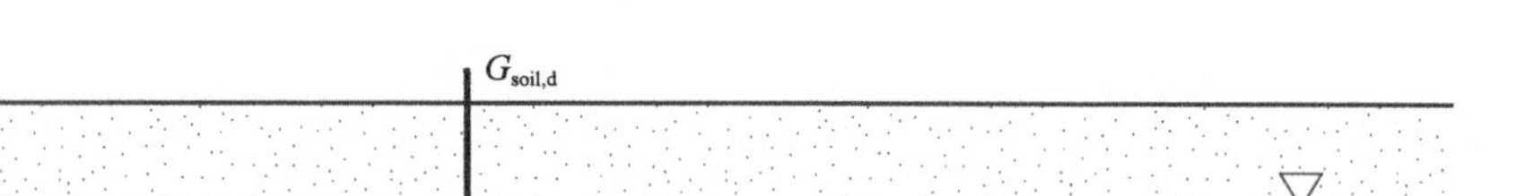
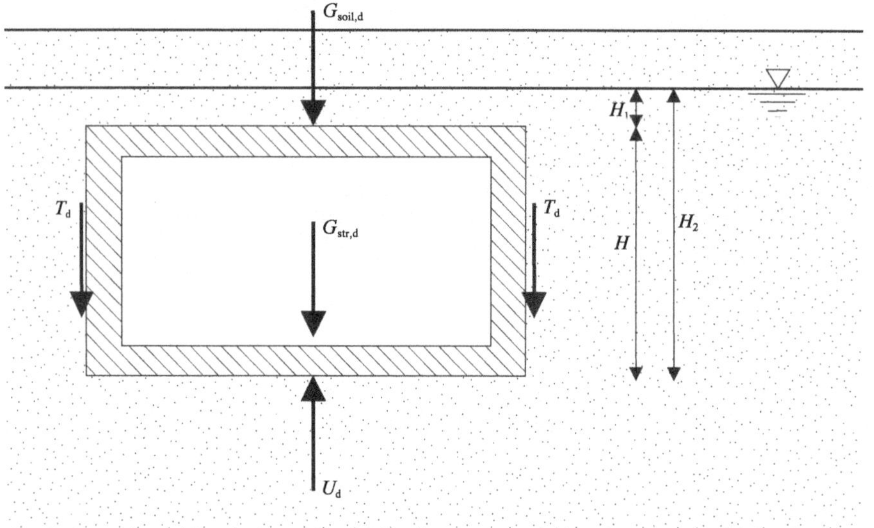

图 10.2　地下水位以下的隧道

如果结构完全在地下水位以下,则作用于结构顶部的水压力可视为一种稳定作用,作用于结构底部的水压力可视为一种失稳作用。当稳定作用和失稳作用乘以不同的分项系数值时,防止上浮破坏的安全度将取决于结构以上的水深。因

条款2.4.2(9)P 此,条款*2.4.2(9)P* 注释所述原理可适用于这种条件:即,单一的分项系数可应用于这些作用的差,即在作用于结构顶部和底部的水压力永久作用特征值的差中应用。由水压力引起的失稳作用特征值间的差为:

$$U_K = \gamma_w(H_2 - H_1)A = \gamma_w HA \tag{D10.2}$$

式中,A 是隧道的基底面积;其他符号见图 10.2 的说明。因此,失稳作用的设计值为:

$$U_d = \gamma_{G,dst}\gamma_w HA \tag{D10.3}$$

宜注意的是,当计算稳定作用时,宜采用土体的有效重度 γ' 计算地下水位以下的土体重。

如不等式(D10.1)所示,可考虑摩擦力(例如,浸水结构的墙体上)。它们可

由以下公式导出：

$$T_d/A = K\sigma'_v \tan\delta_d \quad (D10.4)$$

宜通过将 $\tan\delta_k$ 除以 *表A.16* 的 γ_φ 确定墙体摩擦角 δ_d，以得到保守的较小摩擦力。如果根据内摩擦角 φ' 计算土压力系数 K，则 φ' 宜选择合适的保守值。

10.2.3　防止不透层上浮的设计

如果忽略摩擦力，则防止不透水层上浮的设计（岩土层中没有渗流，例如，在基坑的底部或其下方，见图 10.3）可使用应力代替作用力。这种情况下，作用在两层界面上的失稳总水压力设计值 u_d 必须小于或等于由界面以上土体总重引起的稳定总竖向应力 $\sigma_{stb,d}$。

$$u_{dst,d} \leq \sigma_{stb,d} \quad (D10.5)$$

通过*表A.15* 规定的分项系数和图 10.3 的符号，用于上浮破坏设计的不等式变成：

$$\gamma_{G,dst}\gamma_w H_k \leq \gamma_{G,stb}\gamma_d \quad (D10.6)$$

使用*附录A.4* 给出的分项系数值，EN 1997-1 的方法等效于以下给出的防止上浮的整体安全系数（OFS）：

$$OFS = \gamma_{G,dst}/\gamma_{G,stb} = 1.00/0.90 = 1.11 \quad (D10.7)$$

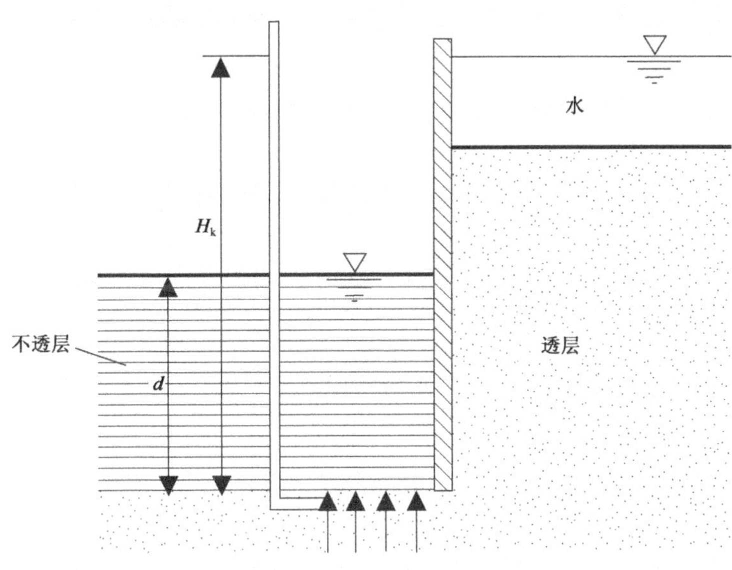

图 10.3　不透层的上浮示例

10.2.4　防止上浮设计的工程示例

本指南示例 7.5 给出了防止具有抗拔桩的结构上浮的设计示例。

10.3　隆起破坏（HYD）

10.3.1　一般规定

当向上渗流力作用于土体重力的相反方向，竖向有效应力降至 0 时，隆起破坏　*条款10.1(1)P*

条款2.4.7.5(1)P 产生。根据条款2.4.7.5(1)P,必须通过计算孔隙水压力和总应力[不等式(2.9a)]或计算渗流力和浮重度[不等式(2.9b)]来检查每一个相关土柱的土体抗隆起稳定性。图10.4所示挡墙的左侧给出了一个隆起破坏的示例。下文中忽略了所有竖向摩擦力(稳定的)。

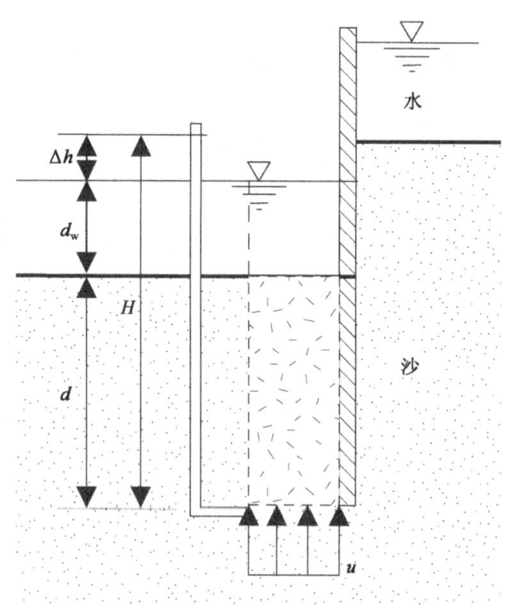

图10.4 水动力条件下的水力隆起示例

10.3.2 使用总应力进行设计

条款10.3(1) 当使用总应力进行防渗流设计时,有必要验算土柱底部的失稳总孔隙水压力的设计值 $u_{d,dst}$ 小于或等于稳定总竖向应力的设计值 $\sigma_{d,stb}$:

$$u_{d,dst} \leqslant \sigma_{d,stb} \tag{2.9a}$$

对于图10.4中左侧的条件,墙趾处失稳水压力特征值为:

$$u_{k,dst} = \gamma_w(d + d_w + \Delta h) \tag{D10.8}$$

墙趾处稳定总应力特征值为:

$$\sigma_{k,stb} = (\gamma' + \gamma_w)d + \gamma_w d_w \tag{D10.8}$$

通过将分项系数 $\gamma_{G,dst}$ 和 $\gamma_{G,stb}$ 应用于失稳和稳定永久应力,不等式(2.9a)变成:

$$\gamma_{G,dst}u_{k,dst} \leqslant \gamma_{G,stb}\sigma_{k,stb} \tag{D10.10}$$

即

$$\gamma_{G,dst}\gamma_w(d + d_w + \Delta h) \leqslant \gamma_{G,stb}[(\gamma' + \gamma_w)d + \gamma_w d_w] \tag{D10.11}$$

使用不等式(2.9a),超孔隙水压力设计值为:

$$\gamma_{G,dst}\gamma_w\Delta h \leqslant \gamma_{G,stb}\gamma' d - (\gamma_{G,dst} - \gamma_{G,stb})\gamma_w(d + d_w) \tag{D10.12}$$

在以上不等式右侧的第二个分量中分别采用等于1.35和0.9的 $\gamma_{G,dst}$ 和 $\gamma_{G,stb}$ 推荐值,可得到:

$$\gamma_{G,dst}\gamma_w\Delta h \leqslant \gamma_{G,stb}\gamma' d - 0.45\gamma_w(d + d_w) \tag{D10.13}$$

10.3.3　使用浮重度进行设计

当使用浸水(有效)重量进行防渗流设计时,有必要验算在土柱中的失稳渗流力的设计值 $S_{dst,d}$ 小于或等于土柱的稳定浸水重量设计值 $G'_{stb,d}$:

$$S_{dst,d} \leqslant G'_{stb,d} \tag{2.9b}$$

对于图 10.4 所示的水力条件,失稳渗流力的设计值为:

$$S_{dst,d} = \gamma_{dst,d}\gamma_{w}id \tag{D10.14}$$

式中,i 是土柱中的水力梯度。$i = \Delta h/d$,失稳渗流力的设计值变成:

$$S_{dst,d} = \gamma_{G,dst}\gamma_{w}\Delta h \tag{D10.15}$$

使用稳定浸水重量设计值:

$$G'_{stb,d} = \gamma_{G,stb}\gamma' d \tag{D10.16}$$

不等式(2.9*b*)变成:

$$\gamma_{G,dst}\gamma_{w}\Delta h \leqslant \gamma_{G,stb}\gamma' d \tag{D10.17}$$

通过比较不等式(D10.13)和不等式(D10.17)可以看出,使用不等式(2.9*a*)计算的(即允许)超孔隙水压力 $\gamma_{G,dst}\gamma_{w}\Delta h$ 设计值总是小于使用 不等式(2.9*b*)根据 $0.45\gamma_{w}(d+d_{w})$ 计算出的值。因此,不等式(2.9*a*)比不等式(2.9*b*)更安全。这可从示例9.2 的计算中看出,该例使用了两个不等式分析隆起。不等式(2.9*b*)通常用于防止水力破坏的设计,然而,在某些状况下,可优先采用不等式(2.9*a*)。

10.3.4　相关孔隙水压力的确定

地基渗透情况对孔隙水压力分布有很大影响。渗透性的微小变化(例如,较低渗透性的薄层土体)可能会显著改变孔隙水分布。其后果是,对水力条件的实际和安全的评估以及随后确定孔隙水压力分布成为设计的一个最重要组成部分。评估水力条件的最可靠方法是通过测量孔隙水压力来检查假定的分布情况。如果没有进行测量,则假定的水力条件宜偏向安全,而这样通常会导致设计较为保守且成本很高。 *条款10.3(2)P*

例如,应仔细考虑源自矩形基坑或坝中不透水结构边缘的空间效应,因为只有地下水流的三维数值模拟结合测量才能对这些情况下的状况进行真实和安全的评估。 *条款10.3(2)P*

10.3.5　防止隆起破坏设计的工程示例

防止隆起破坏设计的工程示例参见本指南的示例 9.2。

10.3.6　关于上浮破坏和隆起破坏的讨论

对比表*A.15* 和表*A.17* 中上浮破坏和隆起破坏分项系数时,可以发现,针对上浮的不利永久作用的分项系数值(1.0)明显小于针对隆起的不利永久作用的分项系数值(1.35)。如图 10.3 所示,其说明了一个防止不透层上浮的设计示例。这时出现一个问题,即在什么条件下岩土层无法渗透,防止上浮破坏(UPL)的设计有一个较小的不利永久作用系数,与什么条件下必须采用较大的不利永久作用分项系数来进行设计以防止水力隆起破坏。

就土体的水力特性而言,可认为黏性土是不透水的。当承受超静孔隙水压力时,硬黏土不会分解成小颗粒。因此,黏土层可看作是密实且不透水的土块,而且上浮破坏(UPL)极限状态的分项系数可用于土体的有利和不利作用,在这种情况下,决定为哪种极限状态类型(UPL 或 HYD)的基础是相关的,取决于土层是否可视为(由其低渗透性和黏聚强度引起的)不透水块。如果不确定,应研究这两种极限状态。

10.4 内部侵蚀

10.4.1 滤层准则和水力准则

条款10.4(1)P 防止内部侵蚀(渗流造成的材料转移)的设计方法一般由一系列检验组成。最初,有必要检验颗粒结构的几何形状和孔隙是否能够防止渗流造成的细颗粒转移。这可通过检验土层自身(Cistin,1967)或两个土层(例如,Sherard 等人,1963)之间界面是否满足滤层准则来进行研究。通过将颗粒大小区分为粗细两部分,可以检验不均匀、无黏性土层中的潜蚀情况,然后按照滤层准则检验各个部分。如果符合滤层准则,则不会发生材料转移,且地基针对内部侵蚀是安全的。

条款10.4(5)P 如果不符合滤层准则,则通过研究引起渗流的水力梯度是否足以移动土颗粒,能检验防止内部侵蚀的安全性。此种检验是基于确定每一待验情形的渗流流网。在简单状况下,这可通过“手”绘一幅渗流流网达到,但在一般情况下,必须进行数值模拟,以找出何处水力梯度达到临界及其值会变得多大。然后,将地基中临界点(例如,板桩底端或地表)的计算水力梯度 i_{cal} 与转移地基中土体颗粒所需的临界梯度 i_{crit} 进行比较。对于内部侵蚀,Busch 和 Luckner(1974)建立了公式,用于确定临界梯度 i_{crit} 为一个土体颗粒大小分布函数。

条款10.4(6)P 对于两层土体间界面处的侵蚀,临界梯度 i_{crit} 取决于考虑了重力和土层倾向后而获得的地下水流向。从细粒土层到粗粒土层及水流方向的 9 种组合的临界水力坡度 i_{crit} 参见 Armbruster 和 Troger(1993)。

岩土工程文献中公布的滤层准则一般结合了某种安全系数,但是没有量化,因此无从得知。此外,这种准则通常建立在某一地区或土体类型经验的基础之上。因此,当在设计中使用这种准则时要谨慎,尤其是它们的使用没有可以参照的可比经验时。

10.4.2 材料转移效应

如果既不符合滤层准则又不符合水力准则,则有可能发生材料转移。Busch 和 Luckner(1974)给出了一种估算由地下水渗流引起的细土颗粒转移数量的方法。根据他们的研究经验,3% 土体出现转移将不会达到危急状况。如果结构的正常使用或坝体的稳定性等情形受到内部侵蚀的危害,则坝体应使用不同的材料,或采取其他结构措施以防止引起内部侵蚀的渗流。

10.5　管涌破坏

10.5.1　一般规定

管涌破坏是一种由内部侵蚀引起的特殊破坏形式，其土体材料的转移首先从地表开始，然后侵蚀导致进一步退化，直到在土体中或土体和基础之间，或者在黏性土层和非黏性土层的界面间形成一个管状的泄水通道。一旦受侵蚀通道的上游端部到达储水层的底部时，破坏立即发生。管涌可能出现的典型情况如图 10.5 所示。此处，管涌始于坝后的沟渠中，洪水期间，其不透水表层会由于下层土中较高水压引起的隆起破坏而产生裂纹。裂纹会发展为有较高水力梯度的管井，此时，渗透力会将土颗粒从下层土转移到沟渠中。由于受到顶部土黏性土层的保护，管道因土体连续转移逐渐形成。由于管涌向上游发展，因此，下层土的水力梯度会增加，从而加速管涌进程。 *条款10.5(1)P*

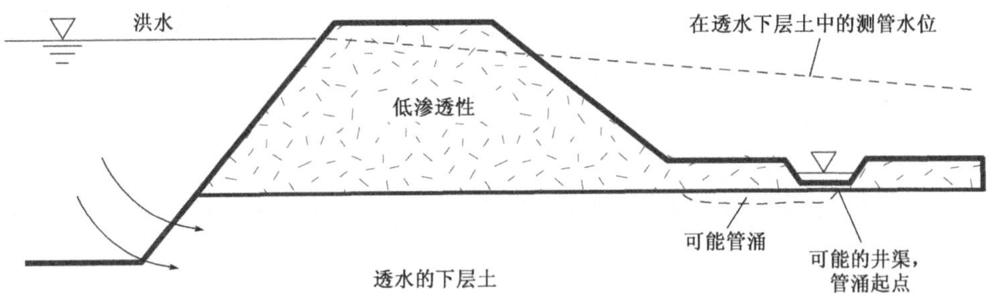

图 10.5　不透水坝或表层以下的管涌

10.5.2　防止管涌破坏的设计

评估由水在坝或结构以下渗透所引起的管涌风险的大多数程序都基于全程或加权水力梯度，假定为均质地基（见 Bligh，1910；Lane，1935）。不考虑有不同地层时的影响。然而，管涌引起的大多数破坏是因为地基和结构间界面的非均质性而产生的，因此，以上所提到的程序仅用于进行初步粗略评估。

由于没有直接程序用来检验是否存在充足的管涌抗力，因此，Armbruster 等(1999)提出了一个间接程序。这个程序的基础是通过一系列调查以查明水渗流不会将土体或土体颗粒从地基转移到地表。如果以上情况可查明，则结构和地基针对管涌是安全的，尽管土颗粒的转移会在土体内发生。这可能会产生对适用性有着不利影响的沉降，但是，只要土颗粒没有转移至地基外，这种管涌引起的灾难性坍塌可避免。

有必要进行两步检验，以针对管涌破坏提供充分的安全性：

- 当地表水平时，即使在最不利水力条件下，也宜检验是否存在充分的防止隆起安全性（见本指南的第 10.3 节）；当地表倾斜时，宜在考虑了边坡渗流力的情况下，检验边坡是否有充分的稳定性（见第 11 章）。 *条款10.5(4)*
- 然后进一步，宜检验地表的顶层是否具有充分的针对内部侵蚀的安全性

条款10.4(1)P

(见本指南的第 10.4 节)。由于土体会因为内部侵蚀而松散,因此,宜预防这种情况,因为松散的土体会加速管涌过程。

必须用两种检验方式确定地基水力梯度的分布或渗流流网。渗流网不仅会受到地基的渗透性和其可能的各向异性的影响,而且会受到结构的几何形状、三维效应及其建造方式的影响。地基和结构之间的界面通常是优先的渗流路径,水可以沿着它在没有抗力的情况下渗透,因此这些位置的水力梯度将下降到 0,在确定流网前,宜细心研究这些界面以确定它们是否为优选的渗流路径,因此很可能引起管涌。

在检验针对管涌的安全性时,宜按如下步骤进行:

- 第一阶段,有必要评估在何处是最可能的渗流路径,是已经存在的,还是可能会因地基的独有特征、结构几何形状或其建造方式而形成的。这些区域或界面宜使用高渗透性的多层土进行模拟。同时有必要评估排水系统和密封设施是否可以恰当地发挥作用。

- 第二阶段,通过考虑在第一阶段评估的水力假定和边界条件,确定渗流流网。最好对具有不同透水性的已分层地基条件,或必须考虑的结构三维效应的位置进行有限元分析。可能有必要进行多次分析,以确定地基或结构附近最为不利的水流情况。

- 第三阶段,当水流入地表时,必须对所流入区域进行勘查。对于有坡度的情况,在检验整体稳定性和局部稳定性时,必须考虑到地下水渗流力。必要时,通过增加排水层或使坡度变缓来提高安全性。如果地表是水平的,则宜针对水力隆起破坏进行检验。这种状况下,也可通过增加表层的排水层或使用增加渗流路径长度的常规措施来提高安全性。

- 最后阶段,应检验地基对内部侵蚀的易受影响程度,特别是地表的易受影响程度。如果地基不符合滤层准则,则必须用一排水层替换或覆盖。

第 11 章　整体稳定性

本章涉及天然边坡、堤坝、基坑和主动土的整体稳定性，以及边坡基础周边和挖方或岸边附近的土体位移。相关内容参见 EN 1997-1 中的 *第11章*。本章沿用了*第11章* 的结构形式：

示例 11.1 应用 EN 1997-1 中的规定检查避免在硬黏土中路堑失稳。

11.1　一般规定

除 *第11章* 中的规定外，*第6～10章* 和 *第12章*（针对特殊结构）中也涉及了整体稳定性问题。 ***条款11.1(2)***

11.2　极限状态

整体稳定性破坏情况检查宜包括所有可能的极限状态。通常包括以下状态：

（1）承载能力极限状态（ULS）：

（a）GEO 型极限状态，即破坏仅出现在地基中，例如，天然边坡或软黏土上的路堤破坏。

（b）STR 型极限状态，即地基以及某些结构构件中出现组合破坏或较大位移，例如，由锚固板桩墙支撑的深基坑破坏，这种情况下，破坏面贯穿锚固件（或板桩，当然，很少出现）。

（2）正常使用极限状态（SLS），例如，由剪切变形和沉降（例如，深基坑坑边主动土）、振动（例如，由振动机械运行产生的地基压密）或被支承建筑物地基出现的隆起（例如，在膨胀黏土中）产生的过大地基位移（例如，天然边坡或人工边坡）。“过大位移”一词包括那些造成邻近建筑物、道路或设施损坏或其使用功能损失的位移。

分析在承载能力极限状态(ULS)和正常使用极限状态(SLS)下整体稳定性破坏的方法将分别在下面的第 11.5 节和 11.6 节中讨论。

11.3 作用和设计状况

条款11.3(2)P

关于岩土工程设计中可能的作用和状况的清单,参见 *条款2.4.2.4(P)*。*条款11.3(2)P* 给出了其他一些设计注意事项,主要适用于整体稳定性方面。除以上所述外,还宜考虑因后期开挖可能会引发的总体失稳。

在验算承载能力极限状态(ULS)时,宜考虑相关设计状况中可能出现的最不利荷载、水力和材料参数情况。在验算正常使用极限状态时,可使用较为宽松的条件。

11.4 设计和施工注意事项

条款11.7

在设计过程中,宜通过计算验算整体稳定性,并根据 EN 1997-1 中 *条款1.5.2.2* 将可比经验纳入考量。如果验算显示有失稳或不可接受的位移,则宜判定场地在不采取稳定措施情况下为不适场地。如果整体稳定性不确定,则宜根据*条款11.7* 的规定详细划定需增加的勘察、监测和分析。

11.5 承载能力极限状态设计

条款11.5.1(1)P
条款11.5.2
条款11.5.3

必须用作用、材料参数和抗力的设计值,检查所有相关承载能力极限状态(GEO 和 STR)下边坡(包括其上任何现有结构或将来建造的结构)的整体稳定性。宜从 EN 1997-1(*附录A*)的*表A.3*、*表A.4* 和*表A.14* 中选择分项系数。此规定同样适用于岩体的边坡和挖方,以及岩体中的路堑。

条款11.5.1(4)

通常采用下列计算方法中的一种来检查承载能力极限状态(ULS)整体稳定性:

(1)“假定破裂面”方法。通常,此类方法通过“条分法”(主要针对土体材料)或楔型法(主要针对岩体材料或类岩材料)以数值方式进行。就整体稳定性检查而言,假定破裂面法是最常用的方法。

(2)极限分析方法。此类方法给出近似的下限解或上限解,即求得的解分别给出保守的或不保守的失稳发生的估算。可得闭合(范围)解仅限于简单的岩土状况,例如竖直挖方和无限边坡。

条款11.5.1(11)P

(3)高级数值方法(例如,有限元)。这类方法与“假定破裂面”方法和极限分析方法相比,在检查整体稳定性方面更为通用。此类方法最适用于下列情况:失稳包括了结构构件和土体的组合破坏(例如,破坏面贯穿柔性墙、桩、地基锚杆或土钉)。这些情况下,需在考量土体与建筑物的相对刚度后,考虑它们之间的相互作用。可以通过数值方法更精确地研究此类效应,该类方法包含了变形分析,而不是简化后的承载能力极限状态(ULS)分析。就某一特定位移而言,高等数值模型也允许动用土体强度和结构件强度不同的分数值。事实上，这意味着无需假设地基峰值强度和结构件峰值抗力的同时出现。

"假定破裂面"方法和极限分析方法是经过简化的方法，它们无法同时满足应力平衡和应变协调条件，但会优先考虑破坏准则（通常是 Mohr-Coulomb 准则）。高等数值方法（例如，经典有限元方法）总体上（但不一定是在所有方面都满足）满足上述两项条件，但它们更难以使用。

在"假定破裂面"方法中，假设了潜在破坏面的位置，以此破坏面为界的地基被视为刚体或同时移动的多个刚体。刚体之间的破坏面和界面可能具有各种各样的形状，包括平面、圆弧面或更复杂的形状。可以按照下列建议选择假定破裂面的形状： *条款11.5.1(5)至11.5.1(9)*

- 在相对均质的土体中，通常使用圆弧破坏面。
- 在强度差异相当大的分层或非均质土体中，破坏面通常沿分层或沿具较低抗剪强度方向。
- 在裂隙岩体或高度裂开的硬质土体中，破坏面的形状通常由结构面控制。这种情况下，通常假设为三维楔型破坏面。应针对平移和弧形破坏模式（其中涉及孤岩或岩体的较大部分）检查岩体中边坡和路堑的稳定性，还应针对岩崩、倾覆和滑移情况检查其稳定性。应特别注意由节理和裂缝中封闭渗水产生的压力。
- 在带有可能恢复活动的先前破坏面的边坡中，假定破裂面应尽可能呈现出先前破坏面的几何形状，可能是非圆形。如果破坏面明显偏离于平面应变几何形状，则可能需要进行三维破坏面分析。

在"假定破裂面"方法中，一般通过将滑坡体分成许多竖直条块并分别检查各条块平衡条件来验证稳定性。按条块间作用力方向进行各种假设，从而得出各种数值模型（例如，Fellenius、Bishop、Spencer 和 Morgenstern-Price 模型）。*条款11.5.1(10)*中建议，当没有检查水平方向平衡时，条块间作用应假设为水平方向（Bishop 方法）。 *条款11.5.1(10)*

通过上述任一方法，可按照下列计算顺序进行整体稳定性检查：

(1)建立几何模型，并包括外部荷载、地基分层和水力情况。

(2)根据土力学原理选择不排水或排水稳定性分析，具体情况取决于几何形状、地基类型和建筑物预计使用寿命（相比地基排水所需的时间）。通常，在出现软质黏土加载时（例如，路堤施工，或建于天然边坡顶部），不排水分析是关键的，而在出现硬质黏土卸载时（例如，深挖基础），排水分析是关键的。如果不确定哪种分析最关键，则不排水分析和排水分析都应进行。

可通过有效应力工况或总应力工况检查不排水稳定性。如果测压数据不足或不可靠，则建议采用总应力工况，并结合合理的地基不排水初始剪切强度（c_u）。如果有可靠的测压数据，则也可采用有效应力工况，并结合适当的有效剪切强度参数（c'，φ'）。

必须结合有效应力工况和稳态承压水位进行排水稳定性分析。

(3)选择适当的地基强度参数特征值。

对于“首次破坏”,应选择剪切强度参数,同时考虑地基变形沿破坏面协调。在破坏面穿过硬度和强度明显不同的材料时(如一层为软黏土,一层为密实砂),这就尤其重要。对于相对均质土体的简单状况,通常可以使用峰值强度参数,或者,在某些情况下,甚至可以使用更小的值,例如对应于峰值剪切强度之后的强度值(应力应变曲线上峰后平稳值),但必须大于对应于破坏面上相对较大滑移的残值。

当检测先前存在的某一破坏面恢复活动时,通常可能更适合使用残余剪切强度(或更大的值)。这种情况下,应通过反演分析优先选择抗剪强度参数。

条款11.5.1(12)

*条款11.5.1(12)*中建议,由于有利和不利重力荷载之间的区别不太可能用于评定最不利的滑移面,因此,应通过应用上限和下限特征值(分别计算)来考虑有关地基重度的任何不确定情况。

(4)根据适用于建筑物所在国的国家附件规定,采用本指南的第 2 章和 EN 1997-1 的*附录B* 中所述三种设计方法中的一种。

虽然在 EN 1997-1 中没有明确规定,但是,在设计方法 1(DA-1)中,推荐用组合 2 方法检查这些问题的整体稳定性,在这些问题中地基是提供抗力的主要因素(如:主要为 GEO 型的极限状态);这种情况下,与组合 1 无关。

由于重力荷载和水荷载通常对滑移体部分不利(即它们有利于正转动力矩),但却对另一部分有利(即它们有利于负转动力矩),因此,通常很难通过设计方法 2(DA-2)(以及 DA-1 中的组合 1,若与其相关)来处理由重力荷载和水荷载产生的永久作用。由于这两个部分之间的界限随着弯矩平衡检查点的位置而变化,因此,通常很难评定此类永久作用的合理分项系数。最后,要注意的是,由重力荷载和水力产生的作用分项系数不同于重度分项系数 γ_γ(等于 1,见 EN 1997-1 中*附录A* 的*表A.4*)。

本指南作者推荐使用下列程序来选择 DA-2(DA-1 中组合 1,若与其相关)中作用的分项系数:

(a)所有永久作用(有利作用和不利作用)的分项系数,无论建筑物作用还是岩土作用,包括由地基和水力产生的重力荷载,均设为等于 1(而不是 EN 1997-1 中*表A.3* 针对不利作用所建议的 $\gamma_G = 1.35$)。

(b)可变不利作用(例如,坡顶上的交通荷载)的分项系数设为 $\gamma_Q = 1.50/1.35 = 1.11$(而不是*表A.3* 中建议的 1.5)。可变有利作用的分项系数通常设为等于零(见 *表A.3*)。

(c)如下文中第(5)和(6)项所述,在计算结束时考虑缺失的分项系数($\gamma_G = 1.35$)。

在 DA-1 组合 2 和 DA-3 中,通常从 *表A.3* 的集合 *A2* 中获取岩土作用的分项系数。

可从 EN 1997-1 的*表A.4* 中选择地基强度参数的分项系数。*条款11.5.1(8)*中指出，如果对先前有破坏面的边坡进行失稳恢复活动的潜在可能分析，则通常不适合使用用于整体稳定性分析的分项系数。此条款的含义如下： **条款11.5.1(8)**

(a)所有分项系数的单位值($\gamma_F = \gamma_M = \gamma_{Re} = 1$)应该用来用反演分析确定先前存在破坏面上的地基强度参数，其目的是确定“已知”破坏面上已发挥的抗剪强度的实际平均值。

(b)由于所涉及的地基体积较大，因此，通过此类反演分析确定的抗剪强度参数的置信度要高于一般情况(例如，相比通常情况下通过室内试验或现场试验而确定抗剪强度参数)。这样一来，在采取稳定措施后(例如，地下水位下降之后)，地基强度参数分项系数(γ_M)的低值(相比 EN 1997-1 中*附录A* 所给出的那些值)可能适合用于随后的检查边坡失稳恢复活动的潜在可能。

(5)利用任何上述计算方法(“假定破裂面”方法、极限分析方法或高等数值法)，根据所采用的设计方法和合适的作用和地基强度参数的分项系数检查整体稳定性。

如果分别计算引起失稳和相应抗力的作用效应，则通过 EN 1997-1 中的式(*2.5*)($E_d \leqslant R_d$)检查整体稳定性，其中，E_d表示引起失稳的作用效应(例如，滑移体的倾覆弯矩)的设计值，R_d表示相应抗力(例如，沿假定破裂面上恰当剪切抗力的力矩)的设计值。在 DA-2(以及 DA-1 组合 1，若与其相关)中，要求按照修改后的公式：$\gamma_G E \leqslant R_d$ 考虑缺失的永久不利作用分项系数($\gamma_G = 1.35$，见上述第 4 项)，在此公式中，E 表示通过上述第 4 项中建议的作用分项系数计算出来的作用效应值。

(6)现有的许多计算机程序没有单独给出引起失稳的作用效应值(E)和相应的抗力(R)，相反只给出了他们之间的比率(系数 $F = R/E$)，它指的是“整体安全系数”。这种情况下，通过“整体安全系数”(F)和一个辅助系数(即超安全标准设计系数(ODF)，其定义如下)，可按照下列程序检查整体稳定性。

在“假定破裂面”和极限分析方法中，系数 F 是通过按上述第 4 项中所述用加系数的作用和地基强度参数进行的分析直接给出的(作为总安全系数)。然后，根据系数 F 计算超安全标准设计系数(ODF)，如下文中第Ⅰ(f)和Ⅱ(f)段所述。

在高等数值方法(例如，有限元方法)中，通常按照下述“强度折减”(或 φ-c 折减)程序来计算系数 F 和 ODF：

Ⅰ. 用于 DA-1 组合 1 和 DA-2 的方法以及用于 DA-1 组合 2 和 DA-3 的方法，若在计算开始时将地基强度参数乘以分项系数 γ_M：

(a)在各施工阶段，如果进行了整体稳定性检查，则通过适当的地基强度参数的设计值(c'_d、φ'_d)进行数值模型分析。“控制点”的位移值(D_d)选择作为控制值。此“控制点”可能是路堤顶部的中心、边坡或挡土墙的顶缘以及结构基础的中心等。

(b)地基强度参数用系数 $f > 1$(或 $f < 1$，偶尔)折减(或增加，偶尔)：

$$c'_{dF} = c'_d/f \qquad \varphi'_{dF} = \arctan(\tan\phi'_d/f)$$

(c)通过新的地基强度参数值(c'_{dF}、φ'_{dF})重新分析该模型,并计算新的位移值(D_{dF})。

(d)针对几个“f”值重复执行该程序,直到计算出的位移值(D_{dF})变得较大。

(e)对应于“f”绘制(D_{dF})的计算值。所需的系数 F 是在曲线上的那个点的“f”值(即 $F = f$),在该点,计算的位移值(D_{dF})开始迅速增大,表明马上会发生破坏。

(f)按照下列公式得出 ODF。

$$\text{ODF} = F/\gamma_G\gamma_{Re}$$

式中:γ_G——EN 1997-1 *表A.3* 中给出的永久不利作用的分项系数;此系数的推荐值为 $\gamma_G = 1.35$(在 DA-2 和 DA-1 组合 1 中),为 $\gamma_G = 1.00$(在 DA-1 组合 2 和 DA-3 中);

γ_{Re}——EN 1997-1 *表A.14* 中给出的坡度和整体稳定性的抗力分项系数;此系数的推荐值为 $\gamma_{Re} = 1.00$(在 DA-1 和 DA-3 中),为 $\gamma_{Re} = 1.10$(在 DA-2 中)。

要求将 F 除以分项系数 γ_G 和 γ_{Re},因为这些系数没有用于 F 计算。尤其是,在 DA-2 和 DA-1 组合 1 中将 F 除以 $\gamma_G = 1.35$ 是为了将不利永久作用的“缺失”分项系数(见上述(4))考虑进来。

根据 EN 1997-1 *附录A* 中给出的 γ_G 和 γ_{Re} 推荐值,ODF 与系数 F 有如下关系:

在 DA-2 中:$\text{ODF} = F/(1.35 \times 1.10) \Rightarrow \text{ODF} = F/1.485$

在 DA-3 和 DA-1 组合 2 中:$\text{ODF} = F$

在 DA-1 组合 1 中(若适用):$\text{ODF} = F/1.35$

Ⅱ.当使用地基强度参数特征值进行计算时,在结束时应用分项系数(γ_M),应用 DA-1 组合 2 和 DA-3 方法:

(a)在检查整体稳定性的各个施工阶段,使用地基强度参数特征值(c'_k、φ'_k)进行数值模型分析。“控制点”的位移值(D_k)被选择作为控制值。此类“控制点”可能是路堤顶部的中心、边坡或挡土墙的顶缘以及建筑物基础的中心等。

(b)地基强度参数除以作用系数 $f > 1$:

$$c'_{kF} = c'_k/f \qquad \varphi'_{kF} = \arctan(\tan\varphi'_k/f)$$

(c)使用新的地基强度参数值(c'_{kF}、φ'_{kF})重新分析该模型,并计算新的位移值(D_{kF})。

(d)针对几个“f”值重复执行该程序,直到计算出的位移值(D_{kF})变得较大。

(e)对应“f”绘制 D_{kF} 的计算值。通过公式 $F = f/\gamma_M$ 获得系数 F,其中,γ_M 是地基强度参数的分项系数,“f”是计算位移值(D_{kF})在曲线上开始迅速增大时的值,表明马上会发生破坏。之所以除以 γ_M,系数 F 旨在提供超过抗剪强度参数设计值所提供的安全度。

(f)按照公式 ODF = F 计算 ODF。

如果地基的应力-应变关系(用于数值模型)取决于应力路径,并且施工顺序涉及非线性应力路径(例如,若不排水加载之后固结,或加载之后进行卸载),则上述两种“强度折减”程序的方法(I 和 II)无法提供完全相同的 ODF 值。

在上述所有方法中,ODF = 1 值表明,整体稳定性完全合适,即可供安全度恰好就是 EN 1997-1 要求的安全度。ODF > 1 表明,可供安全度比 EN 1997-1 要求的安全裕度更大;而 ODF < 1 则意味着,安全度不够(但建筑物并不一定失效,因为可能仍然存在一定的安全度,尽管其没有达到 EN 1997-1 的要求)。事实上,ODF≥1 的要求相当于 EN 1997-1 的整体稳定性要求($E_d \leqslant R_d$,式(*2.5*)),因为:

(a)在 DA-1 组合 1 和 DA-2 中:

$$\gamma_G E_k \leqslant R_k/\gamma_{Re} \Rightarrow (R_k/E_k)/\gamma_G\gamma_{Re} \geqslant 1 \Rightarrow F/\gamma_G\gamma_{Re} \equiv \mathrm{ODF} \geqslant 1$$

(b)在 DA-1 组合 2 和 DA-3 中:

$$R_d/E_d \geqslant 1 \Rightarrow F \geqslant 1 \Rightarrow F/(1 \times 1) \geqslant 1 \Rightarrow F/\gamma_G\gamma_{Re} \equiv \mathrm{ODF} \geqslant 1$$

在常规设计方面与 OFS 的比较

基于上述理由以及 EN 1997-1 *附录A* 中建议的分项系数值,根据 Eurocode 7 的第 1 部分(即要求 $E_d \leqslant R_d$,或相当于 ODF = 1)确认整体稳定性在常规设计方法对应于下列 OFS 值,至少在涉及圆弧破坏面且没有可变荷载情况下如此:

- DA-1 组合 2 和 DA-3:

OFS = γ_M = 1.25(有效应力稳定性分析)

OFS = γ_M = 1.40(总应力稳定性分析)

- DA-1 组合 1(若适用):

OFS = γ_G = 1.35

- DA-2:

OFS = $\gamma_G\gamma_{Re}$ = 1.35 × 1.10 = 1.485

上述结论表明,根据 EN 1997-1 *附录A* 中建议的分项系数值,DA-2 是最保守的,而 DA-1 和 DA-3 在典型问题方面给出了相同的结果。可通过改变 EN 1997-1 *表A.3*中坡度和整体稳定性的抗力分项系数值(γ_{Re})或引入“模型系数”(根据 EN 1990 中的原理)来实现三种设计方法之间的等效性。例如,在 DA-2 中,如果坡度和整体稳定性的抗力分项系数改为 γ_{Re} = 1.0,则总安全系数的当量值将降低至 OFS = 1.35。

在示例 11.1 中,通过“假定破裂面”方法检查硬黏土开挖的整体失稳。

11.6　正常使用极限状态设计

正常使用极限状态(SLS)设计应能表明:在设计作用和设计地基材料参数的分项系数等于 1 的条件下,地基变形将不会超出特定土体上方或附近建筑物 *条款11.6(1)P*

和基础设施的使用功能要求。

可通过分析方法(尤其对简单问题)以及诸如有限元等数值方法对地基变形进行估测。对于天然边坡,*条款 11.6(3)* 建议,由于这些方法通常不会提供可靠的变形预测,因此,应通过限制调用的抗剪强度,或监测地面位移情况并指定减少或防止此类情况发生的措施(必要时)来避免正常使用极限状态(SLS)的出现。

条款 11.6(3)

11.7　监测

条款 11.7

条款 11.7 列出了要求进行监测的状况以及为达到整体稳定性所要求的监测系统的目标。

示例 11.1　硬黏土开挖的整体稳定性

此例验算了超固结的硬黏土开挖(图 11.1)的整体稳定性,该路堑深度为 $H = 10\text{m}$,坡度为 1:2(坡面对水平方向夹角 $\beta = 26.6°$)。建筑物视为均布荷载(特征值为 $g_k = 35\text{kPa}$(永久不利作用)),位于距离边坡边缘 2m 的地方。初始地下常水位在原地面(开挖之前)下 $d = 3\text{m}$。假设由于开挖作业,水位逐渐降低,并最终达到图 11.1 所示的情况。

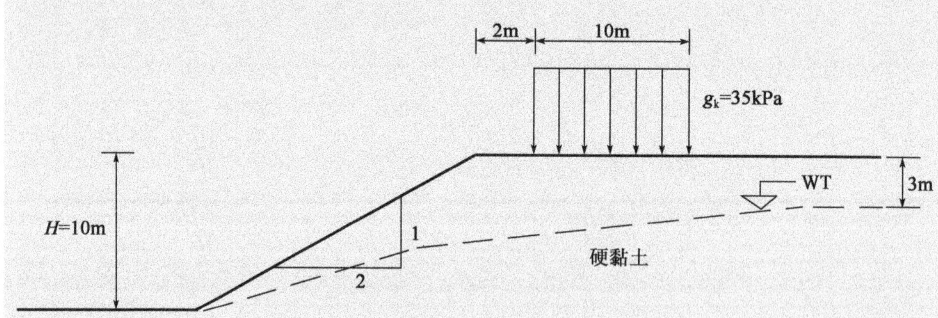

图 11.1　硬黏土开挖的岩土数据

这里,超固结硬黏土的卸载是主要设计状况破坏模型,排水造成稳定性破坏是最关键的问题。因此,结合与图 11.1 所示水位相符的稳态承压水位,利用有效应力地基强度参数(c'、φ')进行稳定性分析。由于调查过"初次"稳定性破坏,将使用略低于峰值的地基强度参数。地基参数的特征值如下:

- 饱和重度:$\gamma_k = 20\text{kN/m}^3$
- 有效内摩擦角:$\varphi'_k = 28°$
- 有效黏聚力:$c'_k = 10\text{kPa}$

通过 Bishop 条分法进行整体稳定性的承载能力极限状态(ULS)分析。Bishop 条分法属于"假定破裂面"方法,研究潜在的圆形破坏面。计算机程序检测了大量的潜在圆形破坏面(此例中为几千个),并给出了最小的 F 值和相应的圆弧。

通过 EN 1997-1 中的所有三种设计方法和常规 OFS 方法进行稳定性检查。

虽然 EN 1997-1 有正式要求，但是，在这种情况下，与 DA-1 组合 1 无关，因为：

(1)结构强度不提供对整体稳定性破坏的抗力。

(2)破坏受控于地基强度的不确定性，而不是作用的不确定性(见上述第 11.5 节)。

然而，如果按照 DA-1 组合 1 进行分析，则：

(1)将分项系数值 **1.35** 应用于相应的特征值，可计算出作用效应的设计值。

(2)将等于 **1.0** 的材料分项系数应用于相应的特征值，可计算出破坏面上抗剪承载力的设计值。

为简单起见，没有进行路堑的正常使用极限状态(SLS)分析。此类分析可能会要求通过数值方法(例如，有限元方法)确定由开挖造成的地基变形，并评估它们对位于坡顶的建筑物产生的影响。

按照第 11.5 节中的建议获得作用分项系数。关于作用和地基强度参数的特征值和设计值，汇总于表 11.1。

作用和地基强度参数的特征值和设计值　　表 11.1

设计参数	DA-1 组合 2[a]	DA-2	DA-3	OFS 方法
地基重度特征值(kN/m^3)	20	20	20	20
水重度特征值(kN/m^3)	10	10	10	10
地面超载(永久不利荷载)(kPa)	35	35	35	35
作用分项系数				
对于地面超载，γ_G	**1.00**	**1.00**[b]	**1.00**	**1.00**
对于重力(永久不利作用)，γ_G	**1.00**	**1.00**[b]	**1.00**	**1.00**
地面重度设计值(kN/m^3)	20	20	20	20
水重度设计值(kN/m^3)	10	10	10	10
地面超载设计值，$g_d = \gamma_G g_k$(kPa)	35	35	35	35
内摩擦角特征值 φ'(°)	28	28	28	28
黏聚力特征值 c'(kPa)	10	10	10	10
土压力分项系数 γ_M	**1.25**	**1.00**	**1.25**	**1.00**
内摩擦角设计值 φ'(°)	23	28	23	28
黏聚力设计值 c'(kPa)	8	10	8	10
土抗力的分项系数 γ_{Re}	**1.00**	**1.00**	**1.00**	**1.00**

注：[a] 此例中，与组合 1 无关。

[b] 调节系数。参见本章第 11.5 节(第(4)项)中所述内容。

图 11.2 显示了针对 DA-2 计算出的临界破坏面和最小 F 值。ODF 如下计算:

$$\mathrm{ODF} = F/\gamma_G\gamma_{Re} = 1.494/(\mathbf{1.35} \times \mathbf{1.1}) = 1.006 \approx 1.00$$

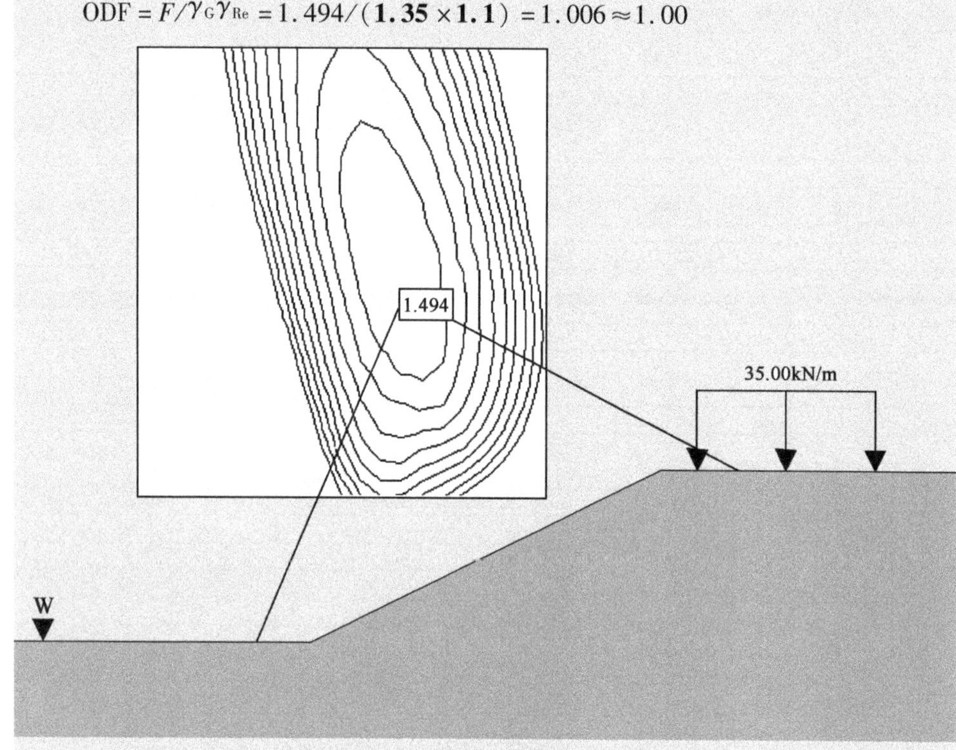

图 11.2　DA-2:计算出的最小 F 值为 1.494

即整体稳定性破坏安全裕度完全符合要求(边坡没有超过安全标准设计)。

此例中,根据常规设计(OFS 方法)进行的计算与 DA-2 的计算一致,因为所有分项系数都等于 1。需注意的是,如果存在可变不利作用(例如,坡顶的可变表面作用),则对于这些作用,DA-2 将会使用如下分项系数:

$$\gamma_Q = \mathbf{1.50}/\mathbf{1.35} = 1.11$$

对于那些作用,使用 DA-2 和 OFS 方法所获得的结果略有不同。

图 11.3 显示了针对 DA-1 组合 2 和 DA-3 计算出的临界破坏面和最小 F 值。如上所述,在此例中,与 DA-1 组合 1 无关。ODF 如下计算:

$$\mathrm{ODF} = F/\gamma_G\gamma_{Re} = 1.193/(\mathbf{1.0} \times \mathbf{1.0}) = 1.193 > 1.00$$

即整体稳定性破坏安全度超出适当水平(边坡超出安全标准设计 19%)。

表 11.2 列出了针对所有设计方法和 OFS 方法计算出的整体稳定性结果。

整体稳定性的计算结果　　表 11.2

设 计 方 法	DA-1 组合 2	DA-2	DA-3	OFS 方法
整体稳定性 ODF 计算	1.193	1.00	1.193	1.00[a]

注:[a] 在 OFS 方法中,所需最小 OFS 值设为 $\mathrm{OFS}_{min} = 1.50$,尽管在排水分析中通常使用更小值($\mathrm{OFS}_{min} = 1.30 \sim 1.40$)。因此,常规设计的等效 ODF 值为:$\mathrm{ODF} = F/\mathrm{OFS}_{min} = 1.494/1.50 = 1.00$。

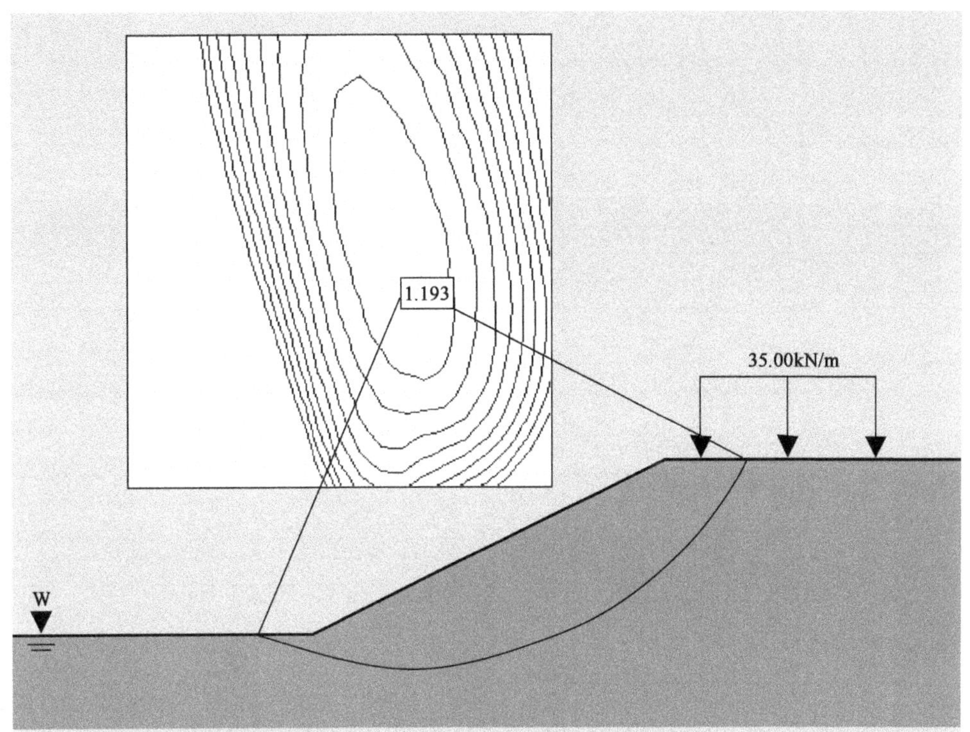

图 11.3　DA-1 组合 2 和 DA-3：计算出的最小 F 值为 1.193

上述计算结果表明：

(1)如所预期的那样，DA-1 和 DA-3 给出了一致的结果(见上述第 11.5 节所述内容)。

(2)对于 EN 1997-1 *附录 A* 中建议的分项系数值，DA-2 几乎等同于常规 OFS 方法(对于 $OFS_{min} = 1.50$)，并且是 EN 1997-1 设计方法中最为保守的。

上述结论适用于所有整体稳定性计算，即不仅适用于文中给出的示例，因为它们都源自对作用和抗力分项系数所做的选择。例如，如果 DA-2 中的抗力分项系数变为 $\gamma_{Rc} = 1.0$(而不是 1.1)，则 ODF 将按如下变化：

$$ODF = F/\gamma_G\gamma_{Re} = 1.494/(\mathbf{1.35} \times \mathbf{1.0}) = 1.11$$

(而不是 1.00)，从而使得 DA-2 接近于 DA-1 和 DA-3 的结果。需注意的是，在 DA-2 中选择 $\gamma_{Re} = \mathbf{1.0}$(而不是 1.1)相当于要求 $OFS_{min} = 1.35$(而不是 $1.35 \times 1.1 = 1.485$)。

第 12 章 堤坝

本章涵盖了小型堤坝和基础设施路堤(例如,公路和铁路堤坝)的设计需求。相关资料参见 EN 1997-1 *第12 章*。本章沿用了标准中*第12 章*的结构:

堤坝设计要求与填筑施工和整体稳定性密切相关。因此,一般参考 *第5 章*中**有关填筑、降水、地基改良与加固方面**的内容,以及*第11 章*中有关整体稳定性方面的内容。

熟悉 Eurocode 7 第 1 部分 ENV 版本的读者可能会注意到:该版本中含有关于堤坝和边坡的章节(*第9 章*)。在 ENV 版本的征求意见期间已明确认识到:将堤坝和边坡放在一章是不合适的。因此,对于现行 EN 版本的 Eurocode 7 第 1 部分,决定把两项内容分到两个独立的章节中,将关于边坡的章改为“整体稳定性”。

12.1 一般规定

条款12.1(1)P

*第12 章*适用于小型堤坝和基础设施的路堤。然而,EN 1997-1 中并没有给出针对“小型”一词的任何定义。由于 Eurocode 7 第 1 部分主要针对岩土工程类型 2 中结构的设计,因此,可能适合做如下假定:“小型堤坝”包括高度小于 10m 的堤坝(以及基础设施路堤)。

12.2 极限状态

条款12.2(2)

*条款12.2(2)*以清单的形式给出堤坝设计中应考虑的不同极限状态。需注意的是,此清单中包括有关邻近建筑物、道路和设施的极限状态。这种路堤不利作用对邻近建筑物、道路和设施所产生的影响,同样反映在*第12 章*有关作用和设计状况、设计和施工注意事项以及承载能力极限状态(ULS)和正常使用极限状态(SLS)设计的条款内容中。

还需注意的是，在所列出的12种极限状态中，有下列三种极限状态与水直接相关：

- 由内部侵蚀引起的破坏。
- 由表面侵蚀或冲刷引起的破坏。
- 由水力作用引起的变形。

然而，当考虑整体稳定性、堤坝边坡或堤坝顶部破坏以及使用功能损失和气候影响所产生徐变等因素进行路堤设计时，水的存在仍然起重要的作用。堤坝的众多极限状态与水有关的这个事实充分证明：在堤坝设计过程中，考虑与水相关的各个方面是非常重要的。这种考虑也反映在*第12章*的相关条款中。

12.3 作用和设计状况

在有关作用和设计状况的*条款12.3*中，再次强调在岩土设计中正确考虑水的影响的重要性。还应强调的是：在评估稳定性时，应选择堤坝范围内最为不利的地下水和堤坝前面的自由水位。 ***条款12.3(5)P 至12.3(7)P***

12.4 设计和施工注意事项

有关设计和施工注意事项的*条款12.4*给出了一份在堤坝设计和施工过程中需要考虑的项目和选项的长清单。需注意的是，此条款中第一项是需要考虑类似地基、由类似填料填筑的堤坝的施工经验。这是强调，查看堤坝所在现场、观察和评估邻近建筑设施的稳定性状况是非常重要的。 ***条款12.4*** ***条款12.4(1)P***

12.5 承载能力极限状态设计

在与堤坝承载能力极限状态（ULS）设计相关的*条款12.5*中，最重要的条款［*条款12.5(7)P*和*条款12.5(1)P*］要求，必须满足防止水力破坏并实现整体稳定性的规定。这些规定，参见EN 1997-1 *第10*和*第11章*，在本指南的第10和第11章中也有讨论。 ***条款12.5*** ***条款12.5(7)P*** ***条款12.5(1)P***

12.6 正常使用极限状态设计

*条款12.6(1)P*规定，在堤坝正常使用极限状态（SLS）设计过程中，有必要确认堤坝变形没有导致堤坝或任何邻近建筑物、道路和设施中出现正常使用极限状态（SLS）。需注意的是，要使用分项系数值（通常取为1）进行正常使用极限状态（SLS）检查。因此，在堤坝正常使用极限状态（SLS）设计过程中，作用和材料参数（例如，刚度）的设计值通常等于其特征值。 ***条款12.6(1)P*** ***条款2.4.8(1)P*** ***条款2.4.8(2)***

12.7 监理与监测

通常，堤坝设计会涉及许多可能的作用组合方式（通常，水压力是最重要的） ***条款2.7***

以及许多可能的破坏模式和极限状态。因此,对于这种类型的建筑物,强烈建议使用观测方法来辅助设计计算。此方法使用的一个根本要素是对施工进行监督与监测。对于小型堤坝和基础设施的路堤施工来说,填料的选择、铺设和压实显得特别重要。

条款5.3.3

条款12.7(4)

*条款12.7(4)*给出了一份事项清单,该清单规定,堤坝监测计划中应包括记录。在作者看来,此条款中的"应"一词并不完全恰当;更好的表述方法是,"可包括下列记录以及其他相关记录",因为究竟应包括哪些特定项目将取决于特定设计状况。

参考文献

Alonso, E. E., Josa, A. and Ledesma, A. (1984) Negative skin friction on piles: a simplified analysis and prediction procedure. *Géotechnique*, **34**, 341-357.

Armbruster, H. and Tröger, I. H. M. (1993) Underground erosion caused by raised water levels of impounded rivers. In: J. Brauns, M. Heibaum and U. Schuler (eds), *Filters in Geotechnical and Hydraulic Design*. Balkema, Rotterdam.

Armbruster, H., Heibaum, M. and Schuppener B. (1999) Principles of the recommendations: stability of dams for waterways. In: *Proceedings of the 12th European Conference on Soil Mechanics and Foundation Engineering*, Amsterdam, Vol. 2.

Baguelin, F., Frank, R. and Jézéquel, J. F. (1982) Parameters for friction piles in marine soils. In: *Proceedings of the 2nd International Conference on Numerical Methods in Offshore Piling*, Austin, pp. 197-214.

Bauduin, C. M. (2001) Design procedure according to Eurocode 7 and analysis of the test results. In: *Proceedings of the Symposium on Screw Piles-Installation and Design in Stiff Clay*, Brussels. Balkema, Rotterdam, pp. 275-303.

Bauduin, C. M. (2002a) Determination of characteristic values. In: U. Smoltczyk (ed.), *Geotechnical Engineering Handbook*. Ernst, Berlin, Vol. I, pp. 17-50.

Bauduin, C. M. (2002b) Design of axially loaded piles according to Eurocode 7. In: *Proceedings of the 9th International Conference on Piling and Deep Foundations (DFI 2002)*, Nice. Presses de l'ENPC, Paris, pp. 301-312.

Bligh, W. G. (1910) Dams, barrages and weirs in porous foundations. *Engineering News*, 64, 708-710.

Brinch Hansen, J. (1956) *Limit Design and Safety Factors in Soil Mechanics*. Danish Geotechnical Institute, Copenhagen, Bulletin No. 1 [in Danish with an English summary].

Burland, J. B., Broms, B. B. and De Mello, V. F. B. (1977) Behaviour of foundations and structures. In: *Proceedings of the 9th International Conference on Soil Mechanics and Foundation Engineering*, Tokyo, Vol. 2, pp. 495-546.

Busch, K. -F. and Luckner, L. (1974) *Geohydraulik*. Enke, Stuttgart.

Caquot, A., Kérisel, J. and Absi, E. (1973) *Tables de Butée et de Poussée*. Gauthier-Villars, Paris.

Cistin, J. (1967) Zum Problem mechanischer Deformationen nichtbindiger Lockergesteine durch die Sickerwasserströmung in Erddämmen. *Wasserwirtschaft*, **2**.

De Cock, F., Legrand, C. and Huybrechts, N. (2003) Axial static pile load test (ASPLT) in compression or in tension-Recommendations from ERTC3-Piles, ISSMGE Subcommittee. In: *Proceedings of the 13th European Conference on Soil Mechanics and Geothnical Engineering*, Prague, Vol. 3, pp. 717-741.

EAU (1980) *Recommendations of the Committee for Waterfront Structures*. Ernst, Berlin.

EAU (1996) *Recommendations of the Committee for Waterfront Structures*. Ernst, Berlin.

European Commission (2003a) *Guidance Paper L (Concerning the Construction Products Directive-99/106/EEC). Application and Use of Eurocodes*, Version 27 November 2003. EC, Brussels.

European Commission (2003b) Commission recommendation of 11 December 2003. Document No. C(2003)4639. *Official Journal of the European Union.*

Frank, R. (1999) *Calcul des Fondations Superficielles et Profondes*. Presses de l'ENPC et Techniques de l'Ingénieur, Paris.

Frank, R. and Kovarik, J. B. (2005) Comparaison des niveaux de sécurité, calage d'un coefficient de modèle pour la résistance ultime des pieux sous charges axiales. *Revue Française de Géotechnique*, **110** (in press).

Gulvanessian, H., Calgaro, J.-A. and Holický, M. (2002) *Designers' Guide to EN 1990, Eurocode: Basis of Structural Design*. Thomas Telford, London.

Ingold, T. S. (1979) The effects of compaction on retaining walls. *Géotechnique*, **29**, 265-284.

Institution of Structural Engineers (1955) Report on structural safety. *Structural Engineer*, **33**, 141-149.

ISSMFE (1981) *Lexicon in 8 Languages*, 5th edn. Bryant Press, Ontario.

Lane, E. W. (1935) Security from under-seepage masonry dams on earth foundations. *Transactions of the American Society of Civil Engineers*, **100**, S. 1233-S. 1351.

Lumb, P. (1974) Application of statistics in soil mechanics. In: I. K. Lee (ed.), *Soil Mechanics-New Horizons*. Butterworth, London, Ch. 3.

Mortensen, K. (1983) *Is Limit State Design a Judgement Killer? Sixth Laurits Bjerrum Memorial Lecture, 1982. Publication 148*. Norwegian Geotechnical Institute, Oslo.

Orr, T. L. L. and Farrell, E. R (1999) *Geotechnical Design to Eurocode* 7. Springer-Verlag, London.

Poulos, H. G. and Davis, E. H. (1980) *Pile Foundation Analysis and Design*. Wiley, New York.

Rethati, L. (1988) *Probabilistic Solutions in Geotechnics. Developments in Geotechnical*

Engineering 46. Elsevier, Amsterdam.

Schneider, H. R. (1999) Determination of characteristic soil properties. In: *Proceedings of the 12th European Conference on Soil Mechanics and Foundation Engineering*, Amsterdam. Balkema, Rotterdam, Vol. 1, pp. 273-281.

Schuppener, B., Walz, B., Weissenbach, A. and Hock-Berghaus, K. (1998) EC7-a critical review and a proposal for an improvement: a German perspective. *Ground Engineering*, **31**, 32-35.

Sherard, J. L., Woodward, R. J., Gizienski, S. F. and Clevenger, W. A. (1963) *Earth and Earth-Rock Dams: Engineering Problems of Design and Construction*. Wiley, New York.

Simpson, B. (2000) Partial factors: where to apply them? In: *Proceedings of LSD2000: International Workshop on Limit State Design in Geotechnical Engineering*, Melbourne.

Simpson, B. and Driscoll, R. (1998) *Eurocode 7-A Commentary*. Construction Research Communications, Watford.

Smoltczyk, U. (1985) Axial pile loading test-part 1: static loading. ISSMFE Subcommittee on Field and Laboratory Testing. *Geotechnical Testing Journal*, **8**, 79-90.

Terzaghi, K. and Peck, R. B. (1967) *Soil Mechanics in Engineering Practice*. Wiley, Chichester.

Van Aalboom, G., and Mengé, P. (1999) The derivation of characteristic values of shear strength parameters according to EC 7. In: *Proceedings of the 12th European Conference on Soil Mechanics and Foundation Engineering*, Amsterdam. Balkema, Rotterdam, Vol. 1, pp. 295-302.

Wastiaux, M., Ducroq, J. and Baguelin, F. (1998) Les fondations maritimes du Pont Vasco de Gama. *Travaux*, **743**, 33-41.